T0074354

Grundwasserchemie

Broder J. Merkel · Britta Planer-Friedrich

Grundwasserchemie

Praxisorientierter Leitfaden zur numerischen
Modellierung von Beschaffenheit,
Kontamination und Sanierung
aquatischer Systeme

 Springer

Prof. Dr. Broder J. Merkel
TU Bergakademie Freiberg
Inst. Geologie
Gustav-Zeuner-Str. 12
09596 Freiberg
Germany
merkel@geo.tu-freiberg.de

Dr. Britta Planer-Friedrich
TU Bergakademie Freiberg
Inst. Geologie
Gustav-Zeuner-Str. 12
09596 Freiberg
Germany
b.planer-friedrich@geo.tu-freiberg.de

ISBN: 978-3-540-87468-3   e-ISBN: 978-3-540-87469-0

Library of Congress Control Number: 2008934864

Additional material to this book can be downloaded from http://extras.springer.com
© Springer-Verlag Berlin Heidelberg 2008

Cover design: Bauer, Thomas

Printed on acid-free paper

9 8 7 6 5 4 3 2 1

springer.com

Vorwort

Um wasserchemische Analysen zu interpretieren und geogene sowie anthropogen beeinflusste aquatische Systeme zu analysieren, finden in den Grundzügen schon seit den sechziger Jahren, verstärkt aber erst in jüngerer Zeit, hydrogeochemische Modelle Anwendung.

Zusammen mit Grundwasserströmungs- und Transportmodellen stehen sie als numerische Modelle den klassischen deterministischen und analytischen Ansätzen gegenüber und nutzen deren Ergebnisse (Naturgesetze, abgeleitet aus physikalischen Größen) als Grundlage für die Lösung komplexer, nichtlinearer Gleichungssysteme mit oft mehreren hundert Unbekannten.

Als Eingangsgrößen werden in der Regel möglichst vollständige wasserchemische Analysen sowie thermodynamische und kinetische Daten benötigt. Die thermodynamischen Daten stehen - soweit es sich um Komplexbildungskonstanten und Löslichkeitsprodukte handelt - in Form von Standard-Datensätzen für die jeweiligen Programme zur Verfügung. Daten zur Beschreibung oberflächenkontrollierter Reaktionen (Sorption, Kationenaustausch, Oberflächenkomplexierung) sowie kinetisch kontrollierter Reaktionen müssen durch eigene experimentelle Befunde ergänzt werden.

Im Gegensatz zu Grundwasserströmungs- und Transportmodellen bedürfen hydrogeochemische Modelle an sich keiner Kalibrierung. Bei Berücksichtigung oberflächenkontrollierter und kinetisch kontrollierter Reaktionen müssen allerdings auch hydrogeochemische Modelle kalibriert werden.

Typische Beispiele zur Anwendung geochemischer Modellierungen sind:
- Speziierung
- Ermittlung von Sättigungsindizes
- Gleich-/Ungleichgewichtseinstellung bezüglich Mineralen oder Gaspartial-drücken
- Mischen verschiedener Wässer
- Auswirkungen von Temperaturänderungen
- stöchiometrische Reaktionen (z.B. Titrationen)
- Reaktionen mit festen, flüssigen und gasförmigen Phasen (in offenen und geschlossenen Systemen)
- Sorption (Kationentausch, Oberflächenkomplexierung)
- Entstehung eines bestimmten Wassers durch inverse Modellierung (reaction path finding)
- kinetisch kontrollierte Reaktionen
- reaktiver Stofftransport

Da nicht nur die Qualität der Ausgangsdaten (wasserchemische Analyse) und numerische Fehler, sondern auch bestimmte Randbedingungen, die in den Programmen vorausgesetzt werden, und vor allem die Auswahl des thermodynamischen Datensatzes die hydrogeochemischen Modelle beeinflussen, ist es absolut unerlässlich, die Ergebnisse kritisch zu prüfen.

Dazu ist grundlegendes Wissen über chemische und thermodynamische Prozesse notwendig, das in den folgenden Kapiteln zu hydrogeochemischen Gleichgewichtsreaktionen (Kap. 1.1), Kinetik (Kap. 1.2) und Transport (Kap. 1.3) in Form eines kurzen Überblicks aufgefrischt wird, aber kein Lehrbuch ersetzen kann oder soll. Kap. 2 gibt einen Überblick über gängige hydrogeochemische Programme, Probleme und mögliche Fehlerquellen der Modellierung sowie einen detaillierten Einstieg in das in diesem Buch verwendete Programm PHREEQC. Anhand einzelner Beispiele in Kap. 3 wird nicht nur auf praktische Anwendungen der Modellierung eingegangen, sondern darüber hinaus auch nochmals spezielles theoretisches Wissen vertieft. Kap. 4 zeigt für alle Beispiele aus Kap. 3 detailliert den richtigen Lösungsweg.

Inhaltsverzeichnis

1 Theorie

1.1 Gleichgewichtsreaktionen

1.1.1 Einführung

Untersuchungsgegenstand der Hydrogeochemie sind chemische Prozesse, die Vorkommen, Verteilung und Verhalten aquatischer Spezies im Wasser steuern. Unter aquatischen Spezies versteht man alle im Wasser gelösten, anorganischen und organischen Bestandteile im Gegensatz zu Kolloiden (1-1000 nm) und Partikeln (> 1000 nm). Dies können einerseits freie Kationen und Anionen im engeren Sinne, wie z.B. Na^+, K^+, Ca^{2+}, Mg^{2+}, Cl^- oder F^-, sein, andererseits Verbindungen verschiedener Elemente, also Komplexe (Kap. 1.1.5.1). Unter den Begriff „Komplex" fallen negativ geladene Verbindungen wie OH^-, HCO_3^-, CO_3^{2-}, SO_4^{2-}, NO_3^-, PO_4^{3-}, positiv geladene Verbindungen wie $ZnOH^+$, CaH_2PO4^+, $CaCl^+$, nullwertige Verbindungen wie $CaCO_3^0$, $FeSO_4^0$, $NaHCO_3^0$ sowie Komplexe mit organischen Liganden. Tab. 1 gibt einen Überblick über verschiedene anorganische Komponenten im Wasser und deren Spezies.

Tab. 1   Auswahl anorganischer Wasserinhaltsstoffe und Beispiele ihrer Spezies

Elemente	
Hauptelemente (>5 mg/L)	
Calcium (Ca)	Ca^{2+}, $CaOH^+$, CaF^+, $CaCl_2^0$, $CaCl^+$, $CaSO_4^0$, $CaHSO_4^+$, $CaNO_3^+$, $CaPO_4^-$, $CaHPO_4^0$, $CaH_2PO_4^+$, $CaP_2O_7^{2-}$, $CaCO_3^0$, $CaHCO_3^+$, $Ca_2(UO_2)(CO_3)_3^0$, $CaB(OH)_4^+$
Magnesium (Mg)	Mg^{2+}, $MgOH^+$, MgF^+, $MgSO_4^0$, $MgHSO_4^+$, $MgCO_3^0$, $MgHCO_3^+$
Natrium (Na)	Na^+, NaF^0, $NaSO_4^-$, $NaHPO_4^-$, $NaCO_3^-$, $NaHCO_3^0$, $NaCrO_4^-$
Kalium (K)	K^+, KSO_4^-, $KHPO_4^-$, $KCrO_4^-$
Kohlenstoff (C)	HCO_3^-, CO_3^{2-}, $CO_{2(g)}$, $CO_{2(aq)}$, $Ag(CO_3)_2^{2-}$, $AgCO_3^-$, $BaCO_3^0$, $BaHCO_3^+$, $CaCO_3^0$, $CaHCO_3^+$, $Ca_2(UO_2)(CO_3)_3^0$, $Cd(CO_3)_3^{4-}$, $CdHCO_3^+$, $CdCO_3^0$, $CuHCO_3^+$, $CuCO_3^0$, $Cu(CO_3)_2^{2-}$, $MgCO_3^0$, $MgHCO_3^+$, $MnHCO_3^+$, $NaCO_3^-$, $NaHCO_3^0$, $Pb(CO_3)_2^{2-}$, $PbCO_3^0$, $PbHCO_3^+$, $RaCO_3^0$, $RaHCO_3^+$, $SrCO_3^0$, $SrHCO_3^+$, $UO_2CO_3^0$, $UO_2(CO_3)_2^{2-}$, $UO_2(CO_3)_3^{4-}$, $Ca_2(UO_2)(CO_3)_3^0$, $ZnHCO_3^+$, $ZnCO_3^0$, $Zn(CO_3)_2^{2-}$
Schwefel (S)	SO_4^{2-}, SO_3^{2-}, $S_2O_3^{2-}$, S_x^-, $H_2S_{(g/aq)}$, HS^-, $Al(SO_4)_2^-$, $AlSO_4^+$, $BaSO_4^0$, $CaSO_4^0$, $CaHSO_4^+$, $Cd(SO_4)_2^{2-}$, $CdSO_4^0$, $CoSO_4^0$, $CoS_2O_3^0$, $CrO_3SO_4^{2-}$,

	$CrOHSO_4^0$, $CrSO_4^+$, $Cr_2(OH)_2(SO_4)_2^0$, $CuSO_4^0$, $Fe(SO_4)_2^-$, $FeSO_4^0$, $FeSO_4^+$, $HgSO_4^0$, $LiSO_4^-$, $MgSO_4^0$, $MgHSO_4^+$, $MnSO_4^0$, $NaSO_4^-$, $NiSO_4^0$, $Pb(SO_4)_2^{2-}$, $PbSO_4^0$, $RaSO_4^0$, $SrSO_4^0$, $Th(SO_4)_4^{4-}$, $Th(SO_4)_3^{2-}$, $Th(SO_4)_2^0$, $ThSO_4^{2+}$, $U(SO_4)_2^0$, USO_4^{2+}, $UO_2SO_4^0$, AsO_3S^{3-}, $AsO_2S_2^{3-}$, $AsOS_3^{3-}$, AsS_4^{3-}, $Cd(HS)_4^2$, $Cd(HS)_3^-$, $Cd(HS)_2^0$, $CdHS^+$, $Co(HS)_2^0$, $CoHS^+$, $Cu(S_4)_2^{3-}$, $Cu(HS)_3^-$, $Fe(HS)_3^-$, $Fe(HS)_2^0$, HgS_2^{2-}, $Hg(HS)_2^0$, $MoO_2S_2^{2-}$, $MoOS_3^{2-}$, $Pb(HS)_3^-$, $Pb(HS)_2^0$, $Sb_2S_4^{2-}$
Chlor (Cl)	Cl^-, ClO^-, ClO_2^-, ClO_3^-, ClO_4^-, $AgCl_4^{3-}$, $AgCl_3^{2-}$, $AgCl_2^-$, $AgCl^0$, $BaCl^+$, $CaCl_2^0$, $CaCl^+$, $CdCl_3^-$, $CdCl_2^0$, $CdOHCl^0$, $CdCl^+$, $CoCl^+$, CrO_3Cl^-, $CrOHCl_2^0$, $CrCl_2^+$, $CrCl^{2+}$, $CuCl_3^{2-}$, $CuCl_4^{2-}$, $CuCl_3^-$, $CuCl_2^-$, $CuCl_2^0$, $CuCl^+$, $FeCl_3^0$, $FeCl_2^+$, $FeCl^{2+}$, $HgCl_4^{2-}$, $HgCl_3^-$, $HgCl_2^0$, $HgClI^0$, $HgClOH^0$, $HgCl^+$, $LiCl^0$, $MnCl_3^-$, $MnCl_2^0$, $MnCl^+$, $NiCl^+$, $PbCl_4^{2-}$, $PbCl_3^-$, $PbCl_2^0$, $PbCl^+$, $RaCl^+$, $ThCl_4^0$, $ThCl_3^+$, $ThCl_2^{2+}$, $ThCl^{3+}$, $TlCl_2^-$, $TlCl_4^-$, $TlCl^0$, $TlCl_3^0$, $TlCl_2^+$, $TlOHCl^+$, $TlBrCl^-$, $TlCl^{2+}$, UO_2Cl^+, UCl^{3+}, $ZnCl_4^{2-}$, $ZnCl_3^-$, $ZnCl_2^0$, $ZnOHCl^0$, $ZnCl^+$
Stickstoff (N)	NO_3^-, $AgNO_3^0$, $BaNO_3^-$, $CrNO_3^{2+}$, $CoNO_3^+$, $Hg(NO_3)_2^0$, $HgNO_3^+$, $Mn(NO_3)_2^0$, $Ni(NO_3)_2^0$, $NiNO_3^+$, $TlNO_3^{2+}$, NO_2^-, $NO_{(g/aq)}$, $NO_{2(g/aq)}$, $N_2O_{(g/aq)}$, $NH_{3(g/aq)}$, $HNO_{2(g/aq)}$, NH_4^+, $Cr(NH_3)_4(OH)_2^+$, $Cr(NH_3)_5OH^{2+}$, $Cr(NH_3)_6Br^{2+}$, $Cr(NH_3)_6^{3+}$, $HgNH_3^{2+}$, $Hg(NH_3)_2^{2+}$, $Hg(NH_3)_3^{2+}$, $Hg(NH_3)_4^{2+}$, $Ni(NH_3)_2^{2+}$, $Ni(NH_3)_6^{2+}$
Silicium (Si)	$H_4SiO_4^0$, $H_3SiO_4^-$, $H_2SiO_4^{2-}$, SiF_6^-, $UO_2H_3SiO_4^+$
Nebenelemente (0.1-5 mg/L)	
Bor (B)	$B(OH)_3^0$, $BF_2(OH)_2^-$, BF_3OH^-, BF_4^-, $CaB(OH)_4^+$
Fluor (F)	F^-, HF^0, HF_2^-, AgF^0, AsO_3F^{2-}, $HAsO_3F^-$, AlF_4^-, AlF_3^0, AlF_2^+, AlF^{2+}, $BF_2(OH)_2^-$, BF_3OH^-, BF_4^-, BaF^+, CaF^+, CdF_2^0, CdF^+, CrF^{2+}, CuF^+, FeF_3^0, FeF^+, FeF_2^+, FeF^{2+}, MgF^+, MnF^+, NaF^0, PO_3F^{2-}, HPO_3F^-, $H_2PO_3F^0$, PbF_4^{2-}, PbF_3^-, PbF_2^0, PbF^+, $SbOF^0$, $Sb(OH)_2F^0$, SiF_6^{2-}, SnF_3^-, SnF_2^0, SnF^+, SrF^+, ThF_4^0, ThF_3^+, ThF_2^{2+}, ThF^{3+}, $UO_2F_4^{2-}$, UF_6^{2-}, $UO_2F_3^-$, UF_5^-, UF_4^0, $UO_2F_2^0$, UO_2F^+, UF_3^+, UF_2^{2+}, UF^{3+}, ZnF^+
Eisen (Fe)	Fe^{2+}, Fe^{3+}, $Fe(OH)_3^-$, $Fe(OH)_2^0$, $FeOH^{2+}$, $Fe(OH)_2^+$, $Fe(OH)_3^0$, $Fe(OH)_4^-$, $Fe_2(OH)_2^{4+}$, $Fe_3(OH)_4^{5+}$, $FeCl_3^0$, $FeCl_2^+$, $FeCl^{2+}$, FeF^+, FeF^{2+}, FeF_2^+, FeF_3^0, $FeSO_4^0$, $Fe(SO_4)_2^-$, $FeSO_4^+$, $Fe(HS)_2^0$, $Fe(HS)_3^-$, $FePO_4^-$, $FeHPO_4^0$, $FeH_2PO_4^+$, $FeH_2PO_4^{2+}$
Strontium (Sr)	Sr^{2+}, $SrOH^+$, $SrSO_4^0$, $SrCO_3^0$, $SrHCO_3^+$
Spurenelemente (<0.1 mg/L)	
Lithium (Li)	Li^+, $LiOH^0$, $LiCl^0$, $LiSO_4^-$
Beryllium (Be)	Be^{2+}, BeO_2^{2-}, $BeSO_4^0$, $BeCO_3^0$
Aluminium (Al)	Al^{3+}, $AlOH^{2+}$, $Al(OH)_2^+$, $Al(OH)_3^0$, $Al(OH)_4^-$, AlF^{2+}, AlF_2^+, AlF_3^0, AlF_4^-, $AlSO_4^+$, $Al(SO_4)_2^-$
Phosphor (P)	PO_4^{3-}, HPO_4^{2-}, $H_2PO_4^-$, $H_3PO_4^0$, $CaPO_4^-$, $CaHPO_4^0$, $CaH_2PO_4^+$, $CaP_2O_7^{2-}$, $CrH_2PO_4^{2+}$, $CrO_3H_2PO_4^-$, $CrO_3HPO_4^{2-}$, $H_2PO_3F^0$, HPO_3F^-, PO_3F^{2-}, $FePO_4^-$, $FeHPO_4^0$, $FeH_2PO_4^+$, $FeH_2PO_4^{2+}$, $KHPO_4^-$, $MgPO_4^-$, $MgHPO_4^0$, $MgH_2PO_4^+$, $NaHPO_4^-$, $NiHP_2O_7^-$, $NiP_2O_7^{2-}$, $ThH_2PO_4^{3+}$, $ThH_3PO_4^{4+}$, $ThHPO_4^{2+}$, $UHPO_4^{2+}$, $U(HPO_4)_2^0$, $U(HPO_4)_3^{2-}$, $U(HPO_4)_4^{4-}$, $UO_2HPO_4^0$, $UO_2(HPO_4)_2^{2-}$, $UO_2H_2PO_4^+$, $UO_2(H_2PO_4)_2^0$, $UO_2(H_2PO_4)_3^-$
Chrom (Cr)	Cr^{3+}, $Cr(OH)^{2+}$, $Cr(OH)_2^+$, $Cr(OH)_3^0$, $Cr(OH)_4^-$, CrO_2^-, CrO_4^{2-}, $HCrO_4^-$, $H_2CrO_4^0$, $Cr_2O_7^{2-}$, CrF^{2+}, $CrCl^{2+}$, $CrCl_2^+$, $CrOHCl_2^0$, CrO_3Cl^-, $CrBr^{2+}$, CrI^{2+}, $CrSO_4^+$, $CrOHSO_4^0$, $Cr_2(OH)_2(SO_4)_2^0$, $CrH_2PO_4^{2+}$, $CrO_3H_2PO_4$,

	$CrO_3HPO_4^{2-}$, $Cr(NH_3)_6^{3+}$, $Cr(NH_3)_5OH^{2+}$, $Cr(NH_3)_4(OH)_2^+$, $Cr(NH_3)_6Br^{2+}$, $CrNO_3^{2+}$, $CrO_3SO_4^{2-}$, $KCrO_4^-$, $NaCrO_4^-$
Magnesium (Mn)	Mn^{2+}, $MnOH^+$, $Mn(OH)_3^-$, MnF^+, $MnCl^+$, $MnCl_2^0$, $MnCl_3^-$, $MnSO_4^0$, $MnSe^0$, $MnSeO_4^0$, $Mn(NO_3)_2^0$, $MnHCO_3^+$
Cobalt (Co)	Co^{3+}, $Co(OH)_2^0$, $Co(OH)_4^-$, $Co_4(OH)_4^{4+}$, $Co_2(OH)_3^+$, $CoCl^+$, $CoBr_2^0$, CoI_2^0, $CoSO_4^0$, $CoS_2O_3^0$, $CoHS^+$, $Co(HS)_2^0$, $CoSeO_4^0$, $CoNO_3^+$
Nickel (Ni)	Ni^{2+}, $Ni(OH)_2^0$, $Ni(OH)_3^-$, Ni_2OH^{3+}, $Ni_4(OH)_4^{4+}$, $NiCl^+$, $NiBr^+$, $NiSO_4^0$, $NiSeO_4^0$, $NiHP_2O_7^-$, $NiP_2O_7^{2-}$, $Ni(NH_3)_2^{2+}$, $Ni(NH_3)_6^{2+}$, $Ni(NO_3)_2^0$, $NiNO_3^+$
Silber (Ag)	Ag^+, AgF^0, $AgCl^0$, $AgCl_2^-$, $AgCl_3^{2-}$, $AgCl_4^{3-}$, $AgBr^0$, $AgBr_2^-$, $AgBr_3^{2-}$, $AgSeO_3^-$, $Ag(SeO_3)_2^{3-}$, $AgNO_3^0$, $Ag(CO_3)_2^{2-}$, $AgCO_3^-$
Kupfer (Cu)	Cu^+, Cu^{2+}, $CuOH^+$, $Cu(OH)_2^0$, $Cu(OH)_3^-$, $Cu(OH)_4^{2-}$, $Cu_2(OH)_2^{2+}$, CuF^+, $CuCl^+$, $CuCl_2^0$, $CuCl_3^-$, $CuCl_4^{2-}$, $CuCl_2^-$, $CuCl_3^{2-}$, $CuSO_4^0$, $Cu(HS)_3^-$, $Cu(S_4)_2^{3-}$, $CuCO_3^0$, $Cu(CO_3)_2^{2-}$, $CuHCO_3^+$
Zink (Zn)	Zn^{2+}, $ZnOH^+$, $Zn(OH)_2^0$, $Zn(OH)_3^-$, $Zn(OH)_4^{2-}$, ZnF^+, $ZnCl^+$, $ZnCl_2^0$, $ZnCl_3^-$, $ZnCl_4^{2-}$, $ZnOHCl^0$, $ZnBr^+$, $ZnBr_2^0$, ZnI^+, ZnI_2^0, $ZnSO_4^0$, $Zn(SO_4)_2^{2-}$, $Zn(HS)_2^0$, $Zn(HS)_3^-$, $ZnSeO_4^0$, $Zn(SeO_4)_2^{2-}$, $ZnHCO_3^+$, $ZnCO_3^0$, $Zn(CO_3)_2^{2-}$
Arsen (As)	$H_3AsO_3^0$, $H_2AsO_3^-$, $HAsO_3^{2-}$, AsO_3^{3-}, $H_4AsO_3^+$, $H_2AsO_4^-$, $HAsO_4^{2-}$, AsO_4^{3-}, AsO_3S^{3-}, $AsO_2S_2^{3-}$, $AsOS_3^{3-}$, AsS_4^{3-}, AsO_3F^{2-}, $HAsO_3F^-$, $UO_2H_2AsO_4^+$, $UO_2HAsO_4^0$, $UO_2(H_2AsO_4)_2^0$
Selen (Se)	Se^{2-}, HSe^-, H_2Se^0, $HSeO_3^-$, SeO_3^{2-}, $H_2SeO_3^0$, SeO_4^{2-}, $HSeO_4^-$, Ag_2Se^0, $AgOH(Se)_2^{4-}$, $FeHSeO_3^{2+}$, $AgSeO_3^-$, $Ag(SeO_3)_2^{3-}$, $Cd(SeO_3)_2^{2-}$, $CdSeO_4^0$, $CoSeO_4^0$, $MnSe^0$, $MnSeO_4^0$, $NiSeO_4^0$, $ZnSeO_4^0$, $Zn(SeO_4)_2^{2-}$
Brom (Br)	Br^-, Br^{3-}, Br_2^0, BrO^-, BrO_3^-, BrO_4^-, $AgBr^0$, $AgBr_2^-$, $AgBr_3^{2-}$, $BaB(OH)_4^+$, $CdBr^+$, $CdBr_2^0$, $CoBr_2^0$, $CrBr^{2+}$, $PbBr^+$, $PbBr_2^0$, $NiBr^+$, $ZnBr^+$, $ZnBr_2^0$
Molybdän (Mo)	Mo^{6+}, $H_2MoO_4^0$, $HMoO_4^-$, MoO_4^{2-}, $Mo(OH)_6^0$, $MoO(OH)_5^-$, MoO_2^{2+}, $MoO_2S_2^{2-}$, $MoOS_3^{2-}$
Cadmium (Cd)	Cd^{2+}, $CdOH^+$, $Cd(OH)_2^0$, $Cd(OH)_3^-$, $Cd(OH)_4^{2-}$, Cd_2OH^{3+}, CdF^+, CdF_2^0, $CdCl^+$, $CdCl_2^0$, $CdCl_3^-$, $CdOHCl^0$, $CdBr^+$, $CdBr_2^0$, CdI^+, CdI_2^0, $CdSO_4^0$, $Cd(SO_4)_2^{2-}$, $CdHS^+$, $Cd(HS)_2^0$, $Cd(HS)_3^-$, $Cd(HS)_4^{2-}$, $CdSeO_4^0$, $CdNO_3^+$, $Cd(CO_3)_3^{4-}$, $CdHCO_3^+$, $CdCO_3^0$
Antimon (Sb)	$Sb(OH)_3^0$, $HSbO_2^0$, SbO^+, SbO_2^-, $Sb(OH)_2^+$, $Sb(OH)_6^-$, SbO_3^-, SbO_2^+, $Sb(OH)_4^-$, $SbOF^0$, $Sb(OH)_2F^0$, $Sb_2S_4^{2-}$
Barium (Ba)	Ba^{2+}, $BaOH^+$, $BaCO_3^0$, $BaHCO_3^+$, $BaNO_3^-$, BaF^+, $BaCl^+$, $BaSO_4^0$, $BaB(OH)_4^+$
Quecksilber (Hg)	Hg^{2+}, $Hg(OH)_2^0$, $HgOH^+$, $Hg(OH)_3^-$, HgF^+, $HgCl^+$, $HgCl_2^0$, $HgCl_3^-$, $HgCl_4^{2-}$, $HgClI^0$, $HgClOH^0$, $HgBr^+$, $HgBr_2^0$, $HgBr_3^-$, $HgBr_4^{2-}$, $HgBrCl^0$, $HgBrI^0$, $HgBrI_3^{2-}$, $HgBr_2I_2^{2-}$, $HgBr_3I^{2-}$, $HgBrOH^0$, HgI^+, HgI_2^0, HgI_3^-, HgI_4^{2-}, $HgSO_4^0$, HgS_2^{2-}, $Hg(HS)_2^0$, $HgNH_3^{2+}$, $Hg(NH_3)_2^{2+}$, $Hg(NH_3)_3^{2+}$, $Hg(NH_3)_4^{2+}$, $HgNO_3^+$, $Hg(NO_3)_2^0$
Thallium (Tl)	Tl^+, $Tl(OH)_3^0$, $TlOH^0$, Tl^{3+}, $TlOH^{2+}$, $Tl(OH)_2^+$, $Tl(OH)_4^-$, TlF^0, $TlCl^0$, $TlCl_2^-$, $TlCl^{2+}$, $TlCl_2^+$, $TlCl_3^0$, $TlCl_4^-$, $TlOHCl^+$, $TlBr^0$, $TlBr_2^-$, $TlBrCl^-$, $TlBr^{2+}$, $TlBr_2^+$, $TlBr_3^0$, $TlBr_4^-$, TlI^0, TlI_2^-, $TlIBr^-$, TlI_4^-, $TlSO_4^-$, $TlHS^0$, Tl_2HS^+, $Tl_2OH(HS)_3^{2-}$, $Tl_2(OH)_2(HS)_2^{2-}$, $TlNO_3^0$, $TlNO_2^0$, $TlNO_3^{2+}$
Blei (Pb)	Pb^{2+}, $PbOH^+$, $Pb(OH)_2^0$, $Pb(OH)_3^-$, Pb_2OH^{3+}, $Pb_3(OH)_4^{2+}$, $Pb(OH)_4^{2-}$, PbF^+, PbF_2^0, PbF_3^-, PbF_4^{2-}, $PbCl^+$, $PbCl_2^0$, $PbCl_3^-$, $PbCl_4^{2-}$, $PbBr^+$, $PbBr_2^0$, PbI^+, PbI_2^0, $PbSO_4^0$, $Pb(SO_4)_2^{2-}$, $Pb(HS)_2^0$, $Pb(HS)_3^-$, $PbNO_3^+$, $Pb(CO_3)_2^{2-}$, $PbCO_3^0$, $PbHCO_3^+$

Thorium (Th)	Th^{4+} , ThF^{3+} , ThF_2^{2+} , ThF_3^+ , ThF_4^0 , $Th(OH)_2^{2+}$, $Th(OH)^{3+}$, $Th(OH)_4^0$, $Th_2(OH)_2^{6+}$, $Th_4(OH)_8^{8+}$, $Th_6(OH)_{15}^{9+}$, $ThOH^{3+}$, $ThCl^{3+}$, $ThCl_2^{2+}$, $ThCl_3^+$, $ThCl_4^0$, $Th(H_2PO_4)_2^{2+}$, $Th(HPO_4)_2^0$, $Th(HPO_4)_3^{2-}$, $ThH_2PO_4^{3+}$, $ThH_3PO_4^{4+}$, $ThHPO_4^{2+}$, $Th(SO_4)_2^0$, $Th(SO_4)_3^{2-}$, $Th(SO_4)_4^{4-}$, $ThSO_4^{2+}$
Radium (Ra)	Ra^{2+}, $RaOH^+$, $RaCl^+$, $RaSO_4^0$, $RaCO_3^0$, $RaHCO_3^+$
Uran (U)	U^{4+}, UOH^{3+}, $U(OH)_2^{2+}$, $U(OH)_3^+$, $U(OH)_4^0$, $U(OH)_5^-$, $U_6(OH)_{15}^{9+}$, UO_2OH^+, $(UO_2)_2(OH)_2^{2+}$, $(UO_2)_3(OH)_5^+$, UO_2^{2+}, UF^{3+}, UF_2^{2+}, UF_3^+, UF_4^0, UF_5^-, UF_6^{2-}, UO_2F^+, $UO_2F_2^0$, $UO_2F_3^-$, $UO_2F_4^{2-}$, UCl^{3+}, UO_2Cl^+, USO_4^{2+}, $U(SO_4)_2^0$, $UO_2SO_4^0$, $UO_2(SO_4)_2^{2-}$, $UHPO_4^{2+}$, $U(HPO_4)_2^0$, $U(HPO_4)_3^{2-}$, $U(HPO_4)_4^{4-}$, $UO_2HPO_4^0$, $UO_2(HPO_4)_2^{2-}$, $UO_2H_2PO_4^+$, $UO_2(H_2PO_4)_2^0$, $UO_2(H_2PO_4)_3^-$, $UO_2H_2AsO_4^+$, $UO_2HAsO_4^0$, $UO_2(H_2AsO_4)_2^0$, $UO_2CO_3^0$, $UO_2(CO_3)_2^{2-}$, $UO_2(CO_3)_3^{4-}$, $Ca_2(UO_2)(CO_3)_3^0$, $UO_2H_3SiO_4^+$

Neben anorganischen sind auch organische Wasserinhaltsstoffe (Tab. 2) und Organismen (Tab. 3) für die Wasserbeschaffenheit von großer Bedeutung.

Tab. 2   Organische Wasserinhaltsstoffe (das Pluszeichen in Klammern bedeutet „geogene Entstehung in Spuren möglich", der typische Konzentrationsbereich ist lediglich ein Anhaltspunkt)

Substanz	geogen	anthropogen	angenommener Konzentrationsbereich
Huminstoffe	+	-	mg/L
aliphatische Kohlenwasserstoffe: Öl, Benzin	+	+	mg/L
Phenole	+	+	mg/L
BTEX (Benzol, Toluol, Ethylbenzol, Xylol)	(+)	+	µg/L
PAKs (polyzyklische aromatische Kohlenwasserstoffe)	(+)	+	µg/L
PCBs (polychlorierte Biphenyle)	-	+	µg/L
fluorierte Kohlenwasserstoffe	-	+	ng/L
Dioxine	(+)	+	pg/L
Pestizide	(+)	+	ng/L
Hormone	(+)	+	pg/L
Medikamente	-	+	pg/L

Wechselwirkungen der gelösten Spezies untereinander (Kap. 1.1.5), Wechselwirkungen mit Gasen (1.1.3) und festen Phasen (Mineralen) (Kap. 1.1.4), Transportprozesse (Kap. 1.3) und Zerfallsprozesse (biologischer Abbau oder radioaktiver Zerfall) bestimmen die hydrochemische Zusammensetzung von Grund- und Oberflächenwässern.

Laufen hydrogeochemische Reaktionen innerhalb einer einzigen Phase ab, spricht man von homogenen Reaktionen, während heterogene Reaktionen zwischen den Phasen Gas und Wasser, Wasser und Mineral oder Gas und Mineral stattfinden. Geschlossene Systeme können im Gegensatz zu offenen Systemen nur Energie, nicht aber Materie mit ihrer Umgebung austauschen.

Tab. 3   Organismen im Grundwasser

	Größe
Viren	5 - 300 nm
Prokaryoten: Bakterien & Archaeen (methanogene, extrem halophile, extrem thermophile)	100 - 15.000 nm
Eukaryoten: Protozoen (Foraminifera, Radiolaria, Dinoflagellata) Hefepilze (anaerob) Pilze (aerob)	$> 3\ \mu m$ $\sim 20\ \mu m$

Fische   (Brotulidae, Amblyopsidae, Astyanax Jordani,
          Caecobarbus Geertsi)
          in Karst-Aquiferen
	mm... cm
	dm... m

Chemische Reaktionen können entweder über den Ansatz eines thermodynamischen (Kap. 1.1.2) oder eines kinetischen Gleichgewichtes (Kap. 1.2) beschrieben werden. Alle Vorgänge, die mit dem Massenwirkungsgesetz (Kap. 1.1.2.1) beschrieben werden können, sind stets reversible, thermodynamische Prozesse. Dabei geht man davon aus, dass zum Betrachtungszeitpunkt ein stationärer Zustand erreicht ist. Kinetische Vorgänge dagegen beziehen eine zeitliche Entwicklung mit ein und ermöglichen es, einen instationären Zustand zum gewünschten Zeitpunkt zu berechnen. So können Modelle, die die Reaktionskinetik berücksichtigen, auch irreversible Reaktionen erfassen, also z.B. Zerfallsreaktionen, die nur in eine Richtung ablaufen und nicht umkehrbar sind.

1.1.2 Thermodynamische Grundlagen

1.1.2.1 Massenwirkungsgesetz

Allgemein können beliebige chemische Gleichgewichts- und Ungleichgewichtsreaktionen durch das Massenwirkungsgesetz beschrieben werden, sofern sie reversibel sind.

$$aA + bB \leftrightarrow cC + dD \qquad\qquad \text{Gl.(1.)}$$

$$K = \frac{\{C\}^c \cdot \{D\}^d}{\{A\}^a \cdot \{B\}^b} \qquad\qquad \text{Gl.(2.)}$$

mit a, b, c, d = Anzahl der Mole der Edukte A und B, bzw. der Produkte C und D

K = Thermodynamische Gleichgewichts- oder Dissoziationskonstante
(allgemeine Bezeichnung)

Konkret erfolgt die Bezeichnung von K in Abhängigkeit des Reaktionstyps, der mit Hilfe des Massenwirkungsgesetzes formuliert wird:

- Lösung/ Fällung (Kap. 1.1.4.1) K_S = Löslichkeitsprodukt
- Sorption (Kap. 1.1.4.2) K_d = Verteilungskoeffizient
                               K_x = Selektivitätskoeffizient
- Komplexbildung/-zerstörung (Kap. 1.1.5.1)
                               K = Komplexbildungs-, Stabilitätskonstante
- Redoxreaktion (Kap. 1.1.5.2) K = Stabilitätskonstante

Vertauscht man in der Reaktionsgleichung die Seiten der Edukte und Produkte, so ist die Löslichkeitskonstante $K' = 1/K$. Deshalb ist es wichtig, bei der Angabe von Konstanten stets die Reaktionsgleichung mit anzugeben.

Ebenso muss angegeben werden, ob es sich um konditionelle Konstanten handelt, die nur für bestimmte Bedingungen gelten, oder um Standardkonstanten, die auf z.B. 25°C und Ionenstärke I = 0 umgerechnet sind. Die Umrechnung auf Standardtemperatur erfolgt nach der deterministischen Vant' Hoff'schen Gleichung (Gl. 3):

$$\log(K_r) = \log(K_0) + \frac{H^0_r}{2.303 \cdot R} \cdot \frac{T_K - T_{K_0}}{T_K \cdot T_{K_0}}$$ Gl.(3.)

mit K_r = Gleichgewichtskonstante bei Bezugstemperatur
      K_0 = Gleichgewichtskonstante bei Standardtemperatur
      T_K = Temperatur in Kelvin
      T_{K0} = Temp. in Kelvin, bei der die Standard Enthalpie H^0_r gemessen
                  wurde
      R   = allgemeine Gaskonstante (8.315 J/K mol)

Die Umformung zum Standarddruck erfolgt durch Gl. 4:

$$\ln K(P) = \ln K(S) - \frac{\Delta V(T)}{T \cdot R \cdot \beta} \cdot \ln \frac{\sigma(P)}{\sigma(S)}$$ Gl.(4.)

mit   K (P)   = Gleichgewichtskonstante bei Druck P
      K (S)   = Gleichgewichtskonstante bei Sättigungsdampfdruck
      ΔV (T) = Volumenänderung der Dissoziationsreaktion bei Temperatur T
                  und Sättigungsdampfdruck S
      β = Koeffizient der isothermalen Kompressibilität des Wassers bei
                  T und P
      σ (P) = Dichte des Wassers bei Druck P
      σ (S) = Dichte des Wassers bei Sättigungsdampfdruck

Abb. 1 zeigt exemplarisch die Abhängigkeit der Calcit-Lösung von verschiedenen Druck- und Temperatur-Bedingungen.

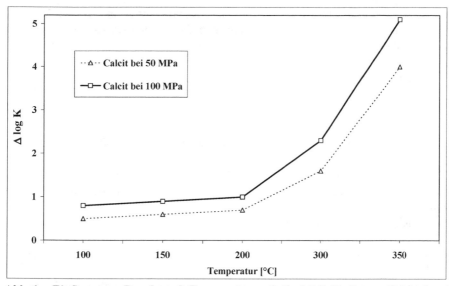

Abb. 1   Einfluss von Druck und Temperatur auf die Löslichkeit von Calcit (nach Kharaka et al. 1988)

Besteht eine Reaktion aus mehreren Folgereaktionen, wie z.B. die Dissoziation von H_2CO_3 in HCO_3^- und in CO_3^{2-}, so werden die Stabilitäts- (Dissoziations-) Konstanten fortlaufend nummeriert (K_1 und K_2).

1.1.2.2 Gibbs´sche freie Energie

Bei konstanter Temperatur und konstantem Druck kann ein System solange im Ungleichgewicht stehen, bis seine freie Gibbs´sche Reaktionsenergie verbraucht ist. Im Fall des chemischen Gleichgewichts ist die freie Gibbs´sche Energie gleich Null.

Die Gibbs´sche freie Energie G ist ein Maß für die Wahrscheinlichkeit, dass eine Reaktion abläuft und setzt sich zusammen aus Enthalpie H und temperatur-bezogener Entropie S^0 (Gl. 5). Die Enthalpie H ist das thermodynamische Potential, das sich aus $H = U + p·V$ ergibt, wobei U die innere Energie, p der Druck und V das Volumen ist. Die Entropie S^0 ist ein Maß für den Ordnungsgrad eines thermodynamischen Systems bzw. die Irreversibilität eines Vorganges.

$$G = H - S^0 \cdot T \qquad\qquad Gl.(5.)$$

mit   T   = Temperatur in Kelvin

Ein positiver Wert für G bedeutet, dass zusätzliche Energie nötig ist, um die Reaktion ablaufen zu lassen, ein negativer, dass die Reaktion spontan unter Energiefreisetzung abläuft.

Die Änderung der freien Energie bei einer Reaktion steht in direktem Verhältnis zur Energieänderung der Aktivitäten aller Edukte und Produkte unter Standardbedingungen.

$$G = G^0 + R \cdot T \cdot \ln \frac{\{C\}^c \cdot \{D\}^d}{\{A\}^a \cdot \{B\}^b} \qquad \text{Gl.(6.)}$$

mit   R = allgemeine Gaskonstante (8.315 J/K mol)
       G^0 = Standard freie Gibbs'sche Energie bei 25°C und 100 kPa

G^0 ist gleich G, wenn alle Edukte und Produkte in einer Einheitsaktivität vorliegen, das Argument des Logarithmus der Gl. 6 also 1 und damit der Logarithmus 0 wird.

Im Gleichgewicht gilt zusätzlich:

$$G^0 = -R \cdot T \cdot \ln K \qquad \text{Gl.(7.)}$$

G kann somit als Vorhersage dafür verwendet werden, in welche Richtung die Reaktion aA + bB ↔ cC + dD ablaufen wird: Ist G < 0, wird die Reaktion bevorzugt nach rechts ablaufen, bei G > 0 tendiert die Reaktion nach links.

1.1.2.3 Gibbs'sche Phasenregel

Die Gibbs'sche Phasenregel gibt die Zahl der Freiheitsgrade eines Systems an und ergibt sich aus der Zahl der Komponenten und Phasen, die in einem System nebeneinander existieren können.

$$F = C - P + 2 \qquad \text{Gl.(8.)}$$

mit   F   = Anzahl der Freiheitsgrade
       C   = Anzahl der Komponenten
       P   = Anzahl der Phasen

Der Zahlenwert 2 in Gl. 8 ergibt sich aus den zwei unabhängigen Variablen Druck und Temperatur. Phasen sind begrenzte, physikalisch und chemisch homogene, mechanisch abtrennbare Teile eines Systems, Komponenten einfache chemische Teileinheiten einer Phase.

Ein System, in dem die Anzahl der Phasen und die Anzahl der Komponenten übereinstimmen, ist mit zwei Freiheitsgraden in Bezug auf Druck und Temperatur variabel. Ist die Anzahl der Freiheitsgrade 0, so sind Temperatur und Druck konstant, das System ist invariant.

Handelt es sich um ein 3-Phasen-System, das neben wässriger und fester Phase auch die Gasphase umfasst, wird die Gibbs'sche Phasenregel modifiziert zu:

$$F = C' - N - P + 2 \qquad\qquad \text{Gl.(9.)}$$

mit F = Anzahl der Freiheitsgrade
$\quad C'$ = Anzahl der verschiedenen chemischen Spezies
$\quad N$ = Anzahl möglicher chemischer Gleichgewichtsreaktionen (Spezies, Ladungsbilanz, stöchiometrische Beziehungen)
$\quad P$ = Anzahl der Phasen

1.1.2.4 Aktivität

Die Angabe der beteiligten Inhaltsstoffe erfolgt im Massenwirkungsgesetz in Form von Aktivitäten a_i bezüglich einer Spezies, i, nicht als Konzentrationen, c_i.

$$a_i = f_i \cdot c_i \qquad\qquad \text{Gl.(10.)}$$

Dabei ist der Aktivitätskoeffizient f_i ein ionenspezifischer Korrekturfaktor, der beschreibt, inwieweit sich geladene Ionen durch interionare Wechselwirkungen gegenseitig beeinflussen. Da der Aktivitätskoeffizient eine nichtlineare Funktion der Ionenstärke ist, ist auch die Aktivität eine nichtlineare Funktion der Konzentration.

Im Bereich von Ionenstärken bis zu 0.1 mol/kg nimmt die Aktivität mit zunehmender Ionenstärke ab und ist stets geringer als die Konzentration, da sich die Ionen in der Lösung gegenseitig behindern. Der Aktivitätskoeffizient hat somit einen Wert < 1 (Abb. 2). Deutlich ist zu sehen, dass bei Erhöhung der Ionenkonzentration der Aktivitätsabfall umso höher ist, je höher die Wertigkeit der Ionen ist. Im Idealfall einer unendlich verdünnten Lösung, in der die interionaren Wechselwirkungen nahezu 0 sind, ist der Aktivitätskoeffizient gleich 1, die Aktivität somit gleich der Konzentration.

Experimentell lassen sich nur mittlere Aktivitätskoeffizienten von Salzen bestimmen, nicht die Einzelionenaktivitätskoeffizienten. Die Mac Innes-Konvention besagt aber, dass bei Dissoziation eines Salzes die entstehenden Kationen und Anionen aufgrund gleicher Ladung, ähnlicher Größe, Elektronenkonfiguration und Mobilität gleich große Aktivitätskoeffizienten haben:

$$f_i(K^+) = f_i(Cl^-) = f_{\pm}(KCl) \qquad\qquad \text{Gl.(11.)}$$

1.1.2.5 Ionenstärke

Die Berechnung der Ionenstärke, als Summenparameter für die Kräfte interionarer Wechselwirkungen, erfolgt aus der Summe der Molalitäten der beteiligten Spezies m_i und deren Ladungszahlen z_i:

$$I = 0.5 \cdot \sum m_i \cdot z_i^2$$
Gl.(12.)

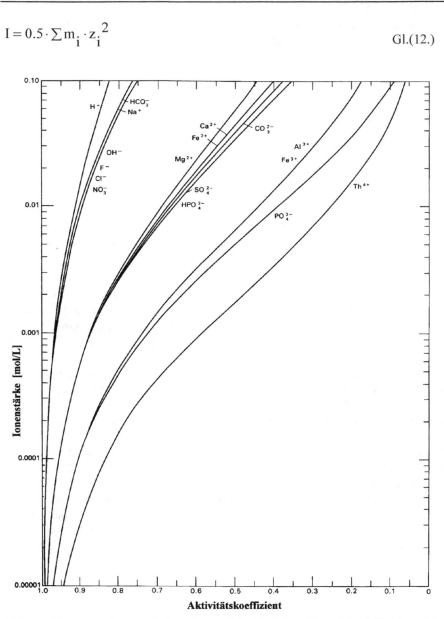

Abb. 2   Zusammenhang zwischen Ionenstärke bis 0.1 mol/L und Aktivitätskoeffizient (nach Hem 1985)

1.1.2.6 Aktivitätskoeffizienten-Berechnung

1.1.2.6.1. Ionendissoziationstheorie

Ist die Ionenstärke der Lösung aus der chemischen Analyse bekannt, kann der Aktivitätskoeffizient mit Hilfe verschiedener Näherungsgleichungen berechnet werden. Diese gehen alle auf die DEBYE-HÜCKEL-Gleichung zurück und unterscheiden sich vor allem in ihrer Gültigkeit hinsichtlich der Ionenstärke.

DEBYE-HÜCKEL-Gleichung (Debye & Hückel 1923)

$$\log(f_i) = -A \cdot z_i^2 \cdot \sqrt{I} \qquad\qquad I < 0.005 \text{ mol/kg} \qquad\qquad \text{Gl.(13.)}$$

erweiterte DEBYE-HÜCKEL-Gleichung

$$\log(f_i) = \frac{-A \cdot z_i^2 \cdot \sqrt{I}}{1 + B \cdot a_i \cdot \sqrt{I}} \qquad\qquad I < 0.1 \text{ mol/kg} \qquad\qquad \text{Gl.(14.)}$$

GÜNTELBERG-Gleichung (Güntelberg 1926)

$$\log(f_i) = -0.5 z_i^2 \frac{\sqrt{I}}{1 + 1.4\sqrt{I}} \qquad\qquad I < 0.1 \text{ mol/kg} \qquad\qquad \text{Gl.(15.)}$$

DAVIES-Gleichung (Davies 1962, 1938)

$$\log(f_i) = -A \cdot z_i^2 (\frac{\sqrt{I}}{1 + \sqrt{I}} - 0.3 \cdot I) \qquad\qquad I < 0.5 \text{ mol/kg} \qquad\qquad \text{Gl.(16.)}$$

"WATEQ" DEBYE-HÜCKEL-Gleichung (Hückel 1925)

$$\log(f_i) = \frac{-A \cdot z_i^2 \cdot \sqrt{I}}{1 + B \cdot a_i \cdot \sqrt{I}} + b_i \cdot I \qquad\qquad I < 1 \text{ mol/kg} \qquad\qquad \text{Gl.(17.)}$$

mit f = Aktivitätskoeffizient
          z = Wertigkeit
          I = Ionenstärke
          a_i, b_i = Ionenspezifische Parameter (abhängig vom Ionenradius) (Auswahl siehe Tab. 4, vollständige Angaben in van Gaans (1989) und Kharaka et al. (1988))
          A, B = temperaturabhängige Parameter, die nach folgenden empirischen Formeln berechnet werden können (Gl. 18 bis Gl. 21)

$$A = \frac{1.82483 \cdot 10^6 \cdot \sqrt{d}}{(\varepsilon \cdot T_K)^{3/2}} \qquad\qquad\qquad \text{Gl.(18.)}$$

$$B = \frac{50.2916 \cdot \sqrt{d}}{(\varepsilon \cdot T_K)^{1/2}} \qquad \qquad Gl.(19.)$$

$$d = 1 - \frac{(T_c - 3.9863)^2 \cdot (T_c + 288.9414)}{508929.2 \cdot (T_c + 68.12963)} + 0.011445 \cdot e^{-374.3/T_c} \qquad Gl.(20.)$$

$$\varepsilon = 2727.586 + 0.6224107 \cdot T_K - 466.9151 \cdot \ln(T_K) - \frac{52000.87}{T_K} \qquad Gl.(21.)$$

mit   d   = Dichte (nach Gildseth et al. 1972 für 0-100°C)
       ε   = Dielektrizitätskonstante (nach Nordstrom et al. 1990 für 0-
               100°C)
       T_C = Temperatur in °Celsius
       T_K = Temperatur in Kelvin

Für Temperaturen um 25°C und Wasser mit einer Dichte von 1 g/cm³ gilt: A =
0.51; B = 0.33. Die Angabe von B erfolgt in manchen Büchern als
$0.33 \cdot 10^8$. Verwendet man diese, so muss a_i in cm angegeben werden, anderenfalls
in Å (=10^{-8} cm).

**Tab. 4   Ionenspezifische Parameter a_i und b_i (nach Parkhurst et al. 1980 und (*)
Truesdell u. Jones 1974)**

Ion	a_i [Å]	b_i [Å]	Ion	a_i [Å]	b_i [Å]
H^+	4.78	0.24	Mn^{2+}	7.04	0.22
Li^+	4.76	0.20	Fe^{2+}	5.08	0.16
Na^+ (*)	4.0	0.075	Co^{2+}	6.17	0.22
Na^+	4.32	0.06	Ni^{2+}	5.51	0.22
K^+ (*)	3.5	0.015	Zn^{2+}	4.87	0.24
K^+	3.71	0.01	Cd^{2+}	5.80	0.10
Cs^+	1.81	0.01	Pb^{2+}	4.80	0.01
Mg^{2+} (*)	5.5	0.20	OH^-	10.65	0.21
Mg^{2+}	5,46	0.22	F^-	3.46	0.08
Ca^{2+} (*)	5.0	0.165	Cl^-	3.71	0.01
Ca^{2+}	4.86	0.15	ClO_4^-	5.30	0.08
Sr^{2+}	5.48	0.11	HCO_3^-, CO_3^{2-} (*)	5.40	0
Ba^{2+}	4.55	0.09	SO_4^{2-} (*)	5.0	-0.04
Al^{3+}	6.65	0.19	SO_4^{2-}	5.31	-0.07

Der Gültigkeitsbereich der Ionendissoziationstheorie endet spätestens bei 1
mol/kg, nach Ansicht einiger Autoren sogar schon bei 0.7 mol/kg (Meerwasser).
Abb. 3 zeigt, wie bereits bei Ionenstärken > 0.3 mol/kg (H^+) der nach der Ionendissoziationstheorie berechnete Aktivätskoeffizient nicht weiter abfällt, sondern

ansteigt und Werte über 1 (Aktivität > Konzentration) erreicht. Grund dafür ist der zweite Term in der DAVIES und der erweiterten DEBYE-HÜCKEL Gleichung.

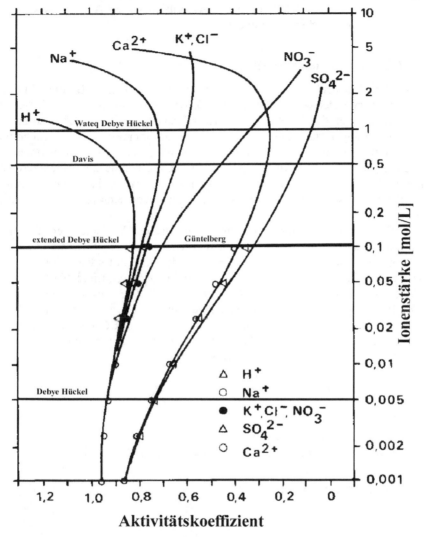

Aktivitätskoeffizient

Abb. 3   Zusammenhang zwischen Ionenstärke und Aktivitätskoeffizient in konzentrierten Lösungen (bis I = 10 mol/kg); Linien zeigen den Gültigkeitsbereich der verschiedenen Ionendissoziationstheorien an (verändert nach Garrels u. Christ 1965)

Der Algorithmus versagt, da bei höheren Ionenstärken bestimmte Annahmen nicht mehr erfüllt sind, z.B. die, dass Ionenwechselwirkungen nur auf Coulomb'schen Kräften beruhen, die Ionengröße sich nicht mit der Ionenstärke verändert und Ionen mit gleichem Vorzeichen nicht in Wechselwirkung zueinander treten. Zudem wird bei höheren Ionenstärken ein zunehmender Anteil an

Wassermolekülen in ionaren Hydratationshüllen gebunden, wodurch sich die
Konzentration der freien Wassermoleküle deutlich verringert und sich damit die
auf 1 kg freie Wassermoleküle bezogene Aktivität bzw. der Aktivitätskoeffizient
anderen Ionen entsprechend relativ erhöht.

1.1.2.6.2.   Ioneninteraktionstheorie

Für größere Ionenstärken, z.B. hochsalinare Wässer, kann z.B. die PITZER-
Gleichung verwendet werden (Pitzer 1973). Dieses semi-empirische Modell basiert ebenfalls auf der DEBYE-HÜCKEL-Gleichung, integriert aber zusätzlich
„Virial"gleichungen (lat. vires = Kräfte), die ionare Interaktionen (zwischenmole-
kulare Kräfte) beschreiben. Gegenüber der Ionendissoziationstheorie erfordert die
Berechnung eine größere Anzahl an Parametern, die gerade für komplexere Lö-
sungsspezies häufig fehlen. Zudem benötigt man zumindest ein minimales Daten-
set mit Gleichgewichtskonstanten zur Berechnung von Komplexierungsreaktio-
nen.

Im Folgenden soll nur kurz eine vereinfachte Variante der PITZER-
Gleichungen dargestellt werden, vollständige Berechnungen sowie die notwendigen Angaben zu spezifischen Parametern und Gleichungen finden sich in der Ori-
ginalliteratur (Pitzer 1973, Pitzer 1981, Whitfield 1975, Whitfield 1979, Silvester
u. Pitzer 1978, Harvie u. Weare 1980, Gueddari et al. 1983, Pitzer 1991).

Die Berechnung der Aktivitätskoeffizienten erfolgt getrennt für positiv (Index
i) und negativ (Index j) geladene Spezies nach Gl. 22. Im Beispiel ist die Berechnung der Aktivitätskoeffizienten für Kationen gezeigt, die Berechnung für Anionen erfolgt analog, indem die Indizes vertauscht werden.

$$\ln f_M = z_M^{\,2} \cdot F + S1 + S2 + S3 + \left| z_M \right| \cdot S4 \qquad \text{Gl.(22.)}$$

mit M = Kation
z_M = Wertigkeit des Kations M
F, S1-S4 = Summenterme, berechenbar nach Gl. 23 bis Gl. 30

$$S1 = \sum_{j=1}^{a} m_j (2 \cdot B_{Mj} + z \cdot C_{Mj}) \qquad \text{Gl.(23.)}$$

$$S2 = \sum_{i=1}^{c} m_i (2 \cdot \phi_{Mj} + \sum_{j=1}^{a} m_j \cdot P_{Mij}) \qquad \text{Gl.(24.)}$$

$$S3 = \sum_{j=1}^{a-1} \sum_{k=j+1}^{a} m_j^{\,2} \cdot P_{Mjk} \qquad \text{Gl.(25.)}$$

$$S4 = \sum_{i=1}^{c} \sum_{j=1}^{a} m_i \cdot m_j \cdot c_{ij}$$ Gl.(26.)

mit B, C, Φ, P = speziesspezifische Parameter, die bekannt sein müssen für alle
   Spezieskombinationen
   m = Molaritäten [mol/L]
   k = Index
   c = Anzahl der Kationen
   a = Anzahl der Anionen

$$F = -\frac{2.303 \cdot A}{3.0} \left(\frac{\sqrt{I}}{1+1.2 \cdot \sqrt{I}} + \frac{2}{1.2} \cdot \ln(1+1.2 \cdot \sqrt{I}) \right) + S5 + S6 + S7$$ Gl.(27.)

$$S5 = \sum_{i=1}^{c} \sum_{j=1}^{a} m_i \cdot m_j \cdot B'_{ij}$$ Gl.(28.)

$$S6 = \sum_{i=1}^{c-1} \sum_{k=i+1}^{c} m_i^2 \cdot \phi'_{ik}$$ Gl.(29.)

$$S7 = \sum_{j=1}^{a-1} \sum_{l=j+1}^{a} m_j^2 \cdot \phi'_{jl}$$ Gl.(30.)

mit A = DEBYE-HÜCKEL-Konstante (Gl. 18)
   B', Φ' = Virialkoeffizienten, bezüglich Ionenstärke korrigiert
   k, l = Indizes

1.1.2.7 Vergleich Ionendissoziations-Ioneninteraktionstheorie

Wie stark die nach unterschiedlichen Gleichungen berechneten Aktivitätskoeffizienten vor allem bei größeren Ionenstärken voneinander abweichen, zeigen die Abb. 4 bis Abb. 8 am Beispiel von Calcium-, Chlorid-, Sulfat-, Natrium- und Wasserstoffionen. Nach Gl. 13 bis Gl. 17 wurden die Aktivitätskoeffizienten aus den verschiedenen Ionendissoziationstheorien berechnet, die Berechnung des Aktivitätskoeffizienten nach der PITZER-Gleichung erfolgte über das Programm PHRQPITZ. Die großen Unterschiede in den Ergebnissen zeigen deutlich die eingeschränkten Gültigkeitsbereiche der verschiedenen Theorien.

Besonders auffällig ist die Abweichung der einfachen DEBYE-HÜCKEL-Gleichung von der PITZER-Kurve ab Ionenstärken von 0.005 mol/kg. Erstaunlich gut dagegen ist die Übereinstimmung von WATEQ-DEBYE-HÜCKEL und PITZER im Fall der zweiwertigen Ionen Calcium- und Sulfationen. Auch für Chlorid kann der Gültigkeitsbereich der WATEQ-DEBYE-HÜCKEL über Ionenstärken von 1 mol/kg hinaus bis etwa 3 mol/kg angenommen werden.

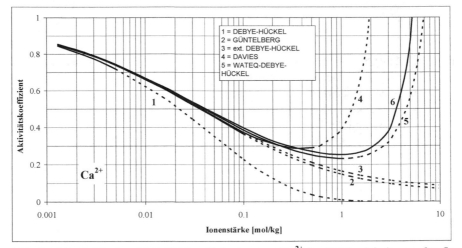

Abb. 4 Vergleich der Aktivitätskoeffizienten von Ca^{2+} in Abhängigkeit von der Ionenstärke berechnet aus einer $CaCl_2$-Lösung ($a_{Ca} = 4.86$, $b_{Ca} = 0.15$, Tab. 4) nach verschiedenen Ionendissoziationstheorien und PITZER-Gleichung; gestrichelte Linien kennzeichnen berechnete Werte oberhalb des Gültigkeitsbereichs der jeweiligen Ionendissoziationstheorie

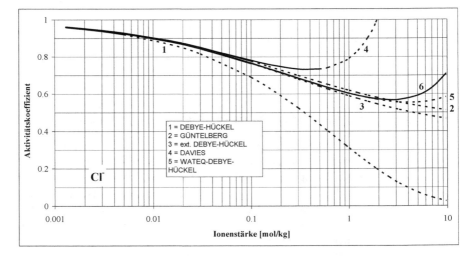

Abb. 5 Vergleich der Aktivitätskoeffizienten von Cl^- in Abhängigkeit von der Ionenstärke berechnet aus einer $CaCl_2$-Lösung ($a_{Cl} = 3.71$, $b_{Cl} = 0.01$, Tab. 4) nach verschiedenen Ionendissoziationstheorien und Pitzer-Gleichung; gestrichelte Linien kennzeichnen berechnete Werte oberhalb des Gültigkeitsbereichs der jeweiligen Ionendissoziationstheorie

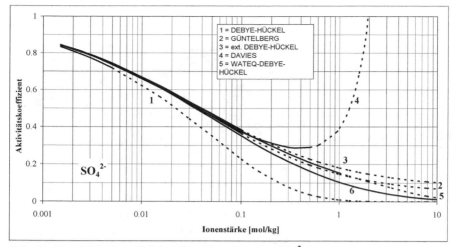

Abb. 6   Vergleich der Aktivitätskoeffizienten von SO_4^{2-} in Abhängigkeit von der Ionenstärke berechnet aus einer $Na_2(SO_4)$-Lösung ($a_{Sulfate} = 5.31$, $b_{Sulfate} = -0.07$, Tab. 4)
nach verschiedenen Ionendissoziationstheorien und PITZER-Gleichung; gestrichelte
Linien kennzeichnen berechnete Werte außerhalb des Gültigkeitsbereichs der jeweiligen Ionendissoziationstheorie.

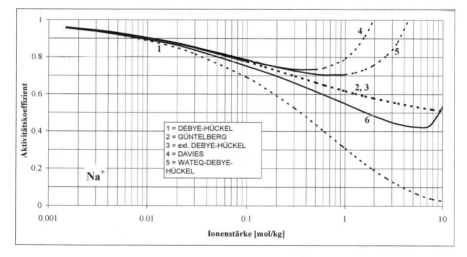

Abb. 7   Vergleich der Aktivitätskoeffizienten von Na^+ in Abhängigkeit von der Ionenstärke berechnet aus einer $Na_2(SO_4)$-Lösung ($a_{Na} = 4.32$, $b_{Na} = 0.06$, Tab. 4) nach
verschiedenen Ionendissoziationstheorien und PITZER-Gleichung; gestrichelte Linien
kennzeichnen berechnete Werte außerhalb des Gültigkeitsbereichs der jeweiligen Ionendissoziationstheorie.

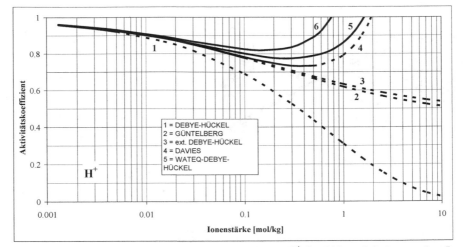

Abb. 8   Vergleich der Aktivitätskoeffizienten von H^+ in Abhängigkeit von der Ionenstärke berechnet aus den Änderungen des pH-Wertes einer $CaCl_2$-Lösung (a_H = 4.78, b_H = 0.24, Tab. 4) nach verschiedenen Ionendissoziationstheorien und PITZER-Gleichung; gestrichelte Linien kennzeichnen berechnete Werte außerhalb des Gültigkeitsbereichs der jeweiligen Ionendissoziationstheorie.

Deutliche Diskrepanzen treten dagegen bei der Berechnung der Aktivitätskoeffizienten von Natrium- und Wasserstoffionen auf. Dort muss der allgemein angegebene Gültigkeitsbereich von 1 mol/kg eingeschränkt werden, da schon ab etwa 0.1 mol/kg (das heißt bei Ionenstärken um eine ganze Größenordnung niedriger!) die Abweichungen von der PITZER-Kurve signifikant sind. Diese Beispiele zeigen die Schwächen der Ionendissoziationstheorie, die vor allem bei einwertigen Ionen ins Gewicht fallen.

1.1.3 Wechselwirkungen an der Phasengrenze gasförmig-flüssig

1.1.3.1 Henry-Gesetz

Die Menge der in Wasser gelösten Gase lässt sich bei bekannter Temperatur und bekanntem Partialdruck mit dem linearen Henry-Gesetz berechnen:

$$a_i = K_{Hi} \cdot p_i \hspace{4cm} Gl.(31.)$$

m_i = Molalität des Gases i [mol/kg]
K_{Hi} = Henry-Konstante des Gases i
p_i = Partialdruck des Gases i[kPa]

Tab. 5 zeigt die Henry-Konstanten und die daraus abgeleitete Menge an im Wasser gelösten Gas für veschiedene Gase der Erdatmosphäre. Der Gaspartialdruck der Atmosphäre bei 25°C und 10^5 Pa (1 bar) Druck ist z.B. für $N_2 = 78$ kPa und für $O_2 = 21$ kPa, was einer gelösten Menge von 14.00 mg/L N_2 und 8.43 mg/L O_2 entspricht.

Tab. 5 Zusammensetzung der Erdatmosphäre, Henry-Konstanten und berechnete Gleichgewichtskonzentrationen in Wasser für 25°C, Atmosphärendruck und Ionenstärke von 0 (nach Alloway u. Ayres 1996, Sigg u. Stumm 1994, Umweltbundesamt 1988/89)

Gas	Volumen %	Henry Konstante K_H (25°C) in mol/kg·kPa	Gleichgewichtskonzentration	
N_2	78.1	$6.40 \cdot 10^{-6}$	0.50 mmol/L	14.0 mg/L
O_2	20.9	$1.26 \cdot 10^{-5}$	0.26 mmol/L	8.43 mg/L
Ar	0.943	$1.37 \cdot 10^{-5}$	12.9 mmol/L	0.515 mg/L
CO_2	0.028 ... 0.037	$3.39 \cdot 10^{-4}$	Folgereaktion	Folgereaktion
Ne	0.0018	$4.49 \cdot 10^{-6}$	8 nmol/L	0.16 mg/L
He	$0.51 \cdot 10^{-3}$	$3.76 \cdot 10^{-6}$	19 nmol/L	76 ng/L
CH_4	$1.7 \cdot 10^{-6}$	$1.29 \cdot 10^{-5}$	2.19 nmol/L	35 ng/L
N_2O	$0.304 \cdot 10^{-6}$	$2.57 \cdot 10^{-4}$	0.078 nmol/L	3.4 ng/L
NO	---	$1.9 \cdot 10^{-5}$	Folgereaktion	Folgereaktion
NO_2	$10 .... 22 \cdot 10^{-9}$	$1.0 \cdot 10^{-4}$	Folgereaktion	Folgereaktion
NH_3	$0.2 - 2 \cdot 10^{-9}$	0.57	Folgereaktion	Folgereaktion
SO_2	$10 \cdot 10^{-9} ... 19 \cdot 10^{-9}$	0.0125	Folgereaktion	Folgereaktion
O_3	$10 \cdot 10^{-9} ... 100 \cdot 10^{-9}$	$9.4 \cdot 10^{-5}$	0.094 ... 0.94 nmol/L	4.5 ... 45 ng/L

Im allgemein nimmt die Gaslöslichkeit mit zunehmender Temperatur ab. So lösen sich z.B. bei 100°C nur 45 % bzw. 54 % der Menge an Sauerstoff bzw. Stickstoff, die sich bei 10°C lösen würde. Jedoch trifft vor allem für leichte Gase wie H und He diese inverse Korrelation zwischen Löslichkeit und Temperatur nicht zu Die Fugazität für Helium z.B. ist bei einer Temperatur von 30°C am geringsten und steigt sowohl mit abnehmender als auch zunehmender Temperatur an (Abb. 9).

Direkt anwendbar zur Bestimmung von Gasgehalten im Wasser ist das Henry-Gesetz allerdings nur für Gase, die in Lösung nicht oder kaum weiterreagieren, wie z.B. Stickstoff, Sauerstoff oder Argon. Für Ammoniak und Kohlenstoffdioxid beispielsweise ist die Anwendung der Henry-Gleichung nur bei gleichzeitiger Berücksichtigung der Folgereaktionen sinnvoll. Obwohl im Falle des Kohlendioxids nur ca. 1 % des H_2CO_3 in Abhängigkeit vom pH-Wert in HCO_3^- und CO_3^{2-} dissoziert, kommt es durch die sich anschließenden Komplexbildungen mit Kationen zu einer deutlich höheren Lösung von CO_2 in Wasser. Werden zudem auch noch Mineralphasen (z.B. Calcit) gelöst und dabei Protonen verbraucht, so sind dies weitere Folgereaktionen, durch die wesentlich mehr CO_2 in Lösung geht, als nach dem Henry-Gesetz berechnet wird.

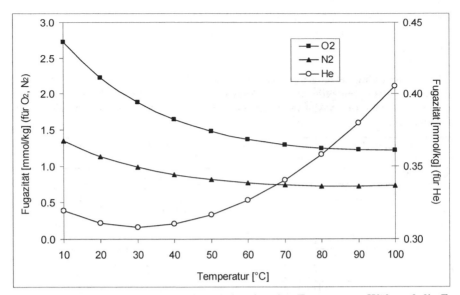

Abb. 9   Fugazität verschiedener Gase bei steigender Temperatur. Während die Fugazität von Sauerstoff und Stickstoff mit zunehmender Temperatur sinkt, ist die Fugazität für Helium bei 30°C am geringsten und steigt mit abnehmender sowie zunehmender Temperatur an (modelliert mit PHREEQC, basierend auf der LLNL Datenbank).

1.1.4 Wechselwirkungen an der Phasengrenze fest-flüssig

1.1.4.1 Lösung und Fällung

Lösung und Fällung können als reversible, heterogene Reaktionen mit Hilfe des Massenwirkungsgesetzes beschrieben werden. Allgemein ist die Löslichkeit eines Minerals definiert als die Masse des Minerals, die in einem Einheitsvolumen eines Lösemittels unter Standardbedingungen maximal gelöst werden kann.

1.1.4.1.1.   Löslichkeitsprodukt

Die Lösung eines Minerals AB in die Komponenten A und B läuft nach dem Massenwirkungsgesetz folgendermaßen ab:

$$AB \leftrightarrow A + B \hspace{5cm} \text{Gl.(32.)}$$

$$LP = \frac{\{A\} \cdot \{B\}}{\{AB\}} \hspace{4cm} \text{Gl.(33.)}$$

Da für die feste Phase AB die Aktivität als konstant mit 1 angenommen wird, ergibt sich aus der Gleichgewichtskonstante des Massenwirkungsgesetzes folgendes Löslichkeits- (LP) oder Ionenaktivitätsprodukt (IAP):

$$LP = IAP = \{A\} \cdot \{B\}$$ Gl.(34.)

Berücksichtigt werden muss dabei, dass analytisch bestimmte Konzentrationen für A und B in Aktivitäten umgerechnet werden müssen und tatsächlich nur der Stoffanteil für die Berechnung verwendet wird, der als freies Ion, nicht in Komplexen gebunden vorliegt.

Das Löslichkeitsprodukt ist abhängig vom Mineral, dem Lösungsmittel, dem Druck bzw. Partialdruck bestimmter Gase, der Temperatur, von pH, E_H und davon, welche Ionen bereits im Wasser gelöst sind und inwieweit diese Ionen untereinander Komplexe gebildet haben. Während der Partialdruck, pH, E_H und die Stabilität eines Komplexes im Massenwirkungsgesetz berücksichtigt werden, müssen Temperatur und Druck mittels zusätzlicher Gleichungen berücksichtigt werden.

Abhängigkeit des LP vom Druck
Bis zu einem Gesamtdruck von 500 m Wassertiefe (5 MPa) wirkt sich eine Druckänderung kaum auf das Löslichkeitsprodukt aus. Im Gegensatz dazu besteht eine starke Abhängigkeit des Löslichkeitsproduktes vom Partialdruck einzelner Gase.

Abhängigkeit des LP vom Partialdruck
Die erhöhte Lösung und Fällung von Mineralen in der obersten Bodenschicht liegt vor allem am höheren CO_2-Partialdruck im Boden. In der Vegetationszeit ist dieser durch biologische und mikrobiologische Aktivität ca. 10-100 mal größer als in der Atmosphäre. Durchschnittliche CO_2-Partialdrücke betragen unter humiden Klimabedingungen im Sommer ca. 3 bis 5 kPa (3-5 Vol%), unter tropischen Bedingungen mit erhöhter Bioaktivität bis über 30 Vol% und im Bereich von Deponien oder organischen Kontaminationen bis zu 60 Vol%. Da bei erhöhtem CO_2-Partialdruck auch die Protonenaktivität im Wasser erhöht ist, kommt es zu einer bevorzugten Lösung von Mineralen, deren Löslichkeit pH-abhängig ist.

Abhängigkeit des LP von der Temperatur
Im Gegensatz zur Druckerhöhung trägt eine Temperaturerhöhung nicht generell zur Erhöhung der Löslichkeit bei. Nach dem Prinzip des kleinsten Zwanges von Le Chatelier ist dies nur der Fall, wenn es sich um endotherme Reaktionen handelt, also Reaktionen, die erst bei Wärmezufuhr ablaufen, z.B. die Lösung von (Alumo)Silikaten, Sulfiden, Oxiden, usw. Carbonat- und Sulfatlösung sind dagegen exotherme Reaktionen, bei denen Wärme freigesetzt wird. Die Löslichkeit von Carbonaten und Sulfaten nimmt daher mit steigender Temperatur ab.

Abhängigkeit des LP vom pH
Nur wenige Ionen, wie z.B. Na^+, K^+, NO_3^- und Cl^+ sind über den gesamten Bereich der normalen Grundwasser pH-Werte hinweg gleichermaßen löslich. Vor allem die Lösung von Metallen ist extrem pH-abhängig. Während diese vielfach im basischen pH-Bereich als Hydroxide, Oxide oder Salze ausfallen, lösen sie sich unter sauren pH-Bedingungen und sind als freie Kationen mobil. Aluminium ist sowohl im sauren als auch im basischen Bereich gut löslich und fällt bei pH-Werten zwischen 5 und 8 als Hydroxid bzw. in Form von Tonmineralen aus.

Abhängigkeit des LP vom E_H
Bei Elementen, die in verschiedenen Oxidationsstufen vorkommen, sogenannten redoxsensitiven Elementen, ist die Löslichkeit neben dem pH auch abhängig vom Redox-Potential, z.B. ist Uran als reduziertes U(4) bei neutralem pH nahezu unlöslich, als U(6) dagegen gut löslich. Beim Eisen ist es umgekehrt: Fe(2) ist vergleichsweise gut löslich, während die oxidierte Form Fe(3) bei pH-Werten > 3 nur sehr wenig löslich ist und in Form von Eisenhydroxiden ausfällt.

Abhängigkeit des LP von der Komplexbildung
Allgemein erhöht die Komplexbildung die Löslichkeit, während Komplexzerstörung sie erniedrigt.

Wie gut oder schlecht löslich (und damit mobil) verschiedene Elemente sind, ist aus Tab. 6 ersichtlich. Dort ist die relative Anreicherung der einzelnen Elemente im Meerwasser im Vergleich zum Flusswasser im Periodensystem aufgetragen. Stoffe, die gut löslich und somit hoch mobil sind, reichern sich im Meerwasser an, während Stoffe, die schlecht löslich, also weniger mobil sind, im Meerwasser abgereichert sind.

1.1.4.1.2. Sättigungsindex

Als Sättigungsindex wird der dekadische Logarithmus des Quotienten aus Ionenaktivitätsprodukt (IAP) und Löslichkeitsprodukt (LP) bezeichnet. Das IAP berechnet sich dabei aus den analytisch bestimmten Konzentrationen einer gegebenen Wasseranalyse durch Umrechnung in Aktivitäten unter Berücksichtigung der Ionenstärke, der Temperatur des Wassers sowie der Komplexbildung. Das LP ergibt sich aus der maximal möglichen Löslichkeit (Datensatz- oder Literatur-Werte) durch Umrechnung auf die Wassertemperatur.

$$SI = \log \frac{IAP}{LP} \qquad\qquad\qquad Gl.(35.)$$

Der Sättigungsindex SI gibt an, ob eine Lösung im Gleichgewicht mit einer festen Phase, oder unter- bzw übersättigt in Bezug auf die feste Phase ist.

Tab. 6 Periodensystem mit relativer An- oder Abreicherung der Elemente im Meerwasser im Vergleich zum Flusswasser, grau schattiert im Meerwasser angereicherte (mobile) Elemente (nach Faure 1991, Merkel u. Sperling 1996, 1998)

1	2	3	4	5	6	7	8	9	10	11	12	13	14	15	16	17	18
H --																	He
Li 56.7	Be 0.02											B 450	C --	N --	O --	F 1300	Ne
Na 1714	Mg 315											Al 0.016	Si 0.43	P 3.6	S 243	Cl 2500	Ar
K 173	Ca 27.5	Sc 0.17	Ti 0.32	V 1.3	Cr 0.2	Mn 0.04	Fe 0.0015	Co 0.02	Ni 1.7	Cu 0.04	Zn 0.02	Ga 0.2	Ge 1	As 0.85	Se 2.2	Br 3350	Kr
Rb 120	Sr 109	Y 0.18	Zr --	Nb --	Mo 18.3	Tc --	Ru --	Rh --	Pd --	Ag 0.009	Cd 8.0	In --	Sn 0.013	Sb 2.1	Te --	I 8.0	Xe
Cs 14.5	Ba 0.7	Lu 0.22	Hf --	Ta --	W 3.3	Re --	Os --	Ir --	Pt --	Au 2.5	Hg 0.14	Tl --	Pb 0.002	Bi --	Po --	At --	Rn
Fr --	Ra --																

La 0.094	Ce 0.044	Pr 0.14	Nd 0.11	Pm --	Sm 0.10	Eu 0.10	Gd 0.11	Tb 0.14	Dy 0.15	Ho 0.20	Er 0.22	Tm 0.21	Yb 0.25
Ac --	Th 0.0006	Pa --	U 2.7	Np --	Pu --	Am --	Cm --	Bk --	Cf --	Es --	Fm --	Md --	No --

"--" keine oder keine übereinstimmenden Daten in der Literatur

Hierbei bedeutet ein Wert von z.B. +1 eine 10fache Übersättigung, ein Wert von -2 eine 100fache Untersättigung bezüglich einer bestimmten Mineralphase. In der Praxis kann angenommen werden, dass im Bereich von -0.05 bis +0.05 von einem quasi-Gleichgewicht gesprochen werden kann. Ist der berechnete SI kleiner als -0.05 kann somit von Untersättigung bezüglich der jeweiligen Mineralphase gesprochen werden, ist er größer als +0.05, von einer Übersättigung. Zu beachten ist, dass Übersättigung nicht automatisch gleichbedeutend mit Ausfällung ist. Wenn die Ausfällungskinetik langsam ist, können Lösungen über sehr lange Zeiträume übersättigt im Bezug auf bestimmte Mineralphasen bleiben.

1.1.4.1.3. Begrenzende Mineralphasen

Manche Elemente sind trotz guter Löslichkeit der zugehörigen Mineralphasen in aquatischen Systemen nur im mg/L bis μg/L-Bereich vertreten. Dies muss nicht immer an einem insgesamt geringen Vorkommen des betreffenden Elements in der festen Phase, wie z.B. beim Uran, liegen. Mögliche begrenzende Faktoren sind Mineralneubildung, Kopräzipitation, inkongruente Lösungen und die Bildung von solid solution Mineralen (Mischmineralen).

Mineralneubildung
Zweiwertiges Ca^{2+} kann bei Anwesenheit von SO_4^{2-} in Form von Gips, bei Anwesenheit von CO_3^{2-} in Form von Carbonat gefällt werden. Für Ba^{2+} ist bei Anwesenheit von Sulfat $BaSO_4$ (Barit) die begrenzende Mineralphase. Wird also beispielsweise ein sulfathaltiges Grundwasser mit einem $BaCl_2$-haltigen Grundwasser gemischt, wird durch die Mischung dieser beiden Wässer das Mineral Bariumsulfat die begrenzende Phase und es wird solange Bariumsulfat ausgefällt, bis der Sättigungsindex bezüglich $BaSO_4$ den Wert Null erreicht hat.

Kopräzipitation
Bei Elementen wie Radium, Arsen, Beryllium, Thallium oder Molybdän spielt nicht nur die geringe Löslichkeit eine Rolle; entscheidend für die geringen Konzentrationen in aquatischen Systemen ist vielmehr die Kopräzipitation mit anderen Mineralphasen. So wird beispielsweise Radium zusammen mit Eisen-Hydroxiden und/oder Bariumsulfat ausgefällt bzw. an diesem sorbiert. Dies führt im Fall des Radiums dazu, dass seine Mobilität durch das redoxsensitive Eisen bestimmt wird. Als redoxsensitiv bezeichnet man Elemente, die in Abhängigkeit vom Redoxpotential in verschiedenen Wertigkeiten auftreten (Kap. 1.1.5.2.4). Radium verhält sich somit quasi wie ein redoxsensitives Element, obwohl es nur als +2-wertig in seinen Verbindungen auftritt.

Inkongruente Lösungen
Als inkongruente Lösungen werden Lösungen bezeichnet, bei denen ein Mineral gelöst wird, während ein anderes zwangsläufig ausfällt. Kommt z.B. ein Wasser, das im Gleichgewicht mit Calcit (SI = 0) ist, mit Dolomit in Kontakt, wird Dolomit solange gelöst bis auch ein Gleichgewicht bezüglich des Dolomits eingestellt

ist. Hierdurch werden die Konzentrationen von Ca, Mg und C im Wasser erhöht, was zwangsläufig dazu führt, dass das Wasser hinsichtlich Calcit übersättigt wird und somit Calcit ausfällt.

Solid solutions (Mischminerale)
Die Untersuchung natürlicher Minerale zeigt, dass die wenigsten Mineralphasen reine Phasen sind, sondern vielfach insbesondere seltene Elemente in wechselnden Gehalten beinhalten. Klassische Beispiele für solid solution Minerale sind der Dolomit, das Calcit/Rhodochrosit-, das Calcit/Strontianit- oder das Calcit/Otavit-System.

In solchen Fällen wird die Berechnung des Sättigungsindex schwieriger. Betrachtet man z.B. das System Calcit/Strontianit, so errechnet sich die Löslichkeit beider reiner Mineralphasen aus:

$$K_{calcite} = \frac{\{Ca^{2+}\} \cdot \{CO_3^{2-}\}}{\{CaCO_3\}_s}$$

Gl.(36.)

und

$$K_{strontianite} = \frac{\{Sr^{2+}\} \cdot \{CO_3^{2-}\}}{\{SrCO_3\}_s}$$

Gl.(37.)

Bei Annahme eines solid solution Minerals, das aus einer Mischung dieser beiden Minerale besteht, ergibt sich durch Umformung der beiden Gleichungen:

$$\frac{\{Sr^{2+}\}}{\{Ca^{2+}\}} = \frac{K_{strontianite} \cdot \{SrCO_3\}_s}{K_{calcite} \cdot \{CaCO_3\}_s}$$

Gl.(38.)

Das heißt, ein bestimmtes Aktivitätsverhältnis von Sr zu Ca in Lösung bedingt auch ein bestimmtes Verhältnis im solid solution Mineral. Wenn für das nicht-ideale Verhalten der Mineralphase in Analogie zum Aktivitätskoffizienten der aquatischen Spezies ein Aktivitäts-Korrekturfaktor $f_{calcite}$ und $f_{Strontianite}$ eingeführt wird, ergibt sich:

$$\frac{K_{strontianite} \cdot f_{strontianite}}{K_{calcite} \cdot f_{calcite}} = \frac{\{Sr\} \cdot X_{calcite}}{\{Ca\} \cdot X_{strontianite}}$$

Gl.(39.)

Dabei steht X jeweils für den molaren Anteil im solid solution Mineral. Das Verhältnis der beiden Aktivitätskoeffizienten der Mineralphasen kann im einfachsten

Fall zu einem Verteilungskoeffizienten zusammengefasst werden. Dieser kann durch semi-empirische Approximation aus Laborversuchen bestimmt werden.

Unter Verwendung der Löslichkeitsprodukte von Calcit und Strontianit und Annahme einer Calcium-Aktivität von 1.6 mmol/L, eines Verteilungskoeffizienten von 0.8 für Strontium, bzw. 0.98 für Calcit, sowie eines Verhältnisses von 50:1 (= 0.02) im solid solution Mineral ergibt sich somit eine Aktivität für Strontium von

$$\{Sr\} = \frac{K_{strontianite} \cdot f_{strontianite} \cdot X_{strontianite} \cdot \{Ca\}}{K_{calcite} \cdot f_{calcite} \cdot X_{calcite}}$$

Gl.(40.)

$$= \frac{10^{-9.271} \cdot 0.8 \cdot 0.02 \cdot 1.6 \cdot 10^{-3}}{10^{-8.48} \cdot 0.98} = 4.2 \cdot 10^{-6} \, mol/l$$

Würde man Strontianit als begrenzende Phase ansetzen, so könnte deutlich mehr Strontium (Aktivität ca. $2.4 \cdot 10^{-4}$ mol/L) in Lösung sein als bei Ansatz der solid solution Mineralphase.

Dieses Beispiel zeigt die Tendenz, die sich im Zusammenhang mit solid solution Mineralen ergibt: Es besteht eine Übersättigung oder ein Gleichgewicht hinsichtlich des solid solution Minerals, aber eine Untersättigung gegenüber beiden reinen Mineralphasen, d.h. das solid solution Mineral wird gebildet, aber keine der beiden reinen Phasen. Die Größe dieses Effektes ist abhängig von den Zahlenwerten des Aktivtätskoeffizienten der solid solution Komponente.

Bei der Bildung von "solid solution" Mineralen müssen zwei konzeptionelle Modelle unterschieden werden, das "end member" Modell (beliebige Mischungen zwischen zwei oder mehr Mineralen) und das "site mixing" Modell (Fremdelemente können ein bestimmtes Element nur auf bestimmten Plätzen der Kristallstrukur ersetzen).

Für manche Elemente haben begrenzende Mineralphasen (reine Mineralphasen und solid solution Minerale) allerdings keine Relevanz. So sind z.B. unter Bedingungen, wie sie in Grundwässern herrschen, keine begrenzenden Mineralphasen für Na oder B bekannt. Viele Metalle wie z.B. Pb ($PbSO_4$, PbS, Pyromorphit, Mimetisit, usw.), Cd, Ra, usw. haben außerdem so hohe Löslichkeitsprodukte, dass nicht die Minerale die begrenzenden Phasen darstellen. Vielmehr sind Sorption auf organischen Phasen, Tonmineralen oder Eisenhydroxiden, sowie Kationenaustausch die limitierenden Faktoren. Auf diese Prozesse wird im folgenden näher eingegangen.

1.1.4.2 Sorption

Unter dem Begriff Sorption werden Matrixsorption und Oberflächensorption zusammengefasst. Matrixsorption ist der relativ unspezifische Ein- und Austrag von Wasserinhaltsstoffen <u>in</u> die poröse Matrix eines Gesteins („Absorption"). Unter Oberflächensorption versteht man dagegen die Anlagerung von Atomen oder Molekülen gelöster Stoffe, Gase oder Dämpfe an einer Phasengrenze ("Adsorption"). Im weiteren soll nur auf die Oberflächensorption eingegangen werden.

Die Bindung erfolgt bei der Oberflächensorption entweder über physikalische Bindungskräfte (van-der-Waals'sche Kräfte, Physisorption), oder chemische Bindung (z.B. Coulomb'sche Kräfte oder Wasserstoffbrückenbindungen, Chemiesorption). Dabei kann es zu einer vollständigen Absättigung der freien Valenzen an definierten Oberflächenplätzen unter Beteiligung spezifischer Gitterstellen und/oder funktioneller Gruppen kommen (Oberflächenkomplexierung, Kap. 1.1.4.2.3). Während Physisorption in den meisten Fällen reversibel ist, können durch Chemiesorption gebundene Substanzen in der Regel nur schwer remobilisiert werden. Ionentausch beruht auf elektrostatischen Wechselwirkungen unterschiedlich geladener Teilchen.

1.1.4.2.1.   Hydrophobe/ hydrophile Stoffe

Die Charakterisierung von Feststoffeigenschaften als "hydrophob" oder "hydrophil" hängt sehr eng mit dem Begriff der Sorption zusammen. Hydrophobe Stoffe besitzen im Gegensatz zu hydrophilen Substanzen keine freien Valenzen an den Oberflächen. Aufgrund der fehlenden freien Valenzen können weder hydratisierte Wassermoleküle noch gelöste Spezies gebunden werden, wodurch letztlich im Extremfall eine Benetzung der Oberfläche mit der flüssigen Phase weitgehend verhindert wird.

1.1.4.2.2.   Ionenaustausch

Als Ionenaustauschkapazität bezeichnet man die Fähigkeit bestimmter Stoffe, Kationen oder Anionen des Austauschermaterials gegen Kationen oder Anionen aus der Lösung auszutauschen. In natürlichen Grundwasser-Systemen werden selten Anionen, sondern meist die Kationen $Ba^{2+} > Sr^{2+} > Ca^{2+} > Mg^{2+} > Be^{2+}$ und $Cs^+ > K^+ > Na^+ > Li^+$ in dieser Reihenfolge mit abnehmender Intensität ausgetauscht. Mehrwertige Ionen (Ca^{2+}) werden generell stärker gebunden als einwertige Ionen (Na^+), wobei die Selektivität aber mit zunehmender Ionenstärke abnimmt (Stumm u. Morgan 1996). Sehr große Ionen, wie z.B. Ra^{2+} oder Cs^+, sowie extrem kleine Ionen, wie z.B. Li^+ oder Be^{2+}, werden nur in geringerem Maße ausgetauscht. H^+ bildet aufgrund seiner hohen Ladungsdichte bei geringem Ionendurchmesser eine Ausnahme und wird im allgemeinen bevorzugt sorbiert.

Zudem hängt die Bindungsstärke vom jeweiligen Sorbenten ab, wie Tab. 7 am Beispiel einiger Metalle zeigt. Der Vergleich der relativen Bindungsstärke beruht auf einem Vergleich der pH-Werte, bei denen 50 % der Metall-Ionen sorbiert sind ($pH_{50\%}$). Je geringer dieser pH-Wert, desto stärker wird das Metall am Sorbenten gebunden, z.B. bei Fe-Oxiden Pb ($pH_{50\%} = 3.1$) > Cu ($pH_{50\%} = 4.4$) > Zn ($pH_{50\%} = 5.4$) > Ni ($pH_{50\%} = 5.6$) > Cd ($pH_{50\%} = 5.8$) > Co ($pH_{50\%} = 6.0$) > Mn ($pH_{50\%} = 7.8$) (Scheffer u. Schachtschabel 1982). In Abhängigkeit vom jeweiligen

Sorbenten ist die Ionenaustauschkapazität außerdem abhängig vom pH-Wert (Tab. 8). Abb. 10 zeigt die pH-abhängige Sorption von Metallkationen, Abb. 11 die ausgewählter Anionen an Eisenhydroxid.

Tab. 7   Relative Bindungsstärke von Metallen an verschiedene Sorbenten (nach Bunzl et al. 1976)

Substanz	relative Bindungsstärke
Tonminerale, Zeolithe	Cu>Pb>Ni>Zn>Hg>Cd
Fe, Mn-Oxide und -Hydroxide	Pb>Cr=Cu>Zn>Ni>Cd>Co>Mn
Organika (generell)	Pb>Cu>Ni>Co>Cd>Zn=Fe>Mn
Humin- und Fulvinsäuren	Pb>Cu=Zn=Fe
Torf	Cu>Pb>Zn>Cd
Zersetzter Torf	Cu>Cd>Zn>Pb>Mn

Tab. 8   Kationenaustauschkapazität einiger Substanzen bei pH 7 und deren pH Abhängigkeit (nach Langmuir 1997)

Substanz	KAK (meq/100g)	pH Abhängigkeit
Tonminerale		
Kaolinit	3-15	hoch
Illit und Chlorit	10-40	gering
Smectit-Montmorrilonit	80-150	nicht oder kaum vorhanden
Vermiculit	100-150	vernachlässigbar
Zeolithe	100-400	vernachlässigbar
Mn (IV) und Fe (III) Oxyhydroxide	100-740	hoch
Huminstoffe	100-500	hoch
synthetische Kationenaustauscher	290-1020	gering

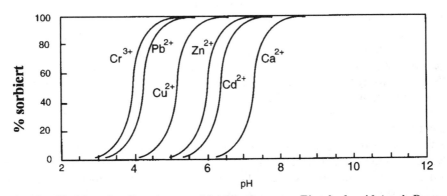

Abb. 10   pH abhängige Sorption von Metallkationen an Eisenhydroxid (nach Drever 1997)

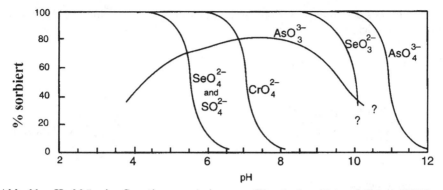

Abb. 11 pH abhängige Sorption von Anionen an Eisenhydroxid (nach Drever 1997)

<u>Beschreibung des Ionenaustausches mit Hilfe des Massenwirkungsgesetzes</u>
Bei Annahme einer vollständigen Reversibilität der Sorption lässt sich der Ionenaustausch mit Hilfe des Massenwirkungsgesetzes beschrieben. Der Vorteil dieses
Ansatzes ist, dass quasi beliebig viele Spezies in gegenseitige Wechselwirkung
um Bindungsplätze an der Oberfläche eines Minerals treten können.

$$A^+ + B^+R^- \leftrightarrow A^+R^- + B^+$$

$$K_B^A = \frac{\{A^+R^-\}\cdot\{B^+\}}{\{A^+\}\cdot\{B^+R^-\}} = \frac{\{A^+R^-\}/\{A^+\}}{\{B^+R^-\}/\{B^+\}}$$

Gl.(41.)

mit A^+, B^+ = einwertige Ionen
       R   = Austauscher

K_x wird als Selektivitätskoeffizient bezeichnet und hier zwar als
Gleichgewichtskonstante betrachtet, ist aber im Gegensatz zu Komplexbildungskonstanten oder Dissoziationskonstanten nicht nur von Druck, Temperatur und
der Ionenstärke abhängig, sondern auch von der jeweiligen Feststoffphase mit den
spezifischen Eigenschaften ihrer inneren und äußeren Oberflächen sowie in geringerem Maße auch von der verwendeten Schreibweise für die Reaktion.
   Der Austausch von Natrium gegen Calcium kann z.B. wie folgt geschrieben
werden:

$$Na^+ + \frac{1}{2}CaX_2 \leftrightarrow NaX \cdot \frac{1}{2}Ca^{2+}$$

$$K_{Ca}^{Na} = \frac{\{NaX\}\{Ca^{2+}\}^{0.5}}{\{CaX_2\}\cdot\{Na^+\}}$$

Gl.(42.)

Diese Notation wird als Gaines-Thomas-Konvention (Gaines u. Thomas 1953)
bezeichnet. Werden statt der Aktivitäten die molaren Konzentrationen benutzt, so

entspricht dies der Vanselow-Konvention (Vanselow 1932). Gapon (1933) schlug
die folgende Schreibweise vor:

$$Na^+ + Ca\frac{1}{2}X \leftrightarrow NaX \cdot \frac{1}{2}Ca^{2+}$$

$$K_{Ca}^{Na} = \frac{\{NaX\} \cdot \{Ca^{2+}\}^{0.5}}{\{Ca\frac{1}{2}X\} \cdot \{Na^+\}}$$ Gl.(43.)

Wichtige Ionenaustauscher
Wichtige Ionenaustauscher sind, wie schon aus Tab. 7 ersichtlich, Tonminerale
und Zeolithe (Aluminiumsilikate), Metalloxide (überwiegend Eisen- und Manganoxide) und organisches Material.
- Tonminerale bestehen aus 1 bis n Schichten von Si-O Tetraedern und 1 bis n
  Schichten von Aluminiumhydroxid Oktaedern (Gibbsit). Dabei ersetzt Al
  sehr oft das Si in der Tetraeder-Schicht und Magnesium das Al in der Okta-
  eder- Schicht.
- Zeolithe spielen als Ionenaustauscher vor allem eine Rolle in Vulkaniten und
  marinen Sedimenten.
- Am Ende des Verwitterungsprozesses von Eisen- und Manganmineralen
  steht in der Regel die Bildung von Oxiden. Manganoxide bilden sich meistens in oktaedrischer Anordnung; diese ähnelt weitgehend dem Gibbsit.
  Auch Hämatit (Fe_2O_3) und Goethit (FeOOH) haben eine dem Gibbsit ähnliche oktaedrische Struktur.
- 70 bis 80 Gew.% der organischen Materie in der Natur sind nach Schnitzer
  (1986) zur Gruppe der Huminstoffe zu rechnen. Dies sind kondensierte Po-
  lymere von aromatischen und aliphatischen Komponenten, die beim Abbau
  lebender Zellen von Pflanzen und Tieren durch Mikroorganismen entstehen.
  Huminstoffe sind hydrophil, von dunkler Farbe und weisen Molekularmas-
  sen von wenigen Hundert bis zu vielen Tausend auf. Sie besitzen unter-
  schiedlichste funktionale Gruppen, die in der Lage sind, mit Metallionen in
  Wechselwirkung zu treten. Huminstoffe (refraktäre organische Säuren) werden unterteilt in Humin- und Fulvinsäuren. Huminsäuren sind unter alkalischen Bedingungen löslich und fallen unter sauren Bedingungen aus. Fulvinsäuren sind sowohl unter sauren als auch basischen Bedingungen löslich.
Ionenaustausch bzw. Ionensorption kann aber auch auf Kolloiden stattfinden, da
Kolloide eine elektrische Oberflächenladung besitzen, an der Ionen ausgetauscht
oder sorptiv gebunden werden können. Der Teil der Kolloide, der nicht in kleinen
Poren gefangen wird, benutzt bevorzugt große Poren und wird so zum Teil
schneller als das Wasser im Grundwasser transportiert (size exclusion effect).
Dadurch kommt dem kolloidgebundenen Schadstofftransport eine besondere Be-
deutung zu.

Darüber hinaus gibt es synthetische Ionenaustauscher, die vor allem technische Bedeutung für die Wasserentsalzung besitzen. Sie sind aus organischen Makromolekülen aufgebaut, in deren porösem Netzwerk aus Kohlenwasserstoffketten negativ geladene (Kationenaustauscher) oder positiv geladene (Anionenaustauscher) Gruppen gebunden sind. Kationenaustauscher basieren chemisch meist auf einer Sulfonsäuregruppe mit organischem Rest, Anionenaustauscher auf substituierten Ammoniumgruppen mit organischem Rest.

Oberflächenladungen
Die Kationen-Austauschkapazität (KAK) von Tonmineralen liegt zwischen 3 und 150 meq/100g (Tab. 8). Diese extrem hohen Austauschkapazitäten beruhen auf zwei physikalischen Gründen:
- extrem große Oberfläche und
- einer elektrischen Ladung der Oberflächen.
Diese elektrischen Ladungen können unterschieden werden in:
- permanente Ladungen und
- variable Ladungen.
Permanente Oberflächenladungen sind auf die Substitution von Metallen in Kristallgittern (Isomorphie) zurückzuführen. Da in der Regel die Substitution durch Metalle mit geringerer Valenz erfolgt, resultiert daraus ein Gesamtdefizit an positiver Ladung für den Kristall. Um dies auszugleichen, bildet sich ein negatives Potential an der Oberfläche, wodurch positiv geladene Metallionen sorbiert werden können. Die Oberflächenladungen von Tonmineralen sind überwiegend auf Isomorphie zurückzuführen und somit größtenteils permanenter Natur. Dies gilt aber nicht für alle Tonminerale; bei Kaolinit sind es weniger als 50 % (Bohn et al. 1979).

Neben der permanenten Oberflächenladung existieren variable Oberflächenladungen, die vom pH-Wert des Wassers abhängig sind. Diese entstehen durch Protonierung und Deprotonierung funktioneller Gruppen der Oberflächen. Unter sauren Bedingungen werden Protonen an den funktionalen Gruppen sorbiert, die zu einer insgesamt positiven Ladung der Oberfläche führen. Das Mineral bzw. Teile des Minerals wirken somit als Anionenaustauscher. Unter hohen pH-Werten verbleiben die Sauerstoffatome an den funktionellen Gruppen deprotoniert und das Mineral bzw. Teile des Minerals zeigen insgesamt eine negative Oberflächenladung und es können Kationen sorbiert werden.

Für jedes Mineral gibt es einen pH-Wert, bei dem die positive Ladung durch Protonierung gleich der negativen Ladung durch Deprotonierung ist, so dass die Gesamtladung gleich Null ist. Dieser pH-Wert wird als pH_{PZC} (Point of Zero Charge) bezeichnet. Beeinflussen nur Protonierung oder Deprotonierung die Oberflächenladung eines Minerals, wird dieser PZC auch als ZPNPC (zero point of net proton charge) oder IEP (isoelectric point) bezeichnet. Dieser isoelektrische Punkt liegt z.B. für Quarz bei pH 2.0, für Kaolinit etwa bei pH 3.5, für Goethit, Magnetit und Hämatit etwa zwischen pH 6 und 7 und für Korund bei pH 9.1 (Drever 1997). Abb. 12 zeigt das pH-abhängige Sorptionsverhalten von Eisenhydroxid-Oberflächen. Das Gesamtpotential der pH-abhängigen Oberflächenladung ist dabei nicht abhängig von der Ionenstärke des Wassers.

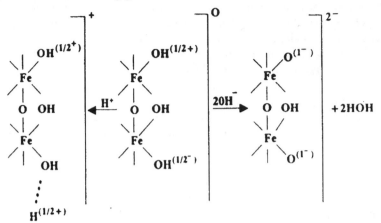

Abb. 12 Schematische Darstellung des pH-abhängigen Sorptionsverhaltens von Eisenhydroxid-Oberflächen durch Anlagerung von H^+ und OH^--Ionen (nach Sparks 1986) und des pH_{PZC}.

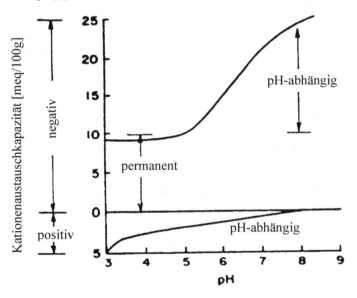

Abb. 13 Kationen- und Anionenaustauschverhalten von Mineralen als Funktion des pH-Wertes (nach Bohn et al. 1979); „negativ" und „positiv" bezieht sich auf die Ladung der Oberflächen (negativ = Kationenaustauscher, positiv = Anionenaustauscher).

Natürliche Systeme sind vielfach eine Mischung aus Mineralen mit konstanter und variabler Oberflächenladung. Das generelle Verhalten vieler Minerale in Bezug auf Anionen- und Kationensorption zeigt Abb. 13. Oberhalb pH 3 nimmt die Anionenaustauschkapazität deutlich ab. Die Kationenaustauschfähigkeit bleibt bis ca. pH 5 konstant, um dann extrem anzusteigen.

1.1.4.2.3. Mathematische Beschreibung der Sorption

Die Methoden zur mathematischen Beschreibung der Wechselwirkungen eines Wasserinhaltsstoffes in fester und flüssiger Phase reichen von einfachen empirischen Gleichungen (Sorptionsisothermen) bis hin zu komplizierteren mechanistischen Modellen auf der Grundlage der Oberflächenkomplexierung zur Ermittlung elektrischer Potentiale, wie constant capacitance, diffuse double layer, triple layer und charge distribution multi-site complexation (CD-MUSIC) Modellen.

Empirische Modelle - Sorptionsisothermen
Unter Sorptionsisothermen versteht man die Darstellung der Sorptionswechselwirkungen mit Hilfe einfacher empirischer Gleichungen. Der Begriff „Isotherme" rührt daher, dass die Messungen ursprünglich bei konstanter Temperatur durchgeführt wurden.

Lineare Regressions-Isotherme (Henry-Isotherme)
Die einfachste Form einer Sorptionsisotherme ist die lineare Regressionsgleichung.

$$C^* = K_d \cdot C$$

Gl.(44.)

mit C^* = Masse der am Mineral sorbierten Substanz (mg/kg)
       K_d = Verteilungskoeffizient (L/kg)
       C = Konzentration der Substanz im Wasser (mg/L)

Der Vorteil der linearen Sorptionsisotherme liegt in ihrer mathematischen Einfachheit und der Möglichkeit, sie in einen Retardationsfaktor Rf zu überführen und somit als Korrekturterm in die allgemeine Transportgleichung einzuführen.

$$Rf = 1 + \frac{Bd}{q} \cdot \frac{C^*}{C} = 1 + \frac{Bd}{q} \cdot K_d$$

Gl.(45.)

mit   Bd = Feststoffdichte
       q = Wassergehalt

Ein gravierender Nachteil ist, dass der Zusammenhang linear beschrieben wird und somit der Sorption kein oberes Limit gegeben wird.

Freundlich Isotherme

Mit Hilfe der FREUNDLICH-Isotherme kann ein exponentieller Zusammenhang zwischen sorbierten und gelösten Molekülen beschrieben werden.

$$C^* = K_d \cdot C^n \qquad \text{Gl.(46.)}$$

$$Rf = 1 + \frac{Bd}{q} \cdot n \cdot K_d \cdot C^{n-1} \qquad \text{Gl.(47.)}$$

Dabei ist n eine weitere empirische Konstante, die normalerweise <1 ist. Der FREUNDLICH-Isotherme kann das Modell einer multilaminellen Belegung der Feststoffoberfläche zugrunde liegen, wobei davon ausgegangen wird, dass zunächst die Plätze mit der größten Bindungsenergie der elektrostatischen Kräfte besetzt werden (steiler Abschnitt der Kurve), mit zunehmendem Belegungsgrad der Oberfläche auch die mit geringerer Bindungsenergie (Abflachen der Kurve).

Mit der Verwendung der FREUNDLICH-Isotherme wird das Manko der fehlenden Limitierung des linearen Modells behoben und es besteht wie bei der linearen Regression die Möglichkeit der Überführung in einen Retardationsfaktor Rf.

Langmuir Isotherme

Die LANGMUIR-Isotherme wurde entwickelt, um Sorbenten mit einer Oberfläche mit begrenzter Anzahl von Sorptionsplätzen zu beschreiben.

$$C^* = \frac{a \cdot b \cdot C}{1 + a \cdot C} \qquad \text{Gl.(48.)}$$

mit   a   = Sorptions-Konstante als Funktion der Bindungsenergie (L/mg)
         b   = maximal sorbierbare Masse der Substanz (mg/kg)

$$Rf = 1 + \frac{Bd}{q} \cdot \left[\frac{a \cdot b}{(1 + a \cdot C)^2} \right] \qquad \text{Gl.(49.)}$$

Aus wissenschaftlicher Sicht sind allerdings alle Ansätze im Sinne des K_d-Konzeptes (HENRY-, FREUNDLICH oder LANGMUIR Isotherme) unbefriedigend, da die komplexen Prozesse an den Oberflächen nicht mittels empirischer Fittingparameter abgebildet werden können. Randbedingungen wie pH-Wert, Redoxpotential, Ionenstärke, Konkurrenzreaktion um Bindungsplätze etc. werden nicht berücksichtigt. Ergebnisse von Labor- und Feldversuchen sind somit kaum auf reale Systeme übertragbar und nur dann als Prognosemodell geeignet, wenn Änderungen der Randbedingungen nicht zu erwarten sind.

Mechanistische Modelle - Oberflächenkomplexierung

Bevor auf einzelne mechanistische Modelle eingegangen wird, soll zunächst der Prozess der Oberflächenkomplexierung erklärt werden.

An der Oberfläche von Eisen-, Aluminium-, Silicium und Manganhydroxiden sowie Huminstoffen befinden sich Kationen, die im Gegensatz zu den Kationen im Inneren des Kristallgitters nicht vollständig von Sauerstoffionen umgeben sind. Aufgrund ihrer freien Valenzen binden sie Wassermoleküle, deren Protonen sich nach der Anlagerung so umverteilen, dass jedem adsorbierten Sauerstoffion nur noch ein Wasserstoffion zukommt und das zweite an die bereits im Kristallgitter zwischen den Kationen vorhandenen Sauerstoffionen gebunden wird (Abb. 14). So ergibt sich an der Oberfläche des Minerals eine Schicht aus funktionellen Gruppen, die immer O, S oder N enthalten (Doppelschicht).

Original-Oberfläche – Metalle mit
unvollständiger Koordination

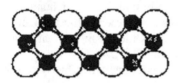

Koordinations-Sphäre vervollständigt
durch Wassermoleküle

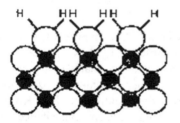

Protonen-Neuordung zur Bildung von
Oberflächen-Hydroxyl-Gruppen

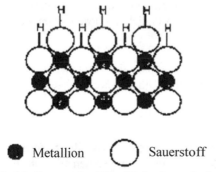

● Metallion   ◯ Sauerstoff

Abb. 14 Prozess der Oberflächenkomplexierung (nach Drever 1997)

Die Reaktion kann nach Stumm u. Morgan (1996) generell wie folgt beschrieben werden:

$$\{GH\} + Me^{z+} \leftrightarrow \{GMe^{z-1}\} + H^+$$

Gl.(50.)

wobei GH für eine funktionale Gruppe wie z.B $(R\text{-}COOH)_n$ oder $(=AlOH)_n$ steht. Die Komplexbildungsfähigkeit funktionaler Gruppen ist stark vom Säure-Base Verhalten abhängig und berücksichtigt somit die Veränderung des pH-Wertes in einem aquatischen System.

Wie bei der Komplexbildung in Lösung kann auch bei der Oberflächen-komplexierung unterschieden werden zwischen innersphärischen Komplexen (z.B. Phosphat, Fluorid, Kupfer), bei denen das Ion direkt an die Oberfläche ge-bunden wird, und außersphärischen Komplexen (z.B. Natrium, Chlorid), bei de-nen das Ion von einer Hydrathülle umgeben bleibt und eine Anziehung nur elekt-rostatisch erfolgt. Der innersphärische Komplex ist wesentlich stärker und unab-hängig von elektrostatischer Anziehung, d.h. ein Kation kann auch an einer posi-tiv geladenen Oberfläche sorbiert werden (Drever 1997).

Auf dieser Grundlage der Oberflächenkomplexierung sollen hier vier verschie-dene Modelle, das constant capacitance, das diffuse double layer, das triple layer und das charge distribution multi-site complexation (CD-MUSIC) Modell, disku-tiert werden, die eine Berechnung des elektrischen Potentials ermöglichen.

Diffuse double layer Modell (DDLM)

Dieses Modell basiert auf der GOUY-CHAPMAN Theorie (diffuse double layer theory), die auf die Beobachtung zurückgeht, dass im Bereich der Grenzschicht feste Phase zu flüssiger Phase unabhängig von der Oberflächenladung Kationen und Anionen in einer erhöhten Konzentration in einer diffusen Schicht vorliegen, die durch die elektrostatischen Kräfte der Oberflächen verursacht wird. Im Gegensatz zum constant capacitance Modell bleibt hier das elektrische Potential bis zu einem bestimmten Abstand von der Phasengrenzen gleich und fällt nicht sofort linear ab (Abb. 15 links). Diesen Kräften entgegen wirkt die Diffusion, die dazu führt, dass mit zunehmenden Abstand von der Grenzschicht eine Verdünnung eintritt. Der Zusammenhang kann mathematisch durch die Poisson-Boltzmann-Gleichung beschrieben werden.

Constant capacitance Modell (CCM)

Das constant capacitance Modell geht davon aus, dass die Doppelschicht an der Phasengrenze fest/ flüssig als ein Parallelplatten-Kondensator angesehen werden kann (Abb. 15 Mitte).

Triple layer Modell (TLM)

Während CCM und DDLM von der Annahme ausgehen, dass alle Ionen in einer Ebene liegen, operiert das Dreischicht-Modell mit verschiedenen Ebenen, in de-nen die Oberflächenkomplexe gebunden sind. In der Orignialversion von Davis et al. 1978 sind Protonen und Hydroxidionen in der der Phasengrenze nächsten

Schicht (o-Ebene) gebunden und innersphärische Komplexe in einer β-Ebene etwas weiter entfernt. Beide Ebenen werden als constant capacity Schichten modelliert. Der Bereich außerhalb der β-Ebene, in dem sich die außersphärischen Komplexe befinden, wird als diffuse layer modelliert (Abb. 15 rechts).

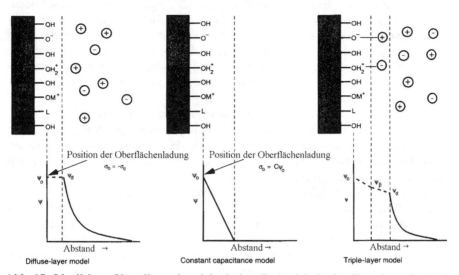

Abb. 15 Idealisierte Verteilung des elektrischen Potentials in der Umgebung hydratisierter Oxidoberflächen nach (von links nach rechts) dem diffuse double layer Modell, dem constant capacitance Modell und dem triple layer Modell (nach Drever 1997).

Charge distribution multi-site complexation model (CD-MUSIC)
Eine fortgeschrittene Version des Dreischicht-Modells ist das charge distribution multi-site complexation Modell (Hiemstra and Van Riemsdijk 1996, 1999). Auch hier werden drei Schichten unterschieden, die Nomenklatur ist allerdings anders. Die o-, ß- und d- Ebenen werden mit den Nummern 0, 1, 2 bezeichnet. Ein deutlicher Vorteil des CD-MUSIC Modells ist, dass es die chemische Zusammensetzung der Kristalloberfläche berücksichtigen kann, die z.B. durch Ergebnisse von in-situ Infrarot-Spektroskopie, EXAFS (extended x-ray absorption fine structure) und TEM (Transmissionselektronenmikroskopie) beschrieben werden kann. Im Gegensatz zu den bereits genannten Modellen (DDLM, CCM, TLM) gehen in das CD-MUSIC Modell gemessene physikalische und chemische Daten und keine frei angepassten Parameter ein. Kationen und Anionen werden gleichermaßen nach Pauling's Konzept der Ionenladungsverteilung behandelt. Des Weiteren ist es möglich, mit dem CD-MUSIC Modell die konkurrierende Sorption zweier oder mehrerer Liganden zu betrachten. Die Anwendbarkeit des Modells ist jedoch auf kristalline Feststoffe begrenzt und nicht auf amorphe Substanzen übertragbar.

1.1.5 Wechselwirkungen in der flüssigen Phase

1.1.5.1 Komplexbildung

Die Komplexbildung liefert, wie in Kap.1.1.4.1.3 dargestellt, einen entscheidenden Beitrag zur Lösung und Fällung von Mineralen. Sie ist im Gegensatz zur Lösung eine homogene Reaktion und kann ebenfalls mit Hilfe des Massenwirkungsgesetzes beschrieben werden. Die Komplexbildungskonstante K gibt Aufschluss über die Stabilität des Komplexes, hohe Komplexbildungskonstanten bedeuten dabei eine große Neigung zur Komplexbildung, bzw. große Stabilität des Komplexes.

Man unterscheidet positiv geladene, nullwertige oder negativ geladene Komplexe. Schadstoffe z.B. haben ein besonders hohes Kontaminationspotential, wenn sie als nullwertige Komplexe vorliegen, da sie dann kaum Austauschprozessen unterliegen, während (positv oder negativ) geladene Komplexe Wechselwirkungen mit anderen Ionen und Oberflächen zeigen.

Ein Komplex ist definiert als eine Verbindung (Koordination) eines positiv geladenen Teils mit einem negativ geladenen Teil, dem Liganden. Der positive Teil des Komplexes ist in der Regel ein Metallion oder Wasserstoff, kann aber auch ein anderer positiv geladener Komplex sein. Liganden sind Moleküle, die mindestens ein freies Elektronenpaar aufweisen (Basen). Dies können entweder freie Anionen wie F^-, Cl^-, Br^-, I^- oder negativ geladene Komplexe, wie OH^-, HCO_3^-, CO_3^{2-}, SO_4^{2-}, NO_3^- und PO_4^{3-} sein.

Aus dem Periodensystem kommen als Liganden folgende Elemente in Frage:

Group	4	5	6	7
	C	N	O	F
		P	S	Cl
		As	Se	Br
			Te	I

Neben diesen anorganischen gibt es auch organische Liganden, wie z.B. Humin- und Fulvinsäuren, die natürlich in nahezu allen Wässern vorkommen, aber auch NTA und EDTA, die als Phosphatersatzstoffe in Waschmitteln in die Hydrosphäre gelangen (Bernhardt et al. 1984) und Metalle mobilisieren können.

Die Komplexbindung kann elektrostatisch, kovalent oder eine Kombination aus beiden sein. Elektrostatisch gebundene Komplexe, bei denen Metallatom und Ligand durch ein oder mehrere Wasserstoffmoleküle getrennt sind, nennt man auch außersphärische Komplexe. Sie sind weniger stabil und werden gebildet, wenn harte Kationen auf harte Liganden treffen (Tab. 9).

Das Pearson-Konzept der „harten" und „weichen" Säuren und Basen berücksichtigt die Anzahl der Elektronen in der äußeren Schale. Elemente mit gefüllter Außenschale und geringer Polarisierbarkeit (Edelgaskonfiguration) werden als „harte Säuren" bezeichnet, Elemente mit nur teilweise gefüllter Außenschale, geringer Elektronegativität und hoher Polarisierbarkeit als „weiche Säuren".

Tab. 9 Klassifikation der Metallionen in A- und B-Typ und nach dem Pearson Konzept in harte und weiche Säuren mit bevorzugten Liganden (nach Stumm u. Morgan 1996)

Metallkationen vom Typ A ("hard spheres")	Übergangsmetallkationen	Metallkationen vom Typ B ("soft spheres")
H^+, Li^+, Na^+, K^+, Be^{2+}, Mg^{2+}, Ca^{2+}, Sr^{2+}, Al^{3+}, Sc^{3+}, La^{3+}, Si^{4+}, Ti^{4+}, Zr^{4+}, Th^{4+}	V^{2+}, Cr^{2+}, Mn^{2+}, Fe^{2+}, Co^{2+}, Ni^{2+}, Cu^{2+}, Ti^{3+}, V^{3+}, Cr^{3+}, Mn^{3+}, Fe^{3+}, Co^{3+}	Cu^+, Ag^+, Au^+, Tl^+, Ga^+, Zn^{2+}, Cd^{2+}, Hg^{2+}, Pb^{2+}, Sn^{2+}, Tl^{3+}, Au^{3+}, In^{3+}, Bi^{3+}
gemäß dem Pearson-Konzept		
harte Säuren	Übergangsbereich	weiche Säuren
alle Metallkationen vom Typ B plus Cr^{3+}, Mn^{3+}, Fe^{3+}, Co^{3+}, UO^{2+}, VO^{2+}	alle zweiwertigen Übergangsmetallkationen plus Zn^{2+}, Pb^{2+}, Bi^{3+}	alle Metallkationen vom Typ B ausgenommen Zn^{2+}, Pb^{2+}, Bi^{3+}
Präferenz für Ligandatom		
$N \gg P$, $O \gg S$, $F \gg Cl$		$P \gg N$, $S \gg O$, $Cl \gg F$

Innerspärische Komplexe, bei denen Metallatom und Ligand kovalent gebunden sind, bilden sich aus weichen Metallatomen und weichen Liganden bzw. weichen Metallatomen und harten Liganden oder harten Metallatomen und weichen Liganden und sind wesentlich stabiler.

Chelatkomplexe sind Komplexe, in denen der Ligand mehr als eine Bindung mit dem positiv geladenen Metallatom eingeht (mehrzähnige oder multidentale Liganden). Solche Komplexe zeichnen sich durch besonders große Stabilität aus. Komplexe mit mehr als einem Metallatom werden als multi- oder polynukleare Komplexe bezeichnet.

Durch Komplexbildung kann ein Metall in sonst unbekannten oder selten vorkommenden Oxidationsstufen auftreten. So ist z.B. Co^{3+} in wässriger Lösung als starkes Oxidationsmittel nicht lange existenzfähig, als $Co(NH_3)_6^{3+}$-Komplex aber stabil. Ebenso kann Komplexbildung eine Disproportionierung verhindern, wie z.B. im Fall des Cu^+, das sich in wässriger Lösung zu Cu^{2+} und $Cu(s)$ umwandelt, als $Cu(NH_3)_2^+$ jedoch stabil ist.

Generelle Aussagen zur Stabilität verschiedener Komplexe sind problematisch. Ableitungen aus dem Ionenpotential oder allgemein gültige Einteilungen in gute und schlechte Komplexbildner anhand des Periodensystems führen zu widersprüchlichen Aussagen und erscheinen wenig sinnvoll, da die Neigung zur Komplexbildung bei jedem Element entscheidend vom korrespondierenden Ligand abhängt, wie Tab. 10 anhand einiger Beispiele zeigt. Und letztendlich ist natürlich auch die Konzentration, in der der Ligand in Lösung vorliegt (Haupt- oder Spurenbestandteil), von entscheidender Bedeutung.

Tab. 10   Komplexbildungskonstanten für Hydroxid-, Carbonat- bzw. Sulfatkomplexe (Daten aus WATEQ4F bzw. (*)LLNL Datensatz); Me = Metallkation, n = Wertigkeit der Kationen (n = 1, 2, 3)

Element	Hydroxo-Komplex $Me^n + H_2O = MeOH^{n-1} + H^+$	Carbonat-Komplex $Me^n + CO_3^{2-} = MeCO_3^{n-2}$	Sulfat-Komplex $Me^n + SO_4^{2-} = MeSO_4^{n-2}$
Na^+	-14.79(*)	1.27	0.7
K^+	-14.46(*)	keine Angaben	0.85
Ca^{2+}	-12.78	3.224	2.3
Mg^{2+}	-11.44	2.98	2.37
Mn^{2+}	-10.59	4.9	2.25
Ni^{2+}	-9.86	6.87	2.29
Fe^{2+}	-9.5	4.38	2.25
Zn^{2+}	-8.96	5.3	2.37
Cu^{2+}	-8.0	6.73	2.31
Fe^{3+}	-2.19	keine Angaben	4.04

1.1.5.2 Redoxprozesse

Zusammen mit Säure-Base-Reaktionen, bei denen ein Protonentransfer erfolgt (pH abhängige Lösung/ Fällung, Sorption, Komplexbildung), spielen Redoxreaktionen eine wichtige Rolle für alle Wechselwirkungsprozesse in aquatischen Systemen. Sie bestehen aus den beiden Teilreaktionen Oxidation und Reduktion und können charakterisiert werden durch Sauerstoff- oder Elektronentransfer. Viele Redoxreaktionen in natürlichen aquatischen Systemen sind allerdings streng genommen nicht im thermodynamischen Sinne interpretierbar, da sie sich nur sehr langsam in Richtung Gleichgewicht bewegen. Betrachtet man eine Redoxreaktion als Transfer von Elektronen, so kommt man zu der allgemeinen Reaktionsgleichung:

$$\{oxidierte\ Spezies\} + n \cdot \{e^-\} = \{reduzierte\ Spezies\} \qquad Gl.(51.)$$

mit   n = Anzahl der Elektronen e^-

1.1.5.2.1.   Messung des Redoxpotentials

Taucht man in eine wässrige Lösung eine inerte Metallelektrode, so finden Elektronenübergänge vom Metall in die Lösung und umgekehrt statt. Es baut sich eine Potentialdifferenz (Spannung) auf, die messbar ist, wenn stromlos gemessen wird. Definitionsgemäß wird dieses Potential im Vergleich zur Normalwasserstoffelektrode (NWE) mit pH_2 = 100 kPa, pH = 0, Temperatur = 20°C und einem Potential

$$E^\circ\left(\frac{H^+}{H_2}\right) = 0\ mV \qquad Gl.(52.)$$

dargestellt. In der aquatischen Lösung wird das Potential als Integral über alle vorhandenen Redoxspezies gemessen (Mischpotential).

Da aber die Verwendung der NWE im Gelände extrem aufwendig wäre, benutzt man Referenzelektroden mit definiertem Eigenpotential E_B, das zum Messwert E_M addiert wird, um das auf die NWE bezogenen Potential E_H zu erhalten. Meist werden Ag/AgCl oder Kalomel(Hg_2Cl_2)/Platin-Elektroden als Referenzelektroden verwendet. Der Vorteil der Ag/AgCl-Elektrode ist eine schnelle Ansprechgeschwindigkeit, während die Platin/Kalomel-Elektrode bei langsamerer Ansprechgeschwindigkeit eine große Genauigkeit auf einige mV liefert. Schnelle Ansprechzeiten und hohe Sensitivitäten erreicht man mit Mikroelektroden, bei denen geringere Gesamtströme anliegen und das Verhältnis Diffusionsstrom zu Oberfläche deutlich günstiger ist.

In der Praxis ist die Messung des Redoxpotentials jedoch unabhängig von der verwendeten Referenzelektrode sehr problematisch. Kontamination und Memory Effekte sind häufige Probleme bei allen Elektrodentypen. Darüberhinaus sind viele natürliche Wässer nicht im thermodynamischen Redoxgleichgewicht und Redoxspezies treten teils in zu geringen Konzentrationen auf, als dass sie ein Signal geben würden (Nordstrom u. Munoz 1994). Daher sollten Redoxmessungen nach einer Stunde abgebrochen werden, wenn bis dahin kein stabiler Wert erreicht ist. Das Ergebnis der Messung muss dann lauten, dass das Wasser im thermodynamischen Ungleichgewicht im Bezug auf seine Redoxspezies steht. Für die thermodynamische Modellierung heisst das, dass die Speziesverteilung nicht aus dem gemessenen Redoxpotential und den Gesamtkonzentrationen berechnet werden kann. Wenn redoxsensitive Elemente wichtig für das Modell sind, muss jedes einzelne Redoxpaar über geeignete Speziesanalytik bestimmt werden.

1.1.5.2.2. Berechnung des Redoxpotentials

Das Gleichgewichts-Redoxpotential kann mit der Nernst Gleichung (Gl. 53) berechnet werden, wobei sich im Gegensatz zur Messung des Redoxpotentials kein Mischpotential sondern ein Einzelpotential ergibt.

$$E_h = E^\circ + \frac{R \cdot T}{n \cdot F} \ln \frac{\{ox\}}{\{red\}}$$
Gl.(53.)

E^0 = Normal-Redox-Spannung eines Systems bei den Aktivitäten Ox. = Red. (V)
R = allgemeine Gaskonstante (8.3144 J/K mol)
T = absolute Temperatur (K)
n = Anzahl der frei werdenden Elektronen (e)
F = FARADAY-Konstante (96484 C/mol = J/V mol)
[ox] = Aktivität des oxidierten Partners
[red] = Aktivität des reduzierten Partners

Wichtig ist bei der Ermittlung der Redoxpotentiale die Angabe der Reaktionsgleichung, da eine Umkehr der Reaktionsgleichung eine Änderung des Vorzeichens bedingt.

Tab. 11 zeigt eine Reihe redoxsensitiver Elemente im Periodensystem, Tab. 12 Normalpotentiale für die wichtigsten Redoxpaare in aquatischen Systemen.

Tab. 11 Periodensystem mit Darstellung redoxsensitiver Elemente und deren möglichen Oxidationszahlen in natürlichen aquatischen Systemen (nach Emsley 1992, Merkel u. Sperling 1996, 1998)

H +1 0 -1																	He
Li +1 0	Be +2 0											B +3 0	C +4 +2 0 -2 -4	N +5 +4 +3 +2 +1 0 -1 -2 -3	O 0 -1 -2	F -1 0	Ne
Na +1 0	Mg +2 +1 0											Al +3 0	Si +4 +2 0 -4	P +5 +3 0 -2 -3	S +6 +5 +4 +3 +2 0 -2	Cl +7 +5 +3 +1 0 -1	Ar
K +1 0	Ca +2 0	Sc +3 0 -2	Ti +4 +3 +2 0	V +5 +4 +3 +2 0	Cr +6 +5 +4 +3 +2 +1 0	Mn +7 +6 +5 +4 +3 +2 +1 0	Fe +6 +4 +3 +2 0	Co +6 +5 +4 +3 +2 +1 0 -1	Ni +6 +4 +2 0	Cu +3 +2 +1 0	Zn +2 0	Ga +3 +2 0	Ge +4 +2 0	As +5 +3 0 -3	Se +6 +4 0 -2	Br +7 +5 +1 0 -1	Kr
Rb +1 0	Sr +2 0 -2	Y +3 0	Zr +4 0	Nb +5 +3 0	Mo +6 +5 +4 +3 +2 0	Tc +7 +6 +5 +4 0	Ru +8 +7 +6 +4 +3 +2 0	Rh +3 0	Pd +4 +2 0	Ag +3 +2 +1 0	Cd +2 0	In +3 +1 0	Sn +4 +2 0 -4	Sb +5 +4 +3 0 -3	Te +6 +4 0 -1 -2	I +7 +5 +1 0 -1	Xe

Lanthanide und Actinide

La	Ce	Pr	Nd	Pm	Sm	Eu	Gd	Tb	Dy	Ho	Er	Tm	Yb
+3	+4	+4	+4	+3	+3	+3	+3	+4	+4	+3	+3	+3	+3
0	+3	+3	+3	0	+2	+2	0	+3	+3	0	0	+2	+2
	0	0	+2		0	0		0	+2			0	0
			0						0				

Ac	Th	Pa	U	Np	Pu	Am	Cm	Bk	Cf	Es	Fm	Md	No
+3	+4	+5	+6	+7	+7	+6	+4	+4	+3	+3	+3	+3	+3
0	0	+4	+5	+6	+6	+5	+3	+3	+2	+2	+2	+2	+2
	-3	0	+4	+5	+5	+4	0	0	0	0	0	0	0
	-4		+3	+4	+4	+3							
			+2	+3	+3	0							
			0	0	0								

Tab. 12 Normalpotentiale und E_H für die wichtigsten Redoxpaare in aquatischen Systemen bei 25°C (geändert nach Langmuir 1997)

Reaktion	E° Volt	E_H Volt / pH 7.0	Annahmen
$4 H^+ + O_{2(g)} + 4 e^- = 2 H_2O$	1.23	0.816	$P_{O2} = 0.2$ bar
$NO_3^- + 6 H^+ + 5 e^- = 0.5 N_{2(g)} + 3 H_2O$	1.24	0.713	10^{-3} mol N, $P_{N2} = 0.8$ bar
$MnO_2 + 4 H^+ + 2 e^- = Mn^{2+} + 2 H_2O$	1.23	0.544	$10^{-4.72}$ mol Mn
$NO_3^- + 2 H^+ + 2 e^- = NO_2^- + H_2O$	0.845	0.431	$NO_3^- = NO_2^-$
$NO_2^- + 8 H^+ + 6 e^- = NH_4^+ + 2 H_2O$	0.892	0.340	$NO_3^- = NH_4^+$
$Fe(OH)_3 + 3 H^+ + e^- = Fe^{2+} + 3 H_2O$	0.975	0.014	$10^{-4.75}$ mol Fe
$Fe^{2+} + 2 SO_4^{2-} + 16 H^+ + 14 e^- = FeS_2 + 8 H_2O$	0.362	-0.156	$10^{-4.75}$ mol Fe, 10^{-3} mol S
$SO_4^{2-} + 10 H^+ + 8 e^- = H_2S_{(aq)} + 4 H_2O$	0.301	-0.217	$SO_4^{2-} = H_2S$
$HCO_3^- + 9 H^+ + 8 e^- = CH_{4(aq)} + 3 H_2O$	0.206	-0.260	$HCO_3^- = CH_4$
$H^+ + e^- = 0.5 H_{2(g)}$	0.0	-0.414	$P_{H2} = 1.0$ bar
$HCO_3^- + 5 H^+ + 4 e^- = CH_2O \ (DOM) + 2 H_2O$	0.036	-0.482	$HCO_3^- = CH_2O$

Die Gleichung zur Berechnung von Redoxpotentialen (Gl. 53) leitet sich ab aus der Gleichung für die freie Gibbs'sche Energie (vgl. auch Gl. 6).

$$G = G^0 - R \cdot T \cdot \ln \frac{\{red\}}{\{ox\}} \qquad \text{Gl.(54.)}$$

$$E_H = -\frac{G}{n \cdot F} \qquad \text{Gl.(55.)}$$

$$-\frac{G}{n \cdot F} = -\frac{G^0}{n \cdot F} - \frac{R \cdot T}{n \cdot F} \cdot \ln \frac{\{red\}}{\{ox\}} \qquad \text{Gl.(56.)}$$

$$E_H = E^\circ - \frac{R \cdot T}{n \cdot F} \cdot \ln \frac{\{red\}}{\{ox\}}$$
$$\text{Gl.(57.)}$$

Gl. 53 erhält man aus Gl. 57, indem man im Argument des Logarithmus den Kehrbruch bildet. Dadurch ergibt sich ein Minuszeichen vor dem Logarithmus.

Setzt man für Standardbedingungen bei 25°C die Gaskonstante und die Faraday- Konstante ein, ergibt sich eine vereinfachte Form:

$$E_H = E^\circ - \frac{0.0591}{n} \cdot \log \frac{\{red\}}{\{ox\}}$$
$$\text{Gl.(58.)}$$

Handelt es sich um pH-abhängige Redoxreaktionen, wie z.B. die Oxidation von Cl^- zu Cl_2 durch Permanganat bei pH 3, so muss zusätzlich die Anzahl m der gebildeten bzw. verbrauchten Protonen berücksichtigt werden.

$$E_H = E^\circ - 2.303 \cdot \frac{m \cdot R \cdot T}{n \cdot F} \cdot pH - 2.30 \cdot \frac{R \cdot T}{n \cdot F} \cdot \log \frac{\{red\}}{\{ox\}}$$
$$\text{Gl.(59.)}$$

Der Faktor 2.303 ergibt sich aus der Umrechnung des natürlichen in den dekadischen Logarithmus. Da in thermodynamischen Programmen nicht mit Redoxpotentialen gerechnet werden kann (Einheit: Volt!), wurde das Konzept des pE-Wertes eingeführt. Der pE-Wert entspricht in Analogie zum pH-Wert dem negativen dekadischen Logarithmus der Aktivität der Elektronen. Es wird also mit einer hypothetischen Aktivität bzw. Konzentration von Elektronen gerechnet, die de facto im Wasser nicht vorhanden ist. Die Berechnung von pE erfolgt durch Umstellen der aus Gl. 51 erhaltenen Gleichung für die Gleichgewichtskonstante K:

$$\log K = \log \frac{\{red\}}{\{ox\}\{e^-\}^n} = \log \frac{\{red\}}{\{ox\}} + \log \frac{1}{\{e^-\}^n} = \log \frac{\{red\}}{\{ox\}} - n \cdot \log\{\bar{e}\} \quad \text{Gl.(60.)}$$

$$- n \cdot \log\{e^-\} = \log K - \log \frac{\{red\}}{\{ox\}}$$
$$\text{Gl.(61.)}$$

$$- \log\{e^-\} = \frac{1}{n} \log K - \frac{1}{n} \log \frac{\{red\}}{\{ox\}}$$
$$\text{Gl.(62.)}$$

$$pE = \frac{1}{n} \log K - \frac{1}{n} \log \frac{\{red\}}{\{ox\}}$$
$$\text{Gl.(63.)}$$

Die Umrechnung von pE zum gemessenen Redoxpotential E_H ergibt sich aus:

$$pE = -\log\{e^-\} = \frac{F}{2.303 \cdot R \cdot T} \cdot E_H$$
$$\text{Gl.(64.)}$$

Setzt man wiederum F, R und T=25°C ein, ergibt sich die vereinfachte Form:

$$pE \approx 16.9 \cdot E_H$$ Gl.(65.)

wobei EH in [V] angegeben werden muss.

Für das System H_2/H^+ gilt:

$$E_H = E^\circ \left(\frac{H^+}{H_2} \right) + \frac{R \cdot T}{n \cdot F} \cdot \ln \frac{\{H^+\}^2}{\{H_2\}}$$ Gl.(66.)

$$E_H = 0 + \frac{R \cdot T}{n \cdot F} \cdot \ln\{H^+\}^2 - \frac{R \cdot T}{n \cdot F} \cdot \ln\{H_2\}$$ Gl.(67.)

$$E_H = 0 + \frac{2.303 \cdot R \cdot T}{2 \cdot F} \cdot 2 \cdot \log\{H^+\} - \frac{2.303 \cdot R \cdot T}{2 \cdot F} \cdot \log\{H_2\}$$ Gl.(68.)

$$E_H = 0 - \frac{2.303 \cdot R \cdot T}{F} \cdot pH - \frac{2.303 \cdot R \cdot T}{2 \cdot F} \cdot \log\{H_2\}$$ Gl.(69.)

Setzt man für R und F die Werte für 25°C ein, sowie T = 25°C und $pH_2 = 1 \cdot 10^5$ Pa, ergibt sich:

$$E_H = -0.0591 \cdot pH$$ Gl.(70.)

Eine Zu(Ab-)nahme um eine pH-Einheit bewirkt somit eine Ab(Zu-)nahme der Nernst´schen Spannung um 59.1 mV.

1.1.5.2.3. Darstellung in Prädominanzdiagrammen

Die Darstellung der für jedes Redox-System vorherrschenden Spezies nennt man Stabilitäts- oder (besser) Prädominanzdiagramme (auch E_H-pH- oder pE-pH-Diagramme genannt). Prädominanzdiagramme sind extrem abhängig davon, welche Elemente mit welchen Konzentrationen und bei welchen Ionenstärken berücksichtigt werden. Üblicherweise werden die im Wasser gelösten Spezies dargestellt (Abb. 16 links). Wird allerdings eine Konzentration oder Aktivität, die der Ersteller des Diagramms festlegt, unterschritten, wird vielfach für solche Bereiche die ausfallende (dominierende) Mineralphase ausgewiesen (Abb. 16 rechts). Die Linien, die einen Prädominanzbereich umgrenzen, entsprechen dem Grenzbereich, in dem die Aktivität der beiden angrenzenden Spezies gleich ist.

Wie ein solches E_H-pH-Diagramm analytisch bestimmt werden kann, wird im folgenden am Beispiel des Fe-O_2-H_2O-Diagramms aus Abb. 16 (links) gezeigt. Begrenzt wird das Vorkommen aquatischer Spezies in jedem E_H-pH-Diagramm durch das Stabilitätsfeld des Wassers. Oberhalb dieses Bereiches wandelt sich H_2O in elementaren Sauerstoff um, unterhalb in elementaren Wasserstoff (siehe auch Abb. 17).

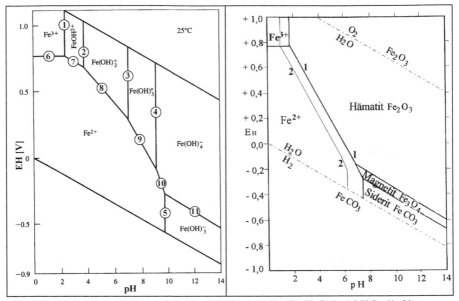

Abb. 16 Links: E_H-pH-Diagramm für das System Fe-O_2-H_2O (bei 25°C, die Nummern 1-11 entsprechen den im Text aufgeführten Reaktionsgleichungen zur Berechnung der Begrenzungen der Stabilitätsfelder, verändert nach Langmuir 1997), rechts: E_H-pH-Diagramm für das System Fe-O_2-H_2O-CO_2 (bei 25°C, p(CO_2) = 10^{-2} atm) unter der zusätzlichen Maßgabe, dass in Feldern, in denen die Gesamtaktivität der gelösten Spezies < 10^{-6} (1) bzw. < 10^{-4} (2) mol/L ist, die ausfallende, prädominante Mineralphase dargestellt wird (verändert nach Garrels u. Christ 1965).

Nach Gl. 71 ist dabei jeder Sauerstoffkonzentration (rechnerisch) ein bestimmter Wasserstoffgehalt zugeordnet. Dies bedeutet, dass sauerstoffgesättigtes (vollkommen oxidiertes) Wasser mit dem Partialdruck pO_2 = $1 \cdot 10^5$ Pa im Gleichgewichtszustand mit einem Wasserstoffpartialdruck pH_2 von $10^{-42.6} \cdot 10^5$ Pa steht. Umgekehrt steht wasserstoffgesättigtes (vollkommen reduziertes) Wasser im Gleichgewicht mit Sauerstoff mit dem Partialdruck pO_2 = $10^{-85.2} \cdot 10^5$ Pa.

$$4\,e^- + 4\,H_2O = 2\,H_2(g) + 4\,OH^-$$

$$\underline{4\,OH^- \qquad = O_2(g) \; + 2\,H_2O + \; 4\,e^-}$$

$$2\,H_2O \qquad = 2\,H_2(g) + O_2(g)$$

$$K = \frac{\{pH_2\}^2 \cdot \{pO_2\}}{\{H_2O\}^2} = 10^{-85.2}$$

$$Gl.(71.)$$

Die vertikalen Grenzlinien im Diagramm (Abb. 16, No.1-5) sind Reaktionen, die eine Auflösung in Wasser (Hydrolyse) unabhängig vom E_H-Wert beschreiben. Die Grenzlinie der jeweiligen Prädominanzfelder errechnet sich aus der Konstanten, die sich aus der Reaktionsgleichung der Umwandlung der an die Linie grenzenden Spezies ineinander ergibt:

No.	Reaktionspaar	Reaktionsgleichung	-log K = pH
1	Fe^{3+}/ $FeOH^{2+}$	$Fe^{3+} + H_2O = FeOH^{2+} + H^+$	2.19
2	$FeOH^{2+}$/ $Fe(OH)_2^+$	$FeOH^{2+} + H_2O = Fe(OH)_2^+ + H^+$	3.48
3	$Fe(OH)_2^+$/ $Fe(OH)_3^0$	$Fe(OH)_2^+ + H_2O = Fe(OH)_3^0 + H_2O$	6.89
4	$Fe(OH)_3^0$/ $Fe(OH)_4^-$	$Fe(OH)_3^0 + H_2O = Fe(OH)_4^- + H^+$	9.04
5	Fe^{2+}/ $Fe(OH)_3^-$	$Fe^{2+} + 3H_2O = Fe(OH)_3^- + 3H^+$	9.08

Die Umwandlung von Fe^{3+} zu Fe^{2+} (Abb. 16, No.6) ist dagegen eine reine Redoxreaktion, unabhängig vom pH-Wert (Grenzlinie horizontal), und berechnet sich nach Gl. 58 wie folgt:

$$E_H = E^\circ - \frac{0.0591}{n} \cdot \log \frac{\{red\}}{\{ox\}}$$

Für die Berechnung der Grenzlinie ist die Aktivität beider Spezies gleich, d.h. $\{red\} = \{ox\}$. Damit ist das Argument des Logarithmus gleich 1 und der Logarithmus gleich 0, d.h. $E_H = E_0$.

No.	Reaktionspaar	Reaktionsgleichung	E_0 (V)	$E_H = E_0$
6	Fe^{3+}/ Fe^{2+}	$Fe^{3+} + e^- = Fe^{2+}$	0.770	0.770

Die diagonal verlaufenden Grenzlinien (Abb. 16, No.7-11) zeigen Übergänge zwischen Spezies an, die sowohl vom pH als auch vom E_H abhängig sind. Nach Gl. 59 ergibt sich damit:

$$E_H = E^\circ - 2.303 \cdot \frac{m \cdot R \cdot T}{n \cdot F} \cdot pH - 2.303 \cdot \frac{R \cdot T}{n \cdot F} \cdot \log \frac{\{red\}}{\{ox\}}$$

für die Berechnung der Geradengleichung der Grenzlinie ($\{ox\}=\{red\}$):

$$E_H = E^\circ - \frac{0.0591 \cdot m}{n} \cdot pH$$

mit m = Anzahl der bei der Reaktion gebildeten bzw. verbrauchten Protonen.

No.	Reaktionspaar	Reaktionsgleichung	E_0 (V)	Geradengleichung
7	$FeOH^{2+}$/Fe^{2+}	$FeOH^{2+} + H^+ + e^- = Fe^{2+} + H_2O$	0.899	0.899-0.0591 pH
8	$Fe(OH)_2^+$/Fe^{2+}	$Fe(OH)_2^+ + 2H^+ + e^- = Fe^{2+} + 2H_2O$	1.105	1.105-0.118 pH
9	$Fe(OH)_3^0$/Fe^{2+}	$Fe(OH)_3^0 + 3H^+ + e^- = Fe^{2+} + 3H_2O$	1.513	1.513-0.177 pH
10	$Fe(OH)_4^-$/Fe^{2+}	$Fe(OH)_4^- + 4H^+ + e^- = Fe^{2+} + 4H_2O$	2.048	2.048-0.236 pH
11	$Fe(OH)_4^-$/ $Fe(OH)_3^0$	$Fe(OH)_4^- + H^+ + e^- = Fe(OH)_3^0 + H_2O$	0.308	0.308-0.0591 pH

Wie sich E_H-pH-Diagramme ändern, wenn neben O_2, H_2O und CO_2 auch andere Spezies, wie z.B. Hydrogencarbonat und Sulfat, berücksichtigt werden, kann in Kap. 3.1.3.1 und Kap. 3.1.3.2 selbst numerisch gelöst werden. Mit E_H-pH-Diagrammen kann man auch natürliche Wässer in erster Näherung charakterisieren (Abb. 17), allerdings muss auf die Problematik der E_H-Wert-Messung und der damit verbundenen Unsicherheiten (Kap. 1.1.5.2.1) hingewiesen werden.

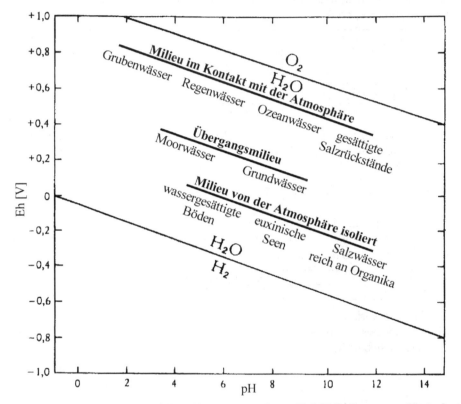

Abb. 17 Einordnung natürlicher Wässer anhand von E_H/pH-Bedingungen (verändert nach Wedepohl 1978)

Eine andere Darstellungsmöglichkeit bieten Partialdruck- oder sog. Fugazitäts-Diagramme. Die Fugazität ist ein effektiver Druck, analog zur Aktivität bei Konzentrationen, der die Tendenz eines Gases zur Verflüchtigung aus einer Phase (lat. fugere = fliehen) kennzeichnet. Unter Niedrig-Druck-Bedingungen wird die Fugazität gleich dem Partialdruck gesetzt. In Fugazitäts-Diagrammen wird die Speziesverteilung in Abhängigkeit von z.B. O_2-, CO_2- oder S_2-Partialdrücken abgetragen (Abb. 18). Zusätzlich gibt es die Möglichkeit die Speziesverteilung in Abhängigkeit von drei Parametern als 3D-Blockmodell zu präsentieren (Abb. 19). Solche Darstellungen werden aber schnell sehr unübersichtlich.

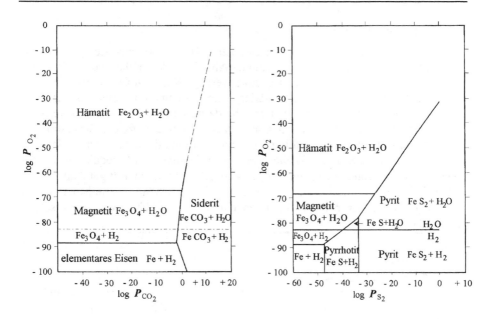

Abb. 18 Links: Fugazitäts-Diagramm einiger Eisenverbindungen als Funktion von p(O_2) und p(CO_2) bei 25°C (verändert nach Garrels u. Christ 1965), rechts: Fugazitäts- Diagramm einiger Eisen- und Sulfidverbindungen als Funktion von p(O_2) und p(S_2) bei 25°C (verändert nach Garrels u. Christ 1965)

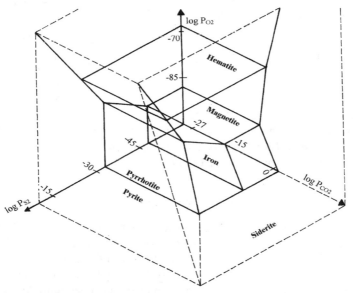

Abb. 19 3D-Darstellung eines Fugazitäts-Diagramms einiger Eisenverbindungen als Funktion von p(O_2), p(CO_2) und p(S_2) bei 25°C und einem Gesamtdruck von 1 atm oder größer (verändert nach Garrels u. Christ 1965)

1.1.5.2.4.   Redoxpuffer

Analog zu Säure-Basen-Puffern gibt es auch Puffer im Redoxsystem, die starke Schwankungen des pE-Wertes abfangen. Allerdings kann das Redoxgleichgewicht im Grundwasser sehr leicht gestört werden (Käss 1984). In Abb. 20 sind einige Redoxpuffer in einem pE/pH-Diagramm zusammen mit einer groben Einteilung von Grundwässern in vier Bereiche dargestellt. Bereich 1 charakterisiert oberflächennahe Grundwässer mit kurzer Verweilzeit und freiem Sauerstoff, in denen keine Abbauprozesse erfolgen. Die meisten Grundwässer fallen in den Bereich 2 ohne freien Sauerstoff, aber auch ohne deutliche Sulfatreduktion. In Bereich 3 plotten Grundwässer mit langen Verweilzeiten, hohem Organikanteil und hohen Sulfid-Konzentrationen. Bereich 4 zeigt junge Schlämme und Moorwässer, in denen unter anaeroben Bedingungen ein schneller Abbau von organischem Material erfolgt.

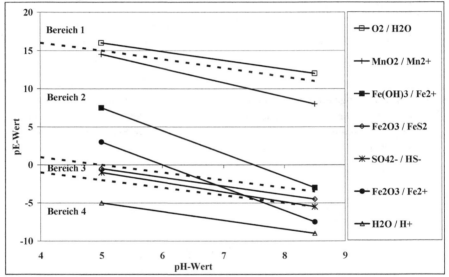

Abb. 20 Redoxpuffer und Einteilung der natürlichen Grundwässer in vier Redoxbereiche im Stabilitätsfeld des Wassers, schwarze gestrichelte Linien geben die Grenzen der vier Redoxbereiche an (nach Drever 1997)

1.1.5.2.5.   Bedeutung von Redoxreaktionen

Oxidations- und Reduktionsvorgänge spielen sowohl in der wassergesättigten wie in der ungesättigten Zone eine bedeutende Rolle. In der ungesättigten Zone steht über die Gasphase im allgemeinen genügend Sauerstoff zur Verfügung, um hohe Redoxpotentiale (500 bis 800 mV) im Wasser zu garantieren. Dennoch kann es in abgeschlossenen kleinen Porenräumen zu reduzierten oder teilreduzierten Verhältnissen kommen (Mikromilieus). Auch in oberflächennahen Grundwasserleitern herrschen in der Regel oxidierende Verhältnisse vor. Niedrige Redoxpotentiale in oberflächennahen Aquiferen können somit ein Hinweis auf anthropogene Kontaminationen sein.

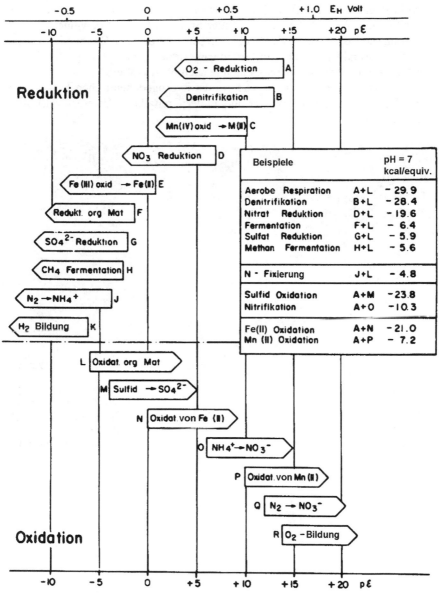

Abb. 21 Abfolge mikrobiell katalysierter Redoxreaktionen in Abhängigkeit vom pE- /E_H-Wert (nach Stumm u. Morgan 1996)

Mit zunehmender Tiefe nimmt auch unter natürlichen, geogenen Verhältnissen der Sauerstoffgehalt des Grundwassers und damit das Redoxpotential ab. Ursache dafür sind Mikroorganismen, die den im Wasser gelösten Sauerstoff für ihren Stoffwechsel verbrauchen. Ist der im Wasser gelöste Sauerstoff aufgezehrt, können Mikroorganismen Sauerstoff bzw. Energie aus der Reduktion von NO_3^- zu N_2 (über NO_2^- und $N_2O(g)$), Fe^{3+} zu Fe^{2+} oder SO_4^{2-} zu $H_2S(aq)$ gewinnen. Voraussetzung für die Reduktion ist das Vorhandensein von organisch gebundenem Kohlenstoff im Grundwasser oder im Grundwasserleiter. Abb. 21 zeigt die Abfolge mikrobiell katalysierter Redoxreaktionen je nach pE-/E_H-Wert.

Abb. 22 zeigt schematisch die wichtigsten hydrogeochemischen Prozesse, die in aquatischen Systemen im Wasser und an der Grenzfläche Wasser-Festsubstanz ablaufen.

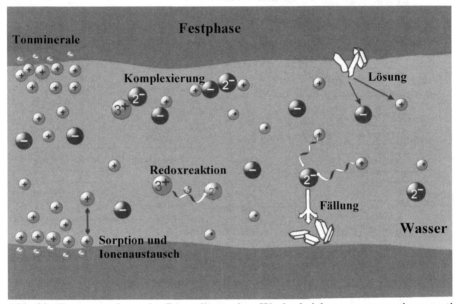

Abb. 22 Zusammenfassende Darstellung der Wechselwirkungsprozesse in aquatischen Systemen

1.2 Reaktionskinetik

Bei den im vorherigen Kapitel betrachteten Reaktionen wurde immer von der Einstellung eines thermodynamischen Gleichgewichtes als zeitunabhängiger stabilster Zustand eines geschlossenen Systems ausgegangen. Inwieweit sich diese Gleichgewichte überhaupt einstellen bzw. in welcher Zeit, kann mit thermodynamischen Gesetzen nicht beschrieben werden. So erfordern gerade langsame reversible, irreversible oder heterogene Reaktionen die Berücksichtigung der Reaktionskinetik, also der Geschwindigkeit, mit der eine Reaktion abläuft bzw. sich ein Gleichgewicht einstellt.

1.2.1 Reaktionskinetik verschiedener chemischer Prozesse

1.2.1.1 Halbwertszeiten

Abb. 23 zeigt die Verweilzeiten t_R von Wässern in der Hydrosphäre und die Halbwertszeit $t_{1/2}$ verschiedener Reaktionen. Ist $t_{1/2} \ll t_R$ kann man davon ausgehen, dass das System nahezu im Gleichgewicht ist und thermodynamische Modelle verwendet werden können. Ist dagegen $t_R \ll t_{1/2}$ müssen kinetische Modelle zu Hilfe genommen werden.

Säure-Base-Reaktionen und Komplexbildungsprozesse vor allem mit niedrigen Stabilitätskonstanten (Feststoff-Feststoff, Feststoff-Wasser-Bereich in Abb. 23) spielen sich teils im Mikro- bis Millisekundenbereich ab. Unspezifische Sorption mit Bildung eines ungeordneten Oberflächenfilms ist ebenfalls eine schnelle Reaktion, spezifische Sorption bis hin zur Mineralrekristallisation kann erheblich langsamer ablaufen. Beim Ionenaustausch ist die Reaktionsgeschwindigkeit abhängig von der Bindungsform und der Austauscherart. Am schnellsten laufen Prozesse ab, bei denen der Austausch nur an den Kornrändern erfolgt, wie beim Kaolinit. Einbau in Mineralschichten, wie bei Montmorillonit und Vermiculit, oder gar Eindringen in fest zusammenhaltende basale Schichten, wie beim Illit, gehen teils erheblich langsamer vonstatten. Lösungs- und Fällungsreaktionen (Bereich des Phasengleichgewichts in Abb. 23) benötigen teils nur Stunden, teils aber auch mehrere tausend Jahre, bis die Hälfte der Ausgangssubstanz umgewandelt ist. Bei Redoxreaktionen spielen lange Halbwertszeiten im Bereich von Jahren vor allem dann eine Rolle, wenn Katalysatoren fehlen.

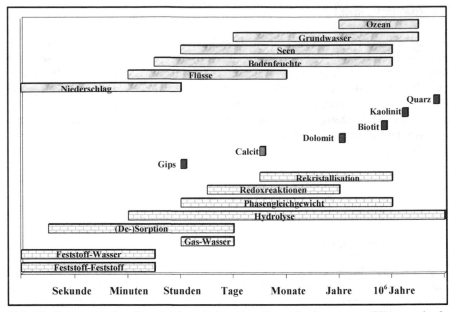

Abb. 23 Schematischer Vergleich zwischen den Verweilzeiten t_R von Wässern in der Hydrosphäre (Ozean bis Niederschlag), der Lösung verschiedener Minerale in ungesättigter Lösung bei pH 5 (Quarz bis Gips) und den Halbwertszeiten $t_{1/2}$ chemischer Prozesse (Rekristallisation bis Feststoff-Feststoff-Reaktionen) (Daten nach Langmuir 1997, Drever 1997).

1.2.1.2 Kinetik der Minerallösung

Bei Wechselwirkungen zwischen fester und flüssiger Phase sind zwei Fälle zu unterscheiden: die Verwitterung gesteinsbildender Minerale und die Verwitterung von Spurenmineralen.

Bei der Verwitterung gesteinsbildender Minerale wird die Kinetik der Lösung durch das Löslichkeitsprodukt und das Transportverhalten im Nahbereich der Grenzschicht Gestein-Wasser bestimmt. Ist die Lösungsrate eines Minerals größer als der diffusive Transport von der Grenzschicht in das Wasser, resultiert daraus eine Sättigung an der Grenzschicht und eine exponentielle Abnahme mit zunehmender Entfernung von der Grenzschicht. Diese Lösung wird im folgenden als durch das Löslichkeitsprodukt kontrolliert bezeichnet. Ist die Lösungrate des Minerals kleiner als der diffusive Transport, wird keine Sättigung erreicht und man spricht von Diffusions-kontrollierter Lösung (Abb. 24 rechts).

Experimentell kann man durch das Löslichkeitsprodukt kontrollierte und Diffusions-kontrollierte Lösung gesteinsbildender Minerale am einfachsten dadurch unterscheiden, dass bei Diffusions-kontrollierter Lösung eine Erhöhung der Durchmischung eine Erhöhung der Reaktiongeschwindigkeit bewirkt. Da aber der umgekehrte Fall nicht immer gilt, ist es eleganter, zu berechnen, ob die Reaktion langsamer oder schneller abläuft als die molekulare Diffusion. Im ersten Fall handelt es sich um Löslichkeitsprodukt-kontrollierte, im zweiten um Diffusionskontrollierte Lösung.

Bei der Verwitterung von Mineralen, die nur in Spuren in der Gesteinsmatrix vorhanden sind, erfolgt dagegen die Lösung selektiv an den Stellen, an denen das Mineral an der Oberfläche exponiert ist. Diese Mineraloberflächen sind in der Regel nicht glatt, sondern weisen Versetzungen (Schrauben-, Sprung-, Stufenversetzungen) und Punktdefekte (Leerstellen, Interstitialstellen) auf (Abb. 24 links). Gelöste Ionen werden sofort abtransportiert, so dass sich kein Konzentrationsgefälle entwickeln und bei insgesamt geringer Konzentration der Spezies in der Lösung, eine Gleichgewichtskonzentration nie erreicht werden kann, unabhängig davon, wie schnell die Kinetik der Reaktion ist. Die Lösung von Spurenmineralen wird daher im folgenden auch als oberflächenkontrolliert bezeichnet.

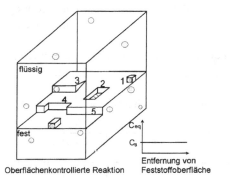 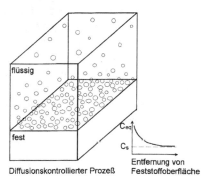

Abb. 24 Vergleich zwischen oberflächenkontrollierten Reaktionen (1= Interstitialstelle, 2 = Leerstelle, 3 = Schrauben-Versetzung, 4 = Sprung-Versetzung, 5 = Stufen-Versetzung) und Diffusions-kontrollierten Prozessen

1.2.2 Berechnung der Reaktionsgeschwindigkeit

Die Reaktionsgeschwindigkeit kann über inverse geochemische Modellierung bestimmt werden als Zunahme der Konzentration der Produkte bzw. Abnahme der Konzentration der Edukte entlang eines Fließweges pro Zeit. In den meisten Fällen haben Hinreaktion (A + B → C) und die gleichzeitig ablaufende Rückreaktion (C → A + B) unterschiedliche Reaktionsgeschwindigkeiten. Die Gesamtreaktions-kinetik ergibt sich aus der Summe beider.

$$v^+ = k^+ \prod_i (X_i)^{n_i}$$

Gl. (72.)

$$v^- = k^- \prod_i (X_i)^{n_i}$$

Gl. (73.)

$$K_{eq} = \frac{k^+}{k^-} = \prod_i (X_i)^{n_i}_{eq}$$

Gl. (74.)

mit v^+ = Geschwindigkeit der Hinreaktion
          k^+ = Geschwindigkeitskonstante der Hinreaktion
          v^- = Geschwindigkeit der Rückreaktion
          k^- = Geschwindigkeitskonstante der Rückreaktion
          X = Edukt oder Produkt
          n = stöchiometrischer Koeffizient
          K_{eq} = Gleichgewichtskonstante

Tab. 13 zeigt die Berechnung der Reaktionsgeschwindigkeit, des Zeitgesetzes und der Halbwertszeit in Abhängigkeit von der Ordnung der Reaktion. Die Ordnung ergibt sich aus der Summe der Exponenten der Konzentrationen. Die Ordnungszahl muss nicht zwingend ganzzahlig sein. Die Halbwertszeit gibt an, in welcher Zeit die Hälfte der Edukte in Produkte umgewandelt ist.

Die Geschwindigkeitskonstante k liegt bei Reaktionen 1.Ordnung zwischen 10^{12}-10^{-11} L/s, bei Reaktionen 2.Ordnung zwischen 10^{10}-10^{-11} L/(mol·s).

Tab. 13   **Berechnung von Reaktionsgeschwindigkeit, Zeitgesetz und Halbwertszeit einer Reaktion in Abhängigkeit von ihrer Ordnung.**

	chem. Reaktion	Reaktionsgeschwindigkeit Zeitgesetz	Halbwertszeit
Reaktion 0. Ordnung		$v = -K_k$ $(A) = -K_k \cdot t + (A_0)$	$t_{1/2} = \dfrac{(A_0)}{2 \cdot K_k}$ konzentrations- abhängig
Reaktion 1. Ordnung	$A \rightarrow B$ $A \rightarrow B + C$	$\dfrac{d(A)}{dt} = -K_k \cdot (A)$ $(A) = (A_0) \cdot e^{-K_k \cdot t}$	$t_{1/2} = \dfrac{1}{K_k} \cdot \ln 2$ konzentrations- unabhängig
Reaktion 2. Ordnung	$A + A \rightarrow C + D$ $A + B \rightarrow C + D$	$\dfrac{d(A)}{dt} = -K_k \cdot (A) \cdot (B)$ $\dfrac{d(A)}{dt} = -K_k \cdot (A)^2$ $\dfrac{1}{(A)} = -K_k \cdot t + \dfrac{1}{A_0}$	$t_{1/2} = \dfrac{1}{(A_0) \cdot K_k}$ konzentrations- abhängig
Reaktion 3. Ordnung	$A + B + C \rightarrow D$	$\dfrac{d(A)}{dt} = -K_k \cdot (A) \cdot (B) \cdot (C)$	

1.2.2.1 Folgereaktionen

Häufig laufen die betrachteten chemischen Prozesse nicht in einem Reaktionsschritt ab, sondern in mehreren Folgereaktionen.

$$A + B \xrightarrow{\;k_1\;} C \qquad A + B \xleftarrow{\;-k_1\;} C$$

$$C \xrightarrow{\;k_2\;} D \qquad C \xleftarrow{\;-k_2\;} D$$

Gl. (75.)

Die Gleichgewichtskonstante K_{12} (Gl. 76) berechnet sich nach dem Prinzip der mikroskopischen Reversibilität, d.h. dass im Gleichgewicht jede Einzelreaktion und Umkehrreaktion mit der gleichen Geschwindigkeit stattfindet.

$$K_{12} = \frac{\{D\}}{\{A\} \cdot \{B\}} = \frac{k_1 \cdot k_2}{(-k_1) \cdot (-k_2)}$$

Gl. (76.)

Die Teilreaktion mit der langsamsten Reaktionsgeschwindigkeit bestimmt bei Folgereaktionen die Geschwindigkeit der gesamten Reaktion.

1.2.2.2 Parallelreaktionen

Laufen Reaktionen unabhängig voneinander unter Entstehung des gleichen Reaktionsproduktes C parallel ab (Gl. 77 bis Gl. 79), bestimmt die Reaktion mit der schnellsten Reaktionsgeschwindigkeit die Reaktionskinetik.

$$A + B \xleftrightarrow{\;k_1\;} C + D$$

Gl. (77.)

$$A \xleftrightarrow{\;k_2\;} C + E$$

Gl. (78.)

$$A + F + G \xleftrightarrow{\;k_3\;} C + H$$

Gl. (79.)

Ist $k_1 > k_2 > k_3$, so läuft zunächst hauptsächlich die Reaktion nach Gl. 77 ab. Ändern sich im Verlauf der Reaktion die Randbedingungen, wie z.B. der pH-Wert bei der Calcit-Lösung, kann eine andere Reaktion dominierend werden.

1.2.3 Einflüsse auf die Reaktionsgeschwindigkeit

Die Reaktionsgeschwindigkeit ist in erster Linie abhängig von der Konzentration der Edukte und Produkte. Nach der Kollisionstheorie kommt es bei hohen Konzentrationen zu häufigen Kollisionen und schnelleren Umwandlungen. Allerdings führen nicht alle Zusammenstöße zu Umwandlungen, eine geeignete Lage der Moleküle zueinander und die Überwindung einer gewissen Schwellenenergie sind Voraussetzung. Neben der Konzentration kann die Reaktionsgeschwindigkeit entscheidend beeinflusst werden durch pH, Licht, Temperatur, Organik, Anwesenheit von Katalysatoren und oberflächenaktiven Spurensubstanzen.

Die empirische Arrhenius Gleichung (Gl. 80) beschreibt die Abhängigkeit der Reaktionsgeschwindigkeit von der Temperatur.

$$\ln k = \ln A - \frac{E_a}{R} \cdot \frac{1}{T}$$ Gl. (80.)

mit   k   = Geschwindigkeitskonstante
        A   = empirische Konstante
        R   = allgemeine Gaskonstante (8.315 J/K mol)
        T   = Temperatur
        E_a = Aktivierungsenergie

Die Aktivierungsenergie ist die Energie, die überwunden werden muss, um eine Reaktion ablaufen zu lassen. Nach der Theorie des Übergangszustandes bildet sich dabei ein instabiler aktivierter Komplex, der eine relativ hohe potentielle Energie aus der kinetischen Energie der Edukte besitzt und nach kurzer Zeit zerfällt. Seine Energie wird umgewandelt in Bindungsenergie für das Produkt bzw. kinetische Energie des Produktes (Abb. 25).

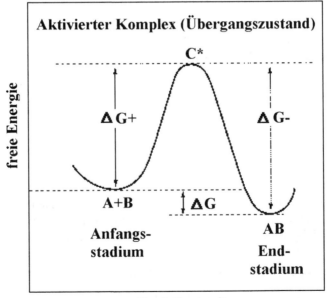

Abb. 25 Schema der freien Energien ΔG und Bildung eines aktivierten Komplexes C*
als Übergangsstadium der Reaktion A+B = AB (nach Langmuir 1997)

Tab. 14 zeigt typische Wertebereiche für die Aktivierungsenergien verschiedener chemischer Prozesse.

Tab. 14 Aktivierungsenergien für verschiedene chemische Prozesse (nach Langmuir 1997)

Reaktion oder Prozesse	Bereich typischer E_a-Werte [kcal/mol]
physikalische Adsorption	2-6
Diffusion in Lösung	<5
Reaktionen in Zellen und Lebewesen	5-20
Minerallösung- und fällung	8-36
Minerallösung über oberflächenkontrollierte Reaktion	10-20
Ionenaustausch	>20
Isotopenaustausch in Lösung	18 to 48
Festphasendiffusion in Mineralen bei niedrigen Temperaturen	20 to 120

1.2.4 Empirische Lösungsansätze für kinetisch kontrollierte Reaktionen

Eine kinetisch kontrollierte Reaktion kann durch die Gleichung:

$$\frac{m_i}{d_t} = c_{ik} \cdot k_k$$

Gl. (81.)

mit m_i/dt = umgesetzte Masse (mol) pro Zeit (s)
        c_{ik} = Konzentration der Spezies i
        k_k = Reaktionsrate (mol/kg/s)

beschrieben werden. Die allgemeine kinetische Reaktionsrate von Mineralen ist:

$$R_K = r_K \cdot \left(\frac{A_0}{V}\right) \cdot \left(\frac{m_k}{m_{0k}}\right)^n$$

Gl. (82.)

mit r_k = spezifische Rate (mol/m^2/s)
        A_0 = initiale Oberfläche des Minerals (m^2)
        V = Menge der Lösung (kg Wasser)
        m_{0k} = initiale Stoffmenge (mol) des Minerals
        m_k = Stoffmenge des Minerals (mol) zu einer Zeit t

$(m_k/m_{0k})^n$ ist ein Faktor zur Berücksichtigung der Änderung von A_0/V während der Lösung. Für gleichförmige Lösung von Oberflächen und Würfeln ist n = 2/3.

Da oft nicht alle Parameter zur Verfügung stehen, hilft man sich mit einfachen Ansätzen wie z.B.:

$$R_K = k_K \cdot (1 - SR)^\sigma$$

Gl. (83.)

Dabei ist k_k eine empirische Konstante und SR die Sättigungsrate (Ionenaktivitätsprodukt/Löslichkeitsprodukt). Vielfach ist der Exponent $\sigma = 1$. Vorteil dieser einfachen Gleichung ist auch, dass sie gleichermaßen für Unter- und Übersättigung gilt und bei Sättigung $R_k=0$ wird. R_k kann auch über den Sättigungsindex [log (SR)] ausgedrückt werden (Appelo et al. 1984):

$$R_K = k_K \cdot \sigma \cdot SI$$

Gl. (84.)

Ein anderes Beispiel ist die Monod-Gleichung, die einen konzentrationsabhängigen Term beinhaltet:

$$R_k = r_{max}\left(\frac{C}{k_m + C}\right)$$

Gl. (85.)

mit r_{max} = maximale Reaktionsrate
      k_m = Konzentration, bei der die Rate 50 % der maximalen Rate beträgt

Die Monod-Rate ist weitverbreitet zur Simulation des Abbaus organischer Substanz (van Cappellen u. Wang 1996) und kann aus der allgemeinen Form kinetischer Reaktionen 1.Ordnung abgeleitet werden:

$$\frac{ds_C}{dt} = -k_1 s_C$$

Gl. (86.)

mit s_C = organischer Kohlenstoff-Gehalt [mol/kg Boden]
      k_1 = Zerfallskonstante für kinetische Reaktionen 1. Ordnung [L/s]

Betrachtet man z.B. den Abbau organischen Kohlenstoffs in einem Aquifer, so kann ein Abbau erster Ordnung ($k_1 = 0.025$/a für 0.3 mM O_2 und $k_1 = 5 \cdot 10^{-4}$/a für 3 µM O_2) mit den Koeffizienten $r_{max} = 1.57 \cdot 10^{-9}$/s und $K_m = 294$ µM in der Monod Gleichung sowie Sauerstoff als limitierende Substanz beschrieben werden. Eine ähnliche Abschätzung kann für Nitrat als limitierende Substanz vorgenommen werden: $k_1 = 5 \cdot 10^{-4}$/a für 3 mM NO_3 und $k_1 = 1 \cdot 10^{-4}$/a für 3 µM NO_3, was ein r_{max} von $1.67 \cdot 10^{-11}$/s und K_m von 155 µM ergibt. Die zugehörige Monod-Gleichung lautet also:

$$R_C = 6 \cdot s_C \cdot \left(\frac{s_C}{s_{C_0}}\right)\left\{\frac{1.57 \cdot 10^{-9} m_{O_2}}{2.94 \cdot 10^{-4} + m_{O_2}} + \frac{1.67 \cdot 10^{-11} m_{NO_3^-}}{1.55 \cdot 10^{-4} + m_{NO_3^-}}\right\}$$

Gl. (87.)

wobei der Faktor 6 entsteht, wenn die Konzentration s_C von mol/kg Boden auf mol/kg Porenwasser umgerechnet wird. Plummer et al. (1978) fanden folgende Raten für die Carbonatlösung und Fällung:

$$r_{Calcit} = K_1 \cdot \{H^+\} + K_2 \cdot \{CO_2\} + K_3 \cdot \{H_2O\} - K_4 \cdot \{Ca^{2+}\} \cdot \{HCO_3^-\}$$

Gl. (88.)

Die Konstanten k_1, k_2 und k_3 sind temperaturabhängig und beschreiben die Vorwärtsreaktion:

$$k_1 = 10^{(0.198 - 444.0 / T_K)}$$

Gl. (89.)

$$k_2 = 10^{(2.84 - 2177.0 / T_K)}$$

Gl. (90.)

wenn Temperatur $\leq 25\ °C$:

$$k_3 = 10^{(-5.86 - 317.0 / T_K)}$$

Gl. (91.)

wenn Temperatur $> 25°\ C$:

$$k_3 = 10^{(-1.1 - 1737.0 / T_K)}$$

Gl. (92.)

K_4 beschreibt die Rückwärtsreaktion und kann durch den Term

$$1 - \left(\frac{IAP}{K_{calcit}} \right)^{\frac{2}{3}}$$

Gl. (93.)

ersetzt werden, wobei IAP für Ionenaktivitätsprodukt und K_{calcit} für das Löslichkeitsprodukt von Calcit steht.

1.3 Reaktiver Stofftransport

1.3.1 Einführung

Im vorangegangenen Teil des Buches wurden chemische Wechselwirkungen von Wasserinhaltsstoffen ohne jegliche Berücksichtigung von Transportvorgängen im aquatischen System betrachtet. Reaktive Stofftransportmodelle verbinden dagegen diese Wechselwirkungsprozesse mit konvektivem und dispersivem Transport und können so die räumliche Ausbreitung und das chemische Verhalten von Stoffen gekoppelt modellieren. Voraussetzung für jedes Transportmodell ist ein möglichst genaues Strömungsmodell.

1.3.2 Strömungsmodelle

Strömungsmodelle zeigen aus den Fließbewegungen im Grundwasser bzw. in der ungesättigten Zone oder im Boden resultierende Potential- oder Geschwindig-keitsfelder auf, die zusammen mit weiteren Randbedingungen (Porenvolumen, Dispersivität, usw.) den Fließvorgang hinreichend genau beschreiben, um das Transportverhalten zu berechnen (Tab. 15).

Tab. 15 Modellhafte Beschreibung homogener, laminarer Transportvorgänge einer Stoffmenge c im gesättigten und ungesättigten Bereich (ohne Dispersion und Diffusion)

	gesättigte Zone	ungesättigte Zone/Boden
wirksames Potential	hydraulisches Potential (Lage- und Druckpotential)	Matrixpotential (Lage- und Kapillarpotential)
Modellgleichung	DARCY $$\frac{\partial c}{\partial t} = K\,\frac{\partial h}{\partial l}\cdot\frac{c}{\partial z}$$	RICHARDS $$\frac{\partial c}{\partial t} = \left(K(P_k)\frac{\partial P_m}{\partial z}\right)\cdot\frac{c}{\partial z}$$
Permeabilität K	konstant	Funktion von Matrixpotential P_m

Unter bestimmte Bedingungen kann die Grundwasserströmung in der gesättigten Zone deutlich komplexer sein als in Tab. 15 aufgeführt. Dies trifft v.a. auf Frischwasser/Salzwasser-Grenzbereiche zu, wo die Dichte des Wasser berück-sichtigt werden muss (density-driven-flow) bzw. auch auf geothermale Grund-wassersysteme, wo Permeabilität (Viskosität) und Dichte des Grundwassers auf-grund sich ändernder Temperaturen nicht konstant bleiben. Basierend auf dem Konzept der intrinsischen Permeabilität (K_i) können auch noch weitaus komplexe-re Systeme, z.B. Mehrphasenströmungen, beschrieben werden.

$$K_i = K \cdot \frac{\eta}{d \cdot g} \qquad \qquad \text{Gl. (94.)}$$

mit $\quad$ K_i = intrinsische Permeabilität (unabhängig von Fließeigenschaften)
$\quad\quad$ K = Permeabilität [m/s]
$\quad\quad$ n = Viskosität [kg/m/s]
$\quad\quad$ d = Dichte [kg/m^3]
$\quad\quad$ g = Schwerkraft [m/s^2]

1.3.3 Transportmodelle

1.3.3.1 Begriffsdefinition

Die Beschreibung des Transportes von Wasserinhaltsstoffen ist eng mit den Begriffen Konvektion, Diffusion, Dispersion und Retardation sowie Abbau verbunden. Es wird zunächst angenommen, dass es keinerlei Wechselwirkungen zwischen den Wasserinhaltsstoffen und der festen Phase gibt, in der sich das Wasser bewegt. Es wird ferner davon ausgegangen, dass Wasser die einzige fluide Phase ist. Die Mehrphasenströmung Wasser-Luft, Wasser-organische Phase (z.B. Öl oder DNAPL) oder Wasser-Gas-organische Phase wird hier nicht angesprochen.

Unter Konvektion (auch Advektion genannt) wird der Vektor verstanden, der sich aus der DARCY- bzw. der RICHARDS-Gleichung ergibt. Er stellt die Fließgeschwindigkeit bzw. die Fließstrecke für eine bestimmte Zeit t dar und hat im allgemeinen den größten Einfluß auf das Verhalten von Stofftransportprozessen. Größe und Richtung des konvektiven Transportes werden kontrolliert durch:

- die Ausbildung des Fließfeldes
- die Verbreitung der hydraulischen Durchlässigkeit im Fließfeld
- die Ausbildung des Grundwasserspiegels bzw. der Potentialfläche
- die Anwesenheit von Quellen oder Senken

Die Diffusion bewirkt den Ausgleich von Konzentrationsunterschieden aufgrund von Molekularbewegungen. Der Vektor der Diffusion ist im Bereich des Grundwassers in der Regel wesentlich kleiner als der Vektor der Konvektion, und kann mit zunehmender Grundwasserfließgeschwindigkeit vernachlässigt werden. In Sedimenten, für die der kf-Wert und damit der konvektive Anteil sehr klein ist bzw. gegen Null geht (z.B. Tone), kann die Diffusion zum steuernden Term des Stofftransportes werden.

Der dritte Term des Massenflusses ist die Dispersion. Die Dispersion beschreibt den Massenfluss, der sich auf Grund von Geschwindigkeitsfluktuationen ergibt, die aus der Geometrie und dem Aufbau des Gesteinskörpers resultieren. Aus dieser Definition folgt, dass der Dispersionseffekt um so kleiner wird, je geringer der Vektor der Konvektion ist. Umgekehrt gilt somit: zunehmender Dispersionseffekt mit zunehmender Grundwasserabstandsgeschwindigkeit. Die mathematische Beschreibung der Ausbreitung von Wasserinhaltsstoffen ist also letztlich eine Überlagerung von Konvektion, Diffusion und Dispersion.

Unter <u>Retardation</u> werden alle Phänomene zusammengefasst, die dazu führen, dass ein Stoff nicht mit der Geschwindigkeit des Wassers im Boden oder im Grundwasser transportiert wird. Retardation ist möglich, ohne dass es zu einer Verringerung der Stoffmasse im Wasser kommt. Oft ist mit der Retardation aber auch eine Abnahme der Stoffmasse zu beobachten. In diesem Fall spricht man generell von Abbau. Dieser "Abbau" der Stoffkonzentration kann durch radioaktiven Zerfall eines Radionuklids oder biologischen Abbau einer organischen Substanz begründet sein. Auch Sorption und/ oder Kationenaustausch fällt in dieser Sprachweise unter "Abbau", da das betrachtete Element aus dem Wasser ganz oder teilweise entfernt wird.

Eine einfache Darstellung der beschriebenen Phänomene zeigt Abb. 26 für den eindimensionalen Fall.

1.3.3.2 Idealisierte Transportverhältnisse

Für den Bereich des Grundwassers kann der Transport unter Berücksichtigung einfacher chemischer Reaktionen wie folgt in eindimensionaler Form in Richtung einer Raumkoordinate für eine Komponente formuliert werden:

$$\frac{\partial C_i}{\partial t} = D_1 \frac{\partial^2 C_i}{\partial z^2} + D_t \frac{\partial^2 C_i}{\partial z^2} + D \frac{\partial^2 C_i}{\partial z^2} - v \frac{C_i}{\partial z} + C_{ss} \qquad \text{Gl. (95.)}$$

$$\underbrace{}_{\text{Dispersion}} \quad \underbrace{}_{\text{Diffusion}} \quad \underbrace{}_{\text{Quellen/Senken}}$$

mit C_i = Konzentration der im Wasser gelösten Spezies i [mol/L]
       t = Zeit [s]
       D_1 = longitudinaler Dispersionskoeffizient [m^2/s]
       D_t = transversaler Dispersionskoeffizient [m^2/s]
       D = Diffusionskoeffizient [m^2/s]
       z = Raumkoordinate [m]
       v = Abstandsgeschwindigkeit [m/s]
       C_{QS} = Stoffkonzentration (Quelle oder Senke)

Analytische Lösungen der Transportgleichung lassen sich unter Annahme bestimmter Vereinfachungen auf der Basis von Analogieschlüssen aus den Grundgleichungen zur Wärmeleitung und zur Diffusion ableiten (u.a. bei Lau et al. (1959), Sauty (1980), Kinzelbach (1983) sowie Kinzelbach (1987)).

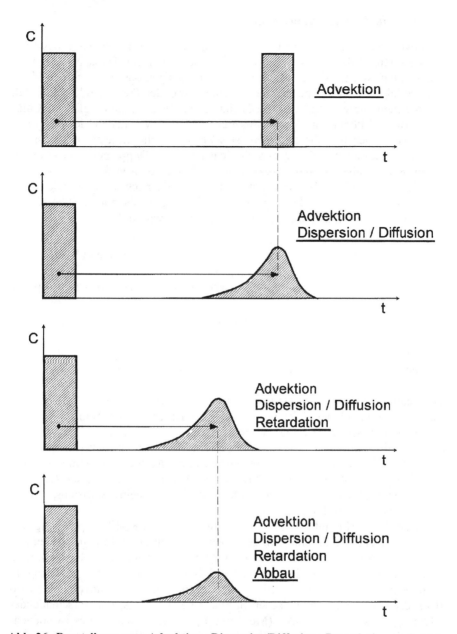

Abb. 26 Darstellung von Advektion, Dispersion/Diffusion, Retardation und Abbau eines Stoffimpulses versus Zeit entlang einer Fließstrecke

1.3.3.3 Reale Transportverhältnisse

Da Konvektion, Diffusion und Dispersion nur einen Teil der Prozesse beschreiben, die während des Transportes stattfinden, kann nur der Transport von Substanzen, die in keiner Weise mit der festen, der flüssigen oder gasförmigen Phase reagieren (ideale Tracer), mit der vereinfachten Form der Transportgleichung (Gl. 95) hinreichend beschrieben werden. Tritium sowie Wasserinhaltsstoffe wie Chlorid und Bromid können in diesem Zusammenhang als weitgehend ideale Tracer bezeichnet werden und ihr Transport ist somit durch die allgemeine Transport-Gleichung simulierbar, solange es sich nicht um einen Doppelporositäts-Aquifer handelt. Nahezu alle anderen Wasserinhaltsstoffe reagieren in der einen oder anderen Form mit anderen Wasserinhaltsstoffen oder einer festen Phase. Die Reaktionen lassen sich in folgende Gruppen unterscheiden, auf die zum Teil bereits im vorangegangenen Teil des Buches näher eingegangen wurde.

- Reaktionen zwischen der wässrigen und der gasförmigen Phase (1.1.3)
- Lösungs- und Fällungsvorgänge (Kap. 1.1.4.1)
- Sorption und Desorption von Wasserinhaltsstoffen an der Feststoffphase (Kap. 1.1.4.2)
- Anionen- und Kationenaustausch (Kap. 1.1.4.2.2)
- Bildung von Kolloiden
- Sorption an Kolloiden
- Homogene Reaktionen innerhalb der wässrigen Phase (Kap. 1.1.5)

Alle chemischen Reaktionen sind dadurch gekennzeichnet, dass mindestens zwei Spezies daran teilnehmen. Dies wird bei der Modellierung von Transportvorgängen im Grundwasser oder in der ungesättigten Zone in vielen Fällen stark vereinfacht mit Hilfe eines einfachen Sorptions- oder Desorptionskonzeptes verwirklicht. Dabei wird nur eine Spezies betrachtet und die Ab- oder Zunahme mit Hilfe eines K_s- oder K_d-Wertes berechnet. Dieser K_d-Wert lässt sich in einen Retardationsfaktor überführen und als Korrekturterm in die allgemeine Stofftransportgleichung einführen (Kap. 1.1.4.2.3).

Wie bereits in Kapitel 1.1.4.2.3 ausgeführt, muss das K_d-Konzeptes aufgrund zu starker Vereinfachung und geringer Übertragbarkeit auf natürliche Systeme in den meisten Fällen abgelehnt werden. Im Fall des Abbaus einer Substanz wird z.B. nur die Konzentration der abgebauten Substanz berücksichtigt. Dies mag im Zusammenhang mit dem radioaktiven Zerfall einer Substanz sinnvoll sein; wird jedoch der Abbau einer organischen Substanz betrachtet, ist von entscheidender Bedeutung, dass Abbauprodukte (Metabolite) gebildet werden und es ist notwendig, den Transport der Metabolite ebenfalls zu berücksichtigen.

Für den Bereich der gesättigten und ungesättigten Zone kann die allgemeine Transportgleichung für den eindimensionalen Fall wie folgt erweitert werden und beschreibt in dieser Form Austauschprozesse mit dem Sediment sowie Wechselwirkungen mit der Gasphase und innerhalb der wässrigen Phase:

$$\frac{1}{\partial t}\partial\left(C_i + \left(S_i\frac{d}{n}\right) + \frac{G_i}{n}\right) = D_l\frac{\partial^2 C_i}{\partial z^2} + D\frac{\partial^2 C_i}{\partial z^2} - v\frac{C_i}{\partial z} \qquad \text{Gl. (96.)}$$

mit v = Porengeschwindigkeit [m/s]
C_i = Konzentration im Wasser gelöster Spezies i [mol/L]
S_i = Konzentration der Spezies i auf oder in der festen Phase [mol/g]
n = Porosität
d = Dichte [g/L]
G_i = Konzentration der Spezies i in der Gasphase [mol/L]
D_l = longitudinaler Dispersionskoeffizient [m²/s]
D = Diffusionskoeffizient [m²/s]
z = Raumkoordinate [m]
t = Zeit [s]

1.3.3.3.1. Austausch in Aquiferen mit doppelter Porosität

Diffusiver Austausch zwischen mobilem und immobilem Wasser kann mathematisch als Mischprozess zwischen zwei Bereichen ausgedrückt werden: Eine Zone mit stagnierendem Wasser ist gekoppelt an eine „mobile" Zone, in der sich das Wasser bewegt. Der diffusive Austausch kann durch eine kinetische Reaktion 1. Ordnung beschrieben werden.

$$\frac{\partial M_{im}}{\partial t} = \theta_{im} \cdot R_{im}\frac{\partial c_{im}}{\partial t} = \alpha(c_m - c_{im}) \qquad \text{Gl. (97.)}$$

dabei steht der Index „m" für mobil und „im" für immobil. M_{im} ist die Zahl der Mole einer Spezies in der immobilen Zone und R_{im} ist der Retardationsfaktor der immobilen Zone, c_m und c_{im} sind die Konzentrationen in mol/kg Wasser in der mobilen und immobilen Zone. Das Symbol α steht für einen Austauschfaktor (1/s). Der Retardationsfaktor $R = 1 + (dq/dc)$ wird durch die chemischen Reaktionen bestimmt. Die integrierte Form von Gl. 97 ist:

$$c_{im} = \beta \cdot f \cdot c_{m0} + (1 - \beta \cdot f)c_{im0}$$

$$\text{with} \quad \beta = \frac{R_m\theta_m}{R_m\theta_m + R_{im}\theta_{im}} \qquad \text{Gl. (98.)}$$

$$f = 1 - \exp(\frac{\alpha t}{\beta\theta_{im}R_{im}})$$

wobei c_{m0} und c_{im0} die Ausgangskonzentrationen und θ_m und θ_{im} die wassergesättigten Porositäten der mobilen bzw. immobilen Zone sind. R_m ist der Retardationsfaktor der mobilen Zone. Hieraus kann ein Mischfaktor $mixf_{im}$ definiert werden, der eine Konstante für eine Zeit t ist.

$$mixf_{in} = \beta \cdot f$$

Gl. (99.)

Wird dieser Faktor in Gl. 98 eingesetzt, erhält man:

$$c_{im} = mixf_{im} \cdot c_{m0} + (1 - mixf_{im})c_{im0}$$

Gl. (100.)

Für die mobile Konzentration erhält man analog dazu:

$$c_m = (1 - mixf_m)c_{m0} + mixf_m \cdot C_{im0}$$

Gl. (101.)

Der Austauschfaktor α ist nach van Genuchten (1985) abhängig von der Geometrie der stagnierenden Zone. Für eine sphärische Geometrie ist die Beziehung:

$$\alpha = \frac{D_e \theta_{im}}{(af_{s \to 1})^2}$$

Gl. (102.)

De   = Diffusionskoeffizient in der Sphäre (m²/s)
a   = Radius der Sphäre (m)
$f_{s \to 1}$ = Formfaktor (Tab. 16)

Alternativ zu dem obigen Ansatz kann das Problem auch numerisch gelöst werden, indem über die stagnierende Zone ein finites Differenzengitter gelegt wird und der diffusive Austausch iterativ ermittelt wird (Parkhurst u. Appelo 1999, Appelo u. Postma 1994). Die Parametrisierung kann mittels Mischfaktoren erfolgen.

Tab. 16 Formfaktoren für diffusiven Austausch 1. Ordnung zwischen mobilem und immobilem Wasser (Parkhurst u. Appelo 1999)

Form der immobilen Zone	Dimensionen (x,y,z) oder 2 r,z	Äquivalent 1. Ordnung $f_{s \to 1}$	Kommentar
Sphäre	2a	0.21	2a = Durchmesser
Planar	2a, ∞, ∞	0.533	2a = Dicke
rechteckiges Prisma	2a, 2a, ∞	0.312	Rechteck
	2a,2a,16a	0.298	
	2a,2a,8a	0.285	
	2a,2a,6a	0.277	
	2a,2a,4a	0.261	
	2a,2a,3a	0.246	
	2a,2a,2a	0.22	Würfel
	2a,2a,4a/3	0.187	
	2a,2a,a	0.162	
	2a,2a,2a/3	0.126	
	2a,2a,2a/4	0.103	
	2a,2a,2a/6	0.0748	
	2a,2a,2a/8	0.0586	
Zylinder	2a, ∞	0.302	2a = Durchmesser

	2a,16a	0.298	
	2a,8a	0.277	
	2a,6a	0.27	
	2a,4a	0.255	
	2a,3a	0.241	
	2a,2a	0.216	
	2a,4a/3	0.185	
	2a,a	0.161	
	2a,2a/3	0.126	
	2a,2a/4	0.103	
	2a,2a/6	0.0747	
	2a,2a/8	0.0585	
Rohrwandung (um mobile Pore)	$2r_i, 2r_0$,		$2\ r_i$ = Porendurchmesser
	2a,4a	0.657	$2\ r_0$ = Außendurchmesser
	2a,10a	0.838	Wanddicke $(r_0 - r_i)$ = a in Gl. 102
	2a,20a	0.976	
	2a,40a	1.11	
	2a,100a	1.28	
	2a,200a	1.4	
	2a,400a	1.51	

1.3.3.4 Numerische Methoden der Transportmodellierung

Die numerischen Verfahren zur Lösung der Transportgleichung lassen sich in zwei Kategorien einteilen.

- Lösung der Transportgleichung(en) einschließlich der chemischen Reaktion(en)
- gekoppelte Verfahren (Transportmodell gekoppelt mit hydrgeochemischen Code)

Möglichkeiten zur Lösung der Transportgleichung unter Einbeziehung von Reaktionen sind in Analogie zur Berechnung des Geschwindigkeitsfeldes das Differenzenverfahren (und finite Volumina) und das Verfahren der finiten Elemente. Dazu kommen verschiedene Verfahren, die auf dem Grundprinzip des Particle Tracking (oder random walk) beruhen, wie z.B. die Methode der Charakteristiken (MOC). Diese haben den Vorteil, dass sie nicht anfällig für numerische Dispersion sind (siehe Kap. 1.3.3.4.1).

1.3.3.4.1. Finite Differenzen/ Finite Elemente Methode

Beim finiten Differenzenverfahren wird das Gebiet mit Hilfe rechteckiger Zellen diskretisiert, wobei die Knotenabstände der räumlichen Koordinaten unterschiedlich groß sein können. Die Knoten werden normalerweise in die Schwerpunkte der Zellen gelegt und repräsentieren die mittlere Konzentration der Zelle. Der

Massentransport wird simuliert, indem für jeden Knoten in diskreten Zeitschritten bilanziert wird. Dazu wird über die vier Ränder jeder Zelle der konvektive, diffusive und dispersive Massentransport berechnet, indem z.B. gewichtete Mittel der Konzentrationen der angrenzenden Zellen berücksichtigt werden. Das Verhältnis zwischen konvektivem und dispersivem Massenfluss wird als Gitter-Peclet-Zahl (Grid-Peclet-Number) P_e (Gl. 103) bezeichnet.

$$P_e = \frac{|v| \cdot L}{D}$$
$$\text{Gl. (103.)}$$

mit D = Dispersivität
       L = Zellenlänge

und $|v| = \sqrt{v_x^2 + v_y^2 + v_z^2}$
$$\text{Gl. (104.)}$$

Sowohl die räumliche Diskretisierung als auch die Wahl des Differenzenschemas (z.B. Upliftdifferenzen, zentrale Differenzen) haben einen deutlichen Einfluss auf das Ergebnis. Diese durch die verschiedenen Methoden bedingten Unschärfen werden unter dem Sammelbegriff der numerischen Dispersionen subsummiert.

Die numerische Dispersion kann durch eine sehr feine räumliche Diskretisierung weitgehend unterdrückt werden. Zur Definition der Zellengrößen dient die schon erwähnte Gitter-Peclet-Zahl. Pinder u. Gray (1977) empfehlen, dass P_e als Vorgabe ≤ 2 sein soll. Die feinere räumliche Diskretisierung führt aber zu extrem hohen Rechenzeiten. Darüberhinaus wird die Stabilität des numerischen Differenzenverfahrens auch durch die Zeitdiskretisierung beeinflusst. Die Courant-Zahl (Gl. 105) dient als Kriterium, dass der Transport eines Stoffpartikels in mindestens einem Zeitschritt je Zelle berechnet wird.

$$Co = \left| v \frac{dt}{L} \right| < 1$$
$$\text{Gl. (105.)}$$

Bei Rückwärtsdifferenzen in der Zeit spricht man von impliziten Verfahren; sie zeichnen sich in der Regel durch eine hohe numerische Stabilität aus. Zu dieser Gruppe gehören unter anderen das sogenannte Crank-Nicholson-Verfahren. Auf der anderen Seite stehen explizite Verfahren und vor allem die Methoden der iterativen Gleichungslösungen. Als ein weiteres Problem der Differenzenverfahren ist neben einer zu starken Dämpfung (numerischen Dispersion) das Überschwingverhalten (Oszillation) zu nennen.

Die Methode der finiten Elemente besitzt die Möglichkeit der flexibleren Diskretisierung, andererseits können ebenso wie beim Differenzenverfahren numerische Dispersions- und Oszillationseffekte auftreten (Abb. 27).

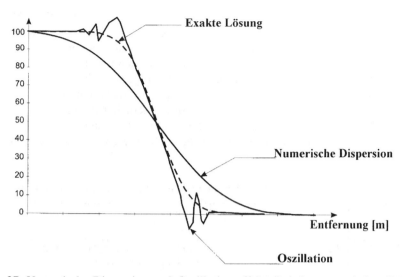

Abb. 27 Numerische Dispersion und Oszillationseffekte bei der numerischen Lösung der Transportgleichung (nach Kovarik 2000)

1.3.3.4.2.   Gekoppelte Verfahren

Die random walk Methode wurde bereits Jahrzehnte in der Physik verwendet, um Diffusionsvorgänge zu verstehen und zu modellieren. Prickett et al. (1981) entwickelten ein einfaches Grundwassertransportmodell, mit dem die Migration einer Kontamination berechnet werden konnte. Ein wesentlicher Vorteil der Methode des random walk oder particle trackings ist, dass es zu keiner numerischen Dispersion kommt, die sowohl bei der Methode der finiten Differenzen als auch bei der Methode der finiten Elemente im Bereich hoher Gradienten auftritt (Abbott 1966).

Bei der Methode der Charakteristiken (MOC) wird der konvektive Term getrennt vom dispersiven Transportterm behandelt. Dies geschieht, indem für die Lösung der Dispersionsproblematik ein eigenes Koordinatensystem entlang des Konvektionsvektors mitgeführt wird. In den meisten Modellen wird dies programmtechnisch dadurch gelöst, dass die Konvektion mit Hilfe von diskreten Teilchen approximiert wird. Dazu wird eine Anzahl von Teilchen mit einer definierten Konzentration eingesetzt und diese Teilchen entsprechend dem Geschwindigkeitsfeld bewegt (Konikoff u. Bredehoeft 1978).

Besonders anspruchsvolle Modelle befassen sich mit dem reaktiven Stofftransport. Hier geht es darum, einerseits den konvektiven und dispersiven Transport von Wasserinhaltsstoffen mit Hilfe des Modells richtig zu beschreiben, aber andererseits auch die Wechselwirkung im Wasser sowie mit festen und gasförmigen Phasen (Fällung, Lösung, Ionenaustausch, Sorption).

Dies kann dadurch erfolgen, dass die Strömung zunächst wie beim normalen random walk völlig separat modelliert wird. Anschließend wird wiederum auf

Basis des berechneten Strömungsfelds ein modifiziertes Charakteristiken Verfahren (MMOC) durchgeführt. Dabei repräsentieren die Teilchen eine vollständige Wasseranalyse bzw. ein diskretes Wasservolumen mit bestimmten stofflichen Eigenschaften. Diese diskreten Wasservolumina werden nun für jeden Zeitschritt bewegt und anschließend mit Hilfe eines hydrogeochemischen Codes (z.B. PHREEQC, MINTEQA2) die Wechselwirkungen des diskreten Wasservolumens mit seiner Umgebung (Gestein, Gasphasen) und innerhalb des Wassers berechnet. Die Ergebnisse des thermodynamischen Modells werden dann auf die "Teilchen" zurücktransformiert und diese erneut "bewegt". Beispiele für solche Modelle sind in Tab. 17 aufgeführt.

Tab. 17 Auswahl von Computercodes zur reaktiven Stofftransportmodellierung

Name	Dimensionen	GUI	Kommentare
PHREEQC	1D	PHREEQC for Windows PHREEQCI	stationäre Strömung, Transport in Aquiferen mit doppelter Porosität
EQ6	1D	Nein	nur stationäre Strömung
TREAC	2D	Ja, integriert	Strömungsmodell gekoppelt mit PHREEQC
PHAST	2D/3D	GoPHAST WPHAST	geänderte Version von HST3D (begrenzt auf konstante Flüssigkeitsdichte und konstante Temperatur) gekoppelt mit PHREEQC
MINTRAN	2D	Nein	Finite Elemente-Transportmodul (PLUME2D), gekoppelt mit MINTEQA2
Crunch	2D(3D)	Nein	Dichte-getriebene Strömung, Monod-Type-Reaktionen, EQ3/6-Daten
TOUGH-REACT	2D/3D	PetraSim	nicht-isothermale Strömung eines chemisch reaktiven Multi-Phasen Fluides in einem porösen Medium (geothermale Systeme, CO_2 Sequestration, nukleare Endlagerung)

Software wie SEAM3D, eine abgewandelte Version von MT3DMS, das auf Modflow basiert, kann eine Reihe von Inhaltsstoffen berücksichtigen, allerdings nur im Sinne eines Kd-Konzeptes. Daher können reale Probleme mit diesem Ansatz nicht modelliert werden und es wird nicht als reaktiver Stofftransport-Code betrachtet.

Eine extrem vereinfachte Variante dieser Strategie ist bereits im Programm PHREEQC realisiert. Dort kann für einen 1D-Fall bei konstanter Durchströmungsgeschwindigkeit mit Berücksichtigung von Diffusion und Dispersion der reaktive Stofftransport berechnet werden.

Wird beim reaktiven Stofftransport eine Vielzahl von chemischen Reaktionen berücksichtigt, so wie dies insbesondere bei einer Kopplung von Transportmodell mit einem thermodynamischen Code möglich ist, so sind die resultierenden Rechenzeiten im wesentlichen durch den thermodynamischen Code bedingt. Bei 2D und 3D Modellen ergeben sich daher sehr schnell unzumutbar lange Rechenzeiten. Da häufig auch keine Informationen bezüglich der Heterogenität eines Grundwasserleiters im Hinblick auf seine chemischen Eigenschaften verfügbar sind, bietet es sich an, reaktiven Stofftransport eindimensional zu rechnen.

1D-Modellierungen haben jedoch einen gravierenden Nachteil: Die Verdünnung, die durch die transversale Dispersion auftritt, wird nicht berücksichtigt, d.h. eine Stoffmenge m, die keinen Reaktionen unterliegt, wird an einem Ort x abstrom der Eingabestelle x_0 zwar durch die longitudinale Dispersion „verschmiert" und somit mit einer geringeren maximalen Konzentration auftreten, das Integral der Massenfracht ist aber identisch mit der an x_0 eingesetzten Masse. Der Stoffimpuls bleibt also über beliebig lange Strecken auf der 1D-Simulationsstrecke unverändert erhalten. In der Realität kommt es aber aufgrund der transversalen Dispersion D_t zum Stoffaustausch in Richtung y und z und letztlich zu einer Verdünnung. Diese Verdünnung ist eine Funktion von D_t und der Grundwasserfließgeschwindigkeit v. Ist D_t und v im Strömungsfeld konstant, so kann die daraus resultierende Verdünnung durch eine lineare Funktion bzw. einen konstanten Faktor beschrieben werden. Die Größe dieses Faktors kann mit Hilfe eines konservativen 3D-Stofftransportmodells ermittelt werden, indem insbesondere auch die Mächtigkeit des Grundwasserleiters berücksichtigt wird. Nimmt beispielsweise eine Schadstoffkonzentration durch Dispersion in einem solchen konservativen Tracermodell über eine bestimmte Strecke um 50 % ab, so heißt dies, dass in dem 1D reaktiven Stofftransportmodell über die gleiche Entfernung die Hälfte des Wassers in der „Säule" durch nicht kontaminiertes Grundwasser ersetzt werden muss.

2 Hydrogeochemische Modellierungsprogramme

2.1 Allgemeines

Eine Auswahl von Computer-Programmen ist in Abb. 28 in chronologischer Abfolge aufgelistet. Die erste Generation geochemischer Computer-Programme erschien bereits Anfang der 70er Jahre, Ende der 70er erweitert durch neue Programme mit deutlich verbesserter Leistungsfähigkeit. Anfang der 80er Jahre konnten erstmals entsprechende Programme auf Personalcomputern, nicht nur auf Großrechnern wie bis dahin, installiert werden.

Die am häufigsten verwendeten Modelle sind MINTEQA2 (Allison et al. 1991), WATEQ4F (Ball & Nordstrom 1991), PHREEQC (PHREEQE) (Parkhurst & Appelo 1999, Parkhurst 1995 und Parkhurst et al. 1980) und EQ 3/6 (Wolery 1992a und 1992b).

2.1.1 Lösungscodes der Programme

Der am häufigsten verwendete Ansatz geochemischer Modelle zur Beschreibung der Wechselwirkungsprozesse in aquatischen Systemen ist die in Kap. 1.1.2.6.1 beschriebene Ionendissoziationstheorie. Diese liefert allerdings nur bis zu Ionenstärken von 0.5 bis ca. 1 mol/L zuverlässige Ergebnisse. Ist die Ionenstärke größer, muss die Ioneninteraktionstheorie (z.B. PITZER-Gleichungen, Kap. 1.1.2.6.2) Grundlage des Programmcodes sein. Die Spezies-Verteilung kann über zwei verschiedene Verfahren aus thermodynamischen Datensätzen (Kap. 2.1.4) berechnet werden:

- Ermittlung des thermodynamisch stabilsten Zustandes durch Minimierung der freien Bildungsenthalpien (energieärmster Zustand) (z.B. CHEMSAGE) (Kap. 2.1.2)
- Ermittlung des thermodynamisch stabilsten Zustandes über alle Gleichgewichts- Konstanten im System (z.B. PHREEQC, EQ3/6, WATEQ4F, MINTEQA2, u.a.) (Kap. 2.1.3)

Beide Verfahren setzen die Einstellung eines chemischen Gleichgewichts und die Erfüllung der Massenbilanz voraus. Im Gleichgewicht gilt folgender Zusammenhang zwischen der Gleichgewichtskonstanten K und der freien Enthalpie G (siehe auch Kap. 1.1.2.2):

$$G_0 = -R \cdot T \cdot \ln K \qquad \qquad \text{Gl.(106.)}$$

bzw. für T = 25 °C: $G_0 = -5.707 \cdot \log K$ \qquad Gl.(107.)

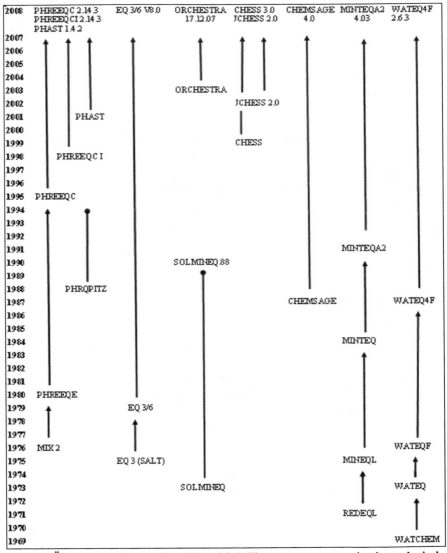

Abb. 28 Überblick hydrogeochemischer Modellierungsprogramme in chronologischer Abfolge

Tab. 18 zeigt ein Beispiel zur Berechnung einer Gleichgewichtskonstanten aus der freien Enthalpie. Aufgrund der relativ großen Fehler bei der Bestimmung der freien Enthalpien muss allerdings vor solchen Umrechnungen ausdrücklich gewarnt werden. Zuverlässiger ist meist die direkte experimentelle Bestimmung der Gleichgewichtskonstanten.

Tab. 18 Beispiel zur Berechnung einer Gleichgewichtskonstante aus der standard-freien Energie

Spezies	G [K·J/mol]
Calcit	-1130.61
Ca^{2+}	-553.54
CO_3^{2-}	-527.90
$-G = G_{Calcite}-G_{Ca}-G_{CO3}$ $-G = -1130.61-(553.54)-(-527.90)$ $-G = -49.17$ $\log K_{Calcite} = -49.17/5.707 = -8.6157$	
zum Vergleich log K aus der experimentellen Bestimmung (Plummer & Busenberg 1982) $\log K_{Calcite} = -8.48 \pm 0.02$	

Ist die für eine Berechnung benötigte Löslichkeitskonstante nicht explizit in einem Datensatz enthalten, sind aber Löslichkeitskonstanten von Teilreaktionen gegeben, so kann man die Löslichkeitskonstante der Gesamtreaktion auch aus den Löslichkeitskonstanten der Teilreaktionen berechnen (siehe Tab. 19).

Tab. 19 Beispiel zur Berechnung der Gleichgewichtskonstante einer Reaktionen aus den Gleichgewichtskonstanten der Teilreaktionen

keine Gleichgewichtskonstante für folgende Reaktion vorhanden: $CaCO_3 + CO_2 + H_2O = Ca^{2+} + 2HCO_3^-$	
$CaCO_3 = Ca^{2+} + CO_3^{2-}$	$\log K = -8.48$
$CO_2 + H_2O = H_2CO_3$	$\log K = -1.47$
$H_2CO_3 = H^+ + HCO_3^-$	$\log K = -6.35$
$H^+ + CO_3^{2-} = HCO_3^-$	$\log K = +10.33$
Summe der Einzelreaktionen: $CaCO_3 + CO_2 + H_2O + H_2CO_3 + H^+ + CO_3^{2-}$ $= Ca^{2+} + CO_3^{2-}+ H_2CO_3 + H^+ + HCO_3^- + HCO_3^-$ gleicht: $CaCO_3 + CO_2 + H_2O = Ca^{2+} + 2HCO_3^-$	
Summe der logKs = -8.48 + (-1.47) + (-6.35) + 10.33 = **-5.97** (berechneter log K für Gesamtreaktion)	

Programme, deren Quellcode nicht frei zugänglich ist (z.B. CHEMSAGE), eignen sich nicht für wissenschaftliche Arbeiten und Studien zur Risikobewertung (z.B. Endlagerung radioaktiven Abfalls), da keine individuelle und unabhängige Kontrolle möglich ist.

2.1.2 Programme auf Basis Freie-Bildungsenthalpien-Verfahren

ChemSage (ESM (Engineering and Materials Science) Software, http://www.esm-software.com/chemsage/) ist eines der auf Minimierung der freien Gibbs'schen Energie basierenden Programme, das kommerziell vertrieben wird.

Als Nachfolgeprodukt von SOLGASMIX (Besmann 1977) findet ChemSage vor allem Anwendung für technische Problemstellungen, z.B. Entwicklung von Legierungen, Keramiken, Halbleitern und Supraleitern, Materialprozessierung, Erforschung von Materialverhalten, usw.

Dyanmische Prozesse wie Hochofenprozesse, Röstprozesse oder Verfestigung flüssiger Legierungen können über das REACTOR MODEL MODULE in einem Reaktor simuliert werden. Als Parameter werden Rohmaterial und Energie eingegeben, anschließend in verschiedenen Abschnitten des Reaktors Reaktionen in gasförmigen und kondensierten Phasen unter unterschiedlichen Bedingungen und Materialflüssen simuliert.

Neben technischen Anwendungen soll es laut Vertreiber durch die Übernahme einiger Module aus dem Programm SUPCRT 92 (Johnson et al. 1992) auch möglich sein, geo- und kosmochemische Phänomene zu analysieren, Umweltverschmutzungen in Boden, Luft und Wasser sowie die Effekte toxischer, nicht-toxischer und radioaktiver Abfallablagerungen zu erfassen.

In der Literatur wurden allerdings nur wenige Anwendungen im Bereich aquatischer Systeme gefunden. Ein Grund für die geringe Anwendung in Bereichen der Hydro- und Umweltgeologie mag auch der kommerzielle Vertrieb des Programms sowie der zugehörigen Datensätze sein.

2.1.3 Programme auf Basis Gleichgewichtskonstanten-Verfahren

Die in der Hydrogeologie genutzten hydrogeochemischen Modellierungsprogramme basieren auf dem Gleichgewichtskonstanten-Verfahren, so z.B. WATEQ4F, MINTEQA2, EQ 3/6 und PHREEQC. Die Datenverarbeitung ist sehr einfach mit WATEQ4F, da es Standard Excel Files benutzt. Allerdings die Anwendungen sind auf Berechnung von Analysenfehler, Speziierung und Sättigungsindizes beschränkt (http://water.usgs.gov/software/wateq4f.html). Mit MINTEQA2 kann zudem noch die Verteilung gelöster und an festen Phasen sorbierter Spezies berechnet werden (http://www.scisoftware.com/products/minteqa2_overview/minteqa2_overview.html). Das Anwendungsspektrum von PHREEQC und EQ3/6 geht weit darüber hinaus. Diese beiden Programme werden deshalb hier näher beschrieben. Während PHREEQC frei erhältlich ist über die Homepage des US Geological Survey (http://wwwbrr.cr.usgs.gov/projects/GWC_coupled/phreeqc/), muß EQ 3/6 vom Lawrence Livermore National Laboratory gekauft werden (https://ipo.llnl.gov/technology/software/softwaretitles/eq36.php).

2.1.3.1 PHREEQC

Seit 1980 liegt das Modellierungsprogramm PHREEQE (Parkhurst et al. 1980), damals in der Programmiersprache FORTRAN geschrieben, vor. Die Möglichkeiten des Programms umfassten zu Beginn:

- das Mischen von Wässern
- Gleichgewichtseinstellungen mit der aquatischen Phase durch Lösungs-/ Fällungsreaktionen
- die Modellierung der Auswirkungen von Temperaturänderungen
- die Berechnung von Elementkonzentrationen, Molalitäten, Aktivitäten von aquatischen Spezies, pH, pE, Sättigungsindex, Moltransfer als Funktion reversibler/ irreversibler Reaktionen

PHREEQE wurde 1988 durch eine Version mit PITZER-Gleichungen für Ionenstärken > 1 mol/L, wie sie z.b. in Solen oder hoch konzentrierten Elektrolyt-Lösungen vorkommen, ergänzt (PHRPITZ, Plummer et al. 1988). PHREEQM (Appelo & Postma 1994) beinhaltete alle Möglichkeiten von PHREEQE, zusätzlich war aber ein eindimensionalen Transportcode implementiert mit Berücksichtigung von Dispersion und Diffusion. PHRKIN war ein Zusatzmodul zu PHREEQE zur Modellierung kinetisch gesteuerter Reaktionen.

1995 erschien das Programm PHREEQC (Parkhurst 1995) in der Programmiersprache C. Diese Version löste nahezu alle Begrenzungen bezüglich Anzahl von Elementen, aquatischen Spezies, Lösungen, Phasen, Austauschern und Oberflächenkomplexierern und brachte die Abschaffung der FORTRAN-Formate in den Eingabefiles mit sich. Zusätzlich wurde der Gleichungslöser überarbeitet und eine Reihe zusätzlicher Optionen vorgesehen; z.B. war es ab dieser Version möglich,

- die gemessene Konzentration eines Elementes in verschiedenen Master-Spezies in der Inputdatei anzugeben (z.B. N als NO_3, NO_2 und NH_4)
- das Redoxpotential entweder über den gemessenen E_H-Wert (als pE-Wert) oder ein Redoxpaar [z.B. As(3)/As(5) oder U(4)/U(6)] zu definieren
- oberflächenkontrollierte Reaktionen, wie Oberflächenkomplexierung und Ionenaustausch über integrierte Zweischichtmodelle (Dzombak & Morel 1990) und ein nicht-elektrostatisches Modell (Davis & Kent 1990) zu modellieren
- Reaktionen mit Multikomponenten-Gasphasen als geschlossenes System zu modellieren
- die Mineralmengen in der festen Phase zu verwalten und automatisch thermodynamisch stabile Mineralgesellschaften zu bestimmen
- über Wasserstoff-Sauerstoffmolgleichgewichte die Wassermenge und den pE-Wert in der aquatischen Phase während Reaktions- und Transportvorgängen zu berechnen und so Wasserverbrauch, bzw. -produktion korrekt zu modellieren
- mit Hilfe eines 1-dimensionalen Transportmoduls konvektiven Stofftransport zu modellieren

- über inverse Modellierung die Zusammensetzung eines bestimmten Wassers zu rekonstruieren und durch Überprüfung aller Gleichgewichtsreaktionen Unsicherheiten in den analytischen Daten zu erkennen

Die aktuellste Version, PHREEQC in der Version 2 (Parkhurst & Appelo 1999), ermöglicht zusätzlich folgende Simulationen:

- Integration des Pitzers-Konzepts
- die Bildung idealer und nichtidealer solid solution Minerale
- kinetische Reaktionen mit benutzerdefinierten Umsatzraten
- Dispersion oder Diffusion im 1D-Transport
- Veränderung der Zahl der Austauscherplätze mit Lösung oder Fällung von Reaktanten
- Einbeziehung von Isotopenbilanzen in inverse Modellierungen

Zudem ist es möglich, die Datenausgabe benutzerdefiniert zu verkürzen und in einem spreadsheet kompatiblen Datenformat zu exportieren. Zur Programmierung Benutzer-spezifischer Fragestellungen im Bereich Kinetik und zur Einstellung spezieller Ausgabeformate ist ein BASIC-Interpreter im Programm implementiert, der auch die Graphik-Ausgabe in Verbindung mit der Benutzeroberfläche „PHREEQC for Windows" unterstützt.

Zwei Funktionen, die ein Nutzer möglicherweise auch in der aktuellsten PHREEQC Version 2.15 (mit dem Windows-Interface 2.15.02, erschienen am 31. März, 2008) noch vermissen wird, sind:

- die Berücksichtigung von Unsicherheiten für thermodynamische Konstanten
- die inverse Modellierung zur Anpassung von Parametern, wie z.B. pK-Wert

Als Erweiterung zu PHREEQC wird im Kapitel 2.2.2.1.4 das Programm LJUNGSKILE (Odegaard-Jensen et al. 2004, http://www.geo.tu-freiberg.de/software/Ljungskile/index.htm) vorgestellt, welches Unsicherheiten der Eingabeparameter berücksichtigen kann. Eigenständige Programme wie FITEQL4 (Herbelin and Westall 1999) oder Protofit (Turner and Fein 2006) können verwendet werden, wenn es um die Parameteranpassung geht. Ein weiteres Programm, das auch auf PHREEQC basiert, ist PHAST (Beispiel siehe Kap. 2.2.2.5.3). Es ist im Gegensatz zu PHREEQC nicht auf eindimensionale stationäre Strömung mit einfachen Randbedingungen begrenzt.

2.1.3.2 EQ 3/6

EQ3/6 besteht aus zwei Programmen: EQ3 ist ein reiner Speziierungscode, dessen Ergebnisse für weitere Fragestellungen innerhalb EQ6 weiterverarbeitet werden. Zu Beginn der achtziger und neunziger Jahre stellte EQ 3/6 die führende Software zur geochemischen Modellierung dar, da es bereits Funktionen für die Modellierung von solid-solution Mineralen, Oberflächenkomplexierung und kinetisch kontrollierten Reaktionen enthielt. Ionen-Interaktionen (PITZER) und ein erweiterter Temperaturbereich von 0°C bis 300°C konnten berücksichtigt werden. Solche Funktionen waren in vielen anderen Programmen, eingeschlossen PHREEQC, noch nicht enthalten. Nachdem während der vergangenen Jahre keine nennenswerten Fortschritte in der Entwicklung von EQ 3/6 verzeichnet wurden, decken heute die neuesten Versionen von PHREEQC die oben genannten Funktionen erfolgreich ab.

Ein großer Nachteil von EQ 3/6 ist heute, dass FORTRAN Datenformate verwendet werden und es keine graphische Benutzeroberfläche gibt. Alle EQ 3/6 Datenformate (Input-Files, thermodynamische Konstanten) müssen im FORTRAN Format definiert werden, was schnell zu Eingabefehlern führen kann. Fehler im Format (z.B. die Platzierung innerhalb einer Spalte) können leicht zu fatalen Fehlern führen. Der Vorteil des PHREEQC Datenformats liegt darin, dass die Reaktionsgleichungen in der Syntax chemischer Formeln geschrieben sind, was die Handhabung wesentlich vereinfacht. Wie unterschiedlich die Definition der gleichen Mineralphase (Rutherfordline, UO_2CO_3) in PHREEQC und EQ 3/6 aussehen kann, ist in Abb. 29 und Abb. 30 dargestellt.

```
Rutherfordine              606
UO2CO3 = UO2+2 + CO3-2
log_k    -14.450
delta_h   -1.440 kcal
```

Abb. 29 Auszug aus dem WATEQ4F-Datensatz für PHREEQC; Definition des Minerals Rutherfordine

```
    UO2CO3
       date last revised =  02-jul-1993
       keys    = solid
       V0PrTr =   0.000 cm**3/mol (source =
    *     mwt     =     330.03690 g/mol
       3 chemical elements =
       1.0000 C          5.0000 O          1.0000 U
       4 species in data0 reaction
      -1.0000  UO2CO3             -1.0000  H+
       1.0000  HCO3-               1.0000  UO2++

    *   log k grid (0-25-60-100/150-200-250-300 C) =
            -3.8431    -4.1434    -4.4954    -4.7855
            -5.0616    -5.2771   500.0000   500.0000
    * Extrapolation algorithm: constant enthalpy approxi-
mation
```

Abb. 30 Auszug aus dem NEA-Datensatz für EQ 3/6; Definition des Minerals Rutherfordine (fett markiert sind die Elemente, die in ähnlicher Form auch im PHREEQC-Datensatz stehen; die unterschiedlichen log_k-Werte ergeben sich aus unterschiedlichen Reaktionsgleichungen (vgl. auch Kap. 2.1.5))

Aus Abb. 31 und Abb. 32 ist außerdem ersichtlich, dass ein PHREEQC Input-File weitaus einfacher aufgebaut ist als in EQ 3/6. Das Input-File beschreibt die Lösung des Minerals Rutherfordine in einem Wasser mit jeweils 1 mmol/L Natrium und Chlorid und geringen Sulfatkonzentrationen (0.0001 mmol/L) unter oxidierenden Bedingungen (pE = 14) bei 25 °C und einem CO_2-Partialdruck von 0.033 kPa (Atmosphärenkonzentration).

```
TITLE     Lösung Rutherfordine als Funktion des CO2 Partialdruckes

SOLUTION 1          Wasser mit 1 mmol/L Na und Cl
units               mmol/kgw
temp                25
pH      7
pe      14
Na      1
S(6)    1E-7
Cl      1


EQUILIBRIUM_PHASES 1
CO2(g)  -3.481
Rutherfordine          0

END
```

Abb. 31   Beispiel für ein PHREEQC-Eingabe-File (Lösung des Minerals Rutherfordine als Funktion des CO₂ Partialdruckes)

Da es keine weiteren Optionen in EQ 3/6 gibt, die über die der neuesten PHREEQC-Version hinausgehen, spricht die einfache Input-Eingabe und Definition der thermodynamischen Konstanten in PHREEQC für dessen bevorzugte Nutzung. Ein weiterer Vorteil ist, dass PHREEQC zusammen mit der grafischen Nutzeroberfläche frei zugänglich ist. PHREEQC wird daher auch für die Modellierungsbeispiele in Kap. 1 dieses Buches verwendet. Ausführlicher soll das Programm in Kap. 2.2 erläutert werden.

2.1.4 Thermodynamische Datensätze

2.1.4.1 Allgemeines

Thermodynamische Datensätze sind die Informationsquelle aller geochemischen Modellierungsprogramme. Grundsätzlich ist es bei nahezu allen Programmen möglich, sich einen eigenen thermodynamischen Datensatz zu erstellen. Dies ist allerdings ein erheblicher Aufwand und erfordert große Sorgfalt. Aus diesem Grund wird man in der Regel auf bestehende Datensätze zurückgreifen.

Tab. 20 zeigt eine Auswahl von thermodynamischen Datensätzen und die jeweils berücksichtigten Elemente. Die thermodynamischen Daten liegen meistens nicht in einem gängigen Datenbankformat vor, sondern in der Form, die für das eine oder andere Programm bzw. die Programmversion benötigt wird. Um thermodynamische Daten, die z.B. für EQ3/6 oder PHREEQE geeignet sind, in PHREEQC verwenden zu können, müssen sie mittels eines Transferprogramms in das jeweilige Format (z.B. PHREEQC) umgewandelt werden.

Mit Hilfe geeigneter Filter ist es auch möglich, sich aus einem Standarddatensatz einen Teildatensatz zu erstellen. Insbesondere wenn große Datenmengen d.h. sehr viele Analysen berechnet werden müssen, wie dies beispielsweise bei einer gekoppelten Modellierung (Transport + Reaktion) der Fall ist, kann dies Rechenzeit sparen. Allerdings ist in so einem Fall zu verifizieren, dass der Teildatensatz vergleichbare Ergebnisse wie der ursprüngliche Datensatz liefert.

```
EQ3NR input file name= co3aqui.3i
Description= "Uranium Carbonate solution"
Version level= 7.2

endit.
     Tempc=   2.50000E+01
           rho=    1.00000E+00        tdspkg=     0.00000E+00
tdspl=   0.00000E+00
         fep=  0.00000E+00       uredox=
       tolbt=  0.00000E+00      toldl=  0.00000E+00      tol-
sat=   0.00000E+00
       itermx=   0
 *                 1     2     3     4     5     6     7     8     9    10
  iopt1-10 =       0     0     0     0     0     0     0     0     0     0
  iopg1-10 =       0     0     0     0     0     0     0     0     0     0
  iopr1-10 =       0     0     0     0     0     0     0     0     0     0
  iopr11-20=       0     0     0     0     0     0     0     0     0     0
  iodb1-10 =       0     0     0     0     0     0     0     0     0     0
       uebal= H+
       nxmod=   0
  data file master species= Na+
   switch with species=
  jflag=  0    csp=  1.00000E-03
  data file master species= UO2++
   switch with species=
  jflag= 19    csp=        0.
  Mineral= UO2CO3
  data file master species= HCO3-
   switch with species=
  jflag= 21    csp=   -3.481
       gas= CO2(g)
  data file master species= SO4--
   switch with species=
  jflag=  0    csp=  1.00000E-10
  data file master species= Cl-
   switch with species=
```

Abb. 32 Beispiel für ein EQ 3/6 Eingabe-File (Lösung des Minerals Rutherfordine als Funktion des CO_2 Partialdruckes)

Tab. 20   Thermodynamische Datensätze mit den jeweils berücksichtigten Elementen

Datensatz	NEA	PHREEQC	WATEQ4F[1]	HATCHES	NAGRA/PSI TDB	MINTEQ[2]	LLNL[3]
Letztes Update	2007	2003	2005	1999	2002	2005	2005
Ag	+		+			+	+
Al	+	+	+	+	+	+	+
Am	+			+	+		+
Ar							+
As	+		+	+	+	+	+
Au							+
B	+	+	+	+	+	+	+
Ba	+	+	+	+	+	+	+
Be						+	+
Br	+	+	+	+	+	+	+
C	+	+	+	+	+	+	+
Ca	+	+	+	+	+	+	+
Cd	+	+	+			+	+
Ce							+
Cl	+	+	+	+	+	+	+
Cm							
Co							+
Cr						+	+
Cs	+		+		+		+
Cu	+	+	+			+	+
Dy							+
Er							+
Eu					+		+
F	+	+	+	+	+	+	+
Fe	+	+	+	+	+	+	+

Datensatz	NEA	PHREEQC	WATEQ4F[1]	HATCHES	NAGRA/PSI TDB	MINTEQ[2]	LLNL[3]
Code	2007	2003	2005	1999	2002	2003	2005
N	+	+	+	+	+	+	+
Na	+	+	+	+	+	+	+
Nb					+		
Nd							+
Ne							+
Ni		+	+	+	+		+
Np		+	+				+
O	+	+	+	+	+	+	+
P	+	+	+	+	+	+	+
Pa							
Pb	+	+	+			+	+
Pd		+	+				+
Pm							+
Pr							+
Pu		+	+				+
Ra			+				+
Rb	+		+		+		+
Re							+
Rn							+
Ru							+
S	+	+	+	+	+	+	+
Sb						+	+
Sc							+
Se	+		+	+	+		+
Si	+	+	+	+	+	+	+

[1] zusätzlich in WATEQ4F.dat: fulvate, humate

[2] zusätzlich in MINTEQ.dat: 2-, 3-, 4-methylpyridine, acetate, benzoate, butanoate, citrate, cyanate, cyanide, diethylamine, dimethylamine, EDTA, ethylene, ethylenediamine, formate, glutamate, glycine, hexylamine, isobutyrate, isophthalate, isopropylamine, isovalerate, methylamine, n-butylamine, n-propylamine, NTA, para-acetate, phthalate, propanoate, salicylate, tartrate, tributylphosphate, trimethylamine, trimethylpyridine, valerate
zusätzlich in MINTEQ v4.dat: Co, Mo, acetate, benzoate, butylamine, butyrate, citrate, cyanide, diethylamine, dimethylamine, dom_a, dom_b, dom_c, edta, ethylenediamine, formate, 4-picoline, glutamate, glycine, hexylamine, isobutyrate, isophthalate, isopropylamine, isovalerate, methylamine, nta, phenylacetate, phthalate, propionate, propylamine, salicylate, tartarate, 3-picoline, trimethylamine, 2-picoline

[3] zusätzlich in LLNL.dat: acetate, ethylene, orthophthalate

2.1.4.2 Aufbau thermodynamischer Datensätze

Ein thermodynamischer Datensatz gliedert sich in mehrere Blöcke mit unterschiedlichen Variablen. Wird er als relationale Datenbank angelegt, sind dafür mehrere Tabellen (files) mit unterschiedlichen Variablen notwendig. Viele Programme (u.a. auch PHREEQC und EQ 3/6) gehen einen anderen Weg und lesen die Daten aus einem ASCII File ein, das durch sog. Keywords (Schlüsselwörter) in logische Blöcke getrennt ist. Für jeden logischen Block gilt demzufolge eine andere Syntax, wie Daten eingelesen und interpretiert werden. In PHREEQC sind dies die folgenden Blöcke:

- Masterspezies in Lösung (Tab. 21) (SOLUTION_MASTER_SPECIES)
- Spezies in Lösung (Tab. 22) (SOLUTION_SPECIES)
- Phasen: Festphasen und Gasphasen (PHASES)
- Austausch von Masterspezies (EXCHANGE_MASTER_SPECIES)
- Austausch von Spezies (EXCHANGE_SPECIES)
- Oberflächen-Masterspezies (SURFACE_MASTER_SPECIES)
- Oberflächen-Spezies (stark und schwach bindende Spezies nach Kationen und Anionen sortiert) (SURFACE_SPECIES)
- Reaktionsraten (RATES)

Tab. 21 Beispiel einer Angabe von Masterspezies in Lösung (SOLUTION_MASTER_SPECIES) aus dem PHREEQC-Datensatz WATEQ4F.dat

Element	Masterspezies	Alkalinität	Molmasse in g/mol	Atommasse des Elements
C	CO3-2	2.0	61.0173	12.0111
H	H+	-1.0	1.008	1.008
Fe(+2)	Fe+2	0.0	55.847	
Fe(+3)	Fe+3	-2.0	55.847	
N	NO3-	0.0	14.0067	14.0067
N(-3)	NH4+	0.0	14.0067	
N(0)	N2	0.0	14.0067	
N(+3)	NO2-	0.0	14.0067	
N(+5)	NO3-	0.0	14.0067	
P	PO4-3	2.0	30.9738	30.9738
S(-2)	H2S	0.0	32.064	
S	SO4-2	0.0	96.0616	32.064
Si	H4SiO4	0.0	60.0843	28.0843

Der Beitrag der einzelnen Masterspezies zur Alkalinität in Tab. 21 wird nach der prädominanten Spezies bei pH = 4.5 berechnet. So besitzt z.B. Fe^{3+} mit der bei pH = 4.5 prädominanten Spezies $Fe(OH)_2^+$ zwei OH^--Ionen, die $2H^+$-Ionen binden können, somit ergibt sich ein Faktor von -2 für die Alkalinität. Für anorganisch C mit dominanter Spezies H_2CO_3 und zwei H^+-Ionen ergibt sich ein Faktor von +2.

Spalte 4 in Tab. 21 gibt an, in welcher Form Eingaben in mg/L gemacht werden müssen. In diesem Beispiel muss C als Carbonat, Nitrat, Nitrit, Ammoniak jeweils als elementarer Stickstoff, P als elementarer Phosphor, S als Sulfat und Si als SiO2 angegeben werden. Wird z.B. P als Phosphat in mg/L angegeben, sind sämtliche nachfolgenden Berechnungen falsch. Ein genaues Studium der jeweiligen Datensätze ist daher unbedingt vor jeder Eingabe notwendig. Vermeiden lassen sich diese Probleme, indem man Konzentrationen konsequent in mol/L angibt.

Für alle Reaktionen, die man selbst in Datensätze eingibt, müssen die verwendeten Masterspezies, falls noch nicht vorhanden, unter dem Keyword SOLUTION_MASTER_SPECIES zunächst definiert werden.

Tab. 22 Beispiel einer Angabe von Spezies in Lösung (SOLUTION_SPECIES) aus WATEQ4F.dat

```
CO3-2 primary master species
    CO3-2 = CO3-2
    log_k    0.0
    -gamma   5.4    0.0
CaCO3                   78
    Ca+2 + CO3-2 = CaCO3
    log_k    3.224
    delta_h  3.545 kcal
    -analytical -1228.732   -0.299444   35512.75   485.818   0.0
S2-2                    502
    HS- = S2-2 + H+
    log_k    -14.528
    delta_h  11.4kcal
    -no_check
    -mole_balance   S(-2)2
    -gamma   6.5    0.0
```

Für die Spezies in Lösung (SOLUTION_SPECIES, Tab. 22), die in der obersten Zeile mit laufender Nummer stehen, werden Löslichkeitskonstante log k und Enthalpie delta h in kcal/mol oder kJ/mol bei 25°C angegeben. Unter „gamma" stehen Parameter zur Berechnung des Aktivitätskoeffizienten γ nach der WATEQ-DEBYE-HÜCKEL-Ionendissoziationstheorie (vgl. Kap. 1.1.2.6.1). Unter „analytical" sind die Koeffizienten A_1-A_5 angegeben, mit deren Hilfe man die Temperaturabhängigkeit der Löslichkeitskonstante berechnen kann. Reaktionsgleichgewichte, die nicht dazu benutzt werden sollten, Ladungsbilanzen auszugleichen, sind mit „no check" gekennzeichnet. Muss die Stöchiometrie einer Spezies explizit definiert werden, wie z.B. bei Polysulfid-Spezies (siehe Tab. 22, S_2^{2-} enthält 2 S-Atome, in die Verbindung HS⁻ wird aber nur eines eingebaut), so erfolgt diese Angabe unter „mole balance".

Die Angabe der Reaktionen in festen oder gasförmigen Phasen (PHASES) erfolgt ähnlich der der Spezies in Lösung. Beim Suchen von Gleichgewichtskonstanten ist es wichtig, unter den richtigen Keywords zu suchen. Die Gleichgewichtskonstante der Reaktion $CaCO_3 = Ca^{2+} + CO_3^{2-}$ als Lösung des Minerals Calcits (log K = - 8.48, unter dem Keyword PHASES) unterscheidet sich logischerweise völlig von der Gleichgewichtskonstanten der Reaktion $Ca^{2+} + CO_3^{2-} =$

$CaCO_3$ als Bildung des aquatischen Komplexes $CaCO_3$ (log K = 3.224 unter dem Keyword SOLUTION_SPECIES), auch wenn die Reaktion bei erstem Hinsehen gleich aussehen mag.

EXCHANGE_MASTER_SPECIES definiert den Zusammenhang zwischen dem Namen eines Austauschers und seiner Masterspezies. EXCHANGE_SPECIES beschreibt darauf aufbauend jeweils eine Halbreaktion und einen Selektivitätskoeffizienten für jede Austauscherspezies. Diese Selektivitätskoeffizienten sind aber im Gegensatz zu Komplexbildungskonstanten oder Dissoziationskonstanten von der jeweiligen Feststoffphase mit den spezifischen Eigenschaften ihrer inneren und äußeren Oberflächen abhängig (siehe auch Kap. 1.1.4.2). Daher sind sie lediglich als Platzhalter zu sehen, die für eigene Modellierungen je nach gewählter Feststoffphase verändert werden müssen.

Analog definiert SURFACE_MASTER_SPECIES den Zusammenhang zwischen den Namen von Oberflächen-Bindungsstellen und der Oberflächen-Masterspezies, während SURFACE_SPECIES Reaktionen für jede Oberflächenspezies beschreibt nach Kationen und Anionen sowie starken und schwachen Bindungspartnern sortiert.

Unter dem Keyword RATES sind exemplarisch Reaktionsraten und mathematische Formeln zur Beschreibung der Kinetik von K-Feldspat, Albit, Calcit, Pyrit, organ. Kohlenstoff und Pyrolusit aus verschiedenen Literatur-Arbeiten aufgeführt. Die dort definierten Raten dienen jedoch lediglich als Beispiel und müssen durch standortspezifische Daten (z.B. im Fall organischen Abbaus) ersetzt oder angepasst werden.

2.1.5 Probleme und Fehlerquellen von Modellierungen

Grundvoraussetzung einer soliden hydrogeochemischen Modellierung sind möglichst vollständige und korrekte wasserchemische Analysen, da sie die wesentlichen Informationen darstellen und sich Fehler bis in das Endergebnis fortpflanzen. Abb. 33 bis Abb. 35 zeigen am Beispiel der Berechnung der Sättigungsindizes von Calcit und Dolomit und des CO_2-Gleichgewichts-Partialdruckes, welche Auswirkungen eine unvollständige Analyse haben kann. Folgende Analyse ist gegeben:

pH = 7.4, Temperatur 8.1°C, Leitfähigkeit = 418 µS/cm, Konzentrationen in mg/L

Ca^{2+}	74.85	Cl^-	2.18	Fe^{2+}	0.042	Mn^{2+}	0.014
Mg^{2+}	13.1	HCO_3^-	295.0	Pb^{2+}	0.0028	Zn^{2+}	0.379
Na^+	1.88	SO_4^{2-}	2.89	Cd^{2+}	0.0026	SiO_2	0.026
K^+	2.92	NO_3^-	3.87	Cu^{2+}	0.030	DOC	8.8255

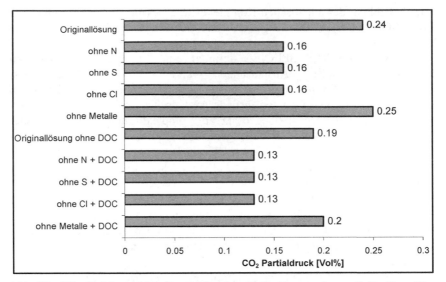

Abb. 33 CO₂ Gleichgewichts-Partialdruck vollständiger und unvollständiger Wasseranalysen (berechnet mit PHREEQC nach Daten aus Merkel 1992)

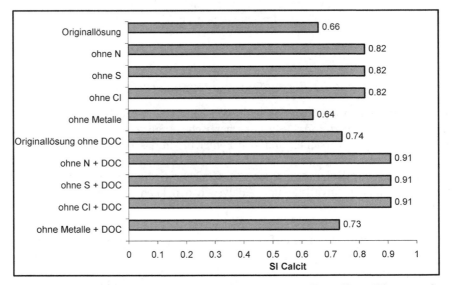

Abb. 34 Calcit-Sättigungsindex vollständiger und unvollständiger Wasseranalysen (berechnet mit PHREEQC nach Daten aus Merkel 1992)

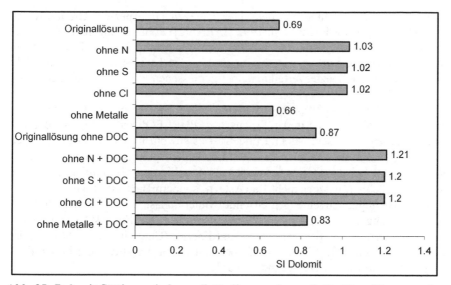

Abb. 35 Dolomit-Sättigungsindex vollständiger und unvollständiger Wasseranalysen (berechnet mit PHREEQC nach Daten aus Merkel 1992)

Annahmen, die per se in den hydrogeochemischen Modellierungsprogrammen getroffen werden, erschweren eine Übertragbarkeit auf natürliche Systeme, so z.B. die Annahme der Einstellung eines kinetischen Gleichgewichtes. Gerade bei Spezies, die zur Komplexbildung neigen, und bei Redoxreaktionen, die eine ausgeprägte Kinetik aufweisen, durch Mikroorganismen katalysiert werden und Ungleichgewichte über lange Zeiträume halten können, ist dies häufig nicht der Fall.

Numerische Dispersion oder Oszillationseffekte können bei der Modellierung von Stofftransporten als zufällige Fehlerquelle bei der Verwendung von Finite-Differenzen- oder Finite-Elemente-Modellen auftreten. Über Kriterien der numerischen Stabilität (Gitter-Peclet-Zahl oder Courant-Zahl) oder die Verwendung des Random-Walk-Verfahrens lassen sich diese Fehler reduzieren, bzw. völlig eliminieren.

Die häufigste Quelle unterschiedlicher Ergebnisse aber sind neben dem verwendeten Ansatz zur Berechnung der Aktivitätskoeffizienten (Kap. 1.1.2.6) die thermodynamischen Datensätze (Kap. 2.1.4), die dem jeweiligen Programm grundlegende geochemische Informationen über die einzelnen Spezies zur Verfügung stellen. Unterschiedliche Modellierungsprogramme verwenden z.T. stark differierende thermodynamische Datensätze mit unterschiedlichen Löslichkeitsprodukten, unterschiedlichen Spezies, Mineralen und Reaktionsgleichungen. Nordstrom et al. (1979, 1990), Nordstrom & Munoz (1994), Nordstrom (1996, 2004) behandeln die Inkonsitenz thermodynamischer Datensätze ausführlicher. Bei einigen Spezies, für die Komplexbildungskonstanten veröffentlicht sind, ist nicht einmal die Existenz zweifelsfrei nachgewiesen, wie im folgenden gezeigt wird.

Zwei Übersichtsarbeiten aus dem Jahr 1992 zu Uranspezies (Grenthe et al. 1992 [NEA 92] sowie Fuger et al. 1992 [IAEA 92]) kommen hinsichtlich einiger sechswertiger Uran-Hydroxospezies zu recht unterschiedlichen Bewertungen. Diese Unterschiede wirken sich bei neutralen und basischen pH-Werten nicht unerheblich auf die Speziesverteilung einer gemessenen Urangesamtkonzentration aus (Tab. 23).

Noch größere Differenzen existieren für das Mineral Bariumarsenat $Ba_3(AsO_4)_2$. Während man in den Datensätzen PHREEQC.dat und LLNL.dat keinerlei Angaben zu diesem Mineral findet, ist es sowohl in MINTEQ.dat als auch in WATEQ4F.dat mit einem so geringen Löslichkeitsprodukt definiert, dass man dieses Mineral bei der thermodynamischen Modellierung als limitierende Phase ansieht. Tatsächlich ist aber nicht $Ba_3(AsO_4)_2$, sondern $BaHAsSO_4 \cdot H_2O$ unter bestimmten Bedingungen eine begrenzende Mineralphase (Planer-Friedrich et al. 2001). Das angegebene geringe Löslichkeitsprodukt für $Ba_3(AsO_4)_2$ beruht auf einer Fehlinterpretation des sich bildenden Minerals (Chukhlantsev 1956), was im Prinzip schon seit 1985 (Robins 1985) bekannt ist, bisher aber nicht in den thermodynamischen Datensätzen geändert wurde.

Tab. 23 Dissoziationskonstanten für U(6)-Hydroxospezies (*** = keine Daten verfügbar)

Spezies	log K NEA (1992)	log K IAEA (1992)
UO_2OH^+	-5.2	-5.76
$UO_2(OH)_2^0$	< -10.3	-13
$(UO_2)_2(OH)_2^{2+}$	-5.62	-5.54
$(UO_2)_3(OH)_5^+$	-15.55	-15.44
$(UO_2)_3(OH)_2^+$	-11.9	***
$(UO_2)_2(OH)_3^+$	-2.7	-4.06
$(UO_2)_4(OH)_7^+$	-21.9	***
$UO_2(OH)_3^-$	-19.2	***
$(UO_2)_3(OH)_7^-$	-31	***
$UO_2(OH)_4^{2-}$	-33	***

Ganz wichtig ist auch, dass Löslichkeitsprodukte und Komplexbildungskonstanten, die der Literatur entnommen werden, eindeutig mit einer Reaktionsgleichung verknüpft sein müssen. Das Beispiel der Definition des Minerals Rutherfordine (UO_2CO_3) in PHREEQC (Abb. 29) und EQ 3/6 (Abb. 30) zeigt, dass für das gleiche Mineral unterschiedliche Reaktionsgleichungen verwendet werden können. Während PHREEQC die Reaktionsgleichung $UO_2CO_3 = UO_2^{2+} + CO_3^{2-}$ verwendet, ist es in EQ3/6 die Gleichung $UO_2CO_3 + H^+ = HCO_3^- + UO_2^{2+}$. Aufgrund der unterschiedlichen Reaktionsgleichungen ist natürlich auch das Löslichkeitsprodukt nicht gleich.

Hinzu kommt, dass thermodynamische Daten durch Laborversuche unter definierten Randbedingungen (Temperatur, Ionenstärke) gewonnen werden, die manchmal eine Übertragung auf natürliche, geogene Verhältnisse nur eingeschränkt zulassen, z.B. im Fall des Urans, wo thermodynamische Daten aus der

Nuklearforschung stammen, die sich mit Uran-Konzentrationen im Bereich von bis zu 0.1 mol/L befasst. In natürlichen aquatischen Systemen liegen die Konzentrationen dagegen im Bereich von nmol/L.

Im Labor werden häufig relativ hohe Ionenstärken (0.1 oder 1 molare Lösungen) verwendet, z.B. auch wenn man unter extremen pH-Bedingungen arbeitet. Für die Rückrechnung der Komplexbildungskonstanten oder auch der Löslichkeitsprodukte auf eine Ionenstärke von Null werden die gleichen Verfahren wie zur Berechnung der Aktivitäten aus gemessenen Konzentrationen verwendet (z.B. erweiterte DEBYE-HÜCKEL Gleichung). Da die Gültigkeit der Ionendissoziationstheorie spätestens bei 1-molaren Lösungen endet, bewegen sich solche Experimente zum Teil in einem Bereich, der nicht mehr oder nur eingeschränkt durch die Ionendissoziationstheorie abgedeckt ist. Werden Löslichkeitsprodukte und Komplexbildungskonstanten der Literatur entnommen, so werden auf diese Weise Daten zusammengetragen, die unter unterschiedlichen experimentellen Randbedingungen und unterschiedlichen Berechnungsmethoden zur Ermittlung von Konstanten bei Ionenstärke Null gewonnen wurden. Manche dieser Daten sind nicht einmal zurückgerechnet auf Ionenstärke Null.

Die Erstellung einer konsistenten und zuverlässigen thermodynamischen Datenbank ist eine mühsame und langwierige Aufgabe. Für manche Anwendungen mag ein kleinerer, aber konsistenter Datensatz ausreichend sein. Wenn gelöste Spezies analytisch bestimmt wurden, können die gemessenen Konzentrationen mit den aus den Gesamtgehalten modellierten verglichen werden, um eine Abschätzung für die Genauigkeit der Modellierung zu erhalten.

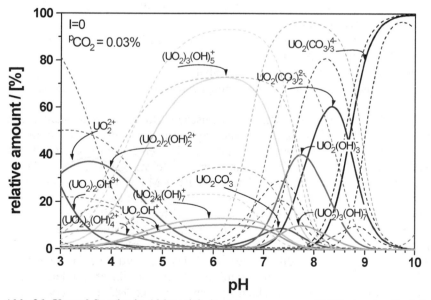

Abb. 36 Uranyl-Spezies in Abhängigkeit vom gemessenen pH-Wert unter Berücksichtigung einer Fehlerabschätzung (nach Meinrath 1997)

Ebenso wichtig ist es, bei berechneten Speziesverteilungen die Bandbreite des Fehlers für die jeweiligen Spezies anzugeben. Eine wesentliche Messgröße ist dabei der pH-Wert, der in der Praxis mit einer Genauigkeit von ± 0.1 pH-Einheiten gemessen wird. Insbesondere in Reaktionen, in denen mehrere Protonen vorkommen, wirkt sich diese Unsicherheit z.t. gravierend auf das Ergebnis aus (Abb. 36). Sensitivitätsanalysen können durchgeführt werden, indem die aus dem Analysenfehler zu erwartenden Minima und Maxima eingegeben (z.B. pH-Schwankung ± 0.1) und die Effekte auf Speziesverteilung und Sättigungsindex modelliert werden. Diese Art der Fehlerfortpflanzung demonstriert den Einfluss von Analysenfehlern auf geochemische Berechnungen. Der Programmcode LJUNGSKILE bietet die Möglichkeit, Analysen-Unsicherheiten in PHREEQC direkt einzubeziehen (Beispiel siehe Kap. 2.2.2.1.4).

2.2 Anwendung von PHREEQC

2.2.1 Struktur von PHREEQC mit graphischer Benutzeroberfläche

Ein geochemisches Modell besteht aus mehreren Komponenten:
* dem Input-File, welches das zu lösende Problem beschreibt
* dem geochemischen Datensatz
* dem Parser (syntaktische Analyse), der das Input-File liest und eine Reihe von Gleichungen daraus ableitet
* dem Solver (Gleichungslöser), der eine Reihe nichtlinearer Gleichungssysteme löst (Newton Raphson)
* dem Output-File, das die Ergebnisse enthält
* und optional der graphischen oder tabellarischen Ausgabe der Ergebnisse

PHREEQC ist das Herzstück des geochemischen Modells und beinhaltet den Parser und den Solver. Der Parser extrahiert Speziesinformationen aus dem Input-File und verknüpft diese, basierend auf den in der Datenbank enthaltenen Reaktionsgleichungen, in nichtlinearen Gleichungssystemen. Diese Speziesgleichungen werden anschließend durch Mol- und Ladungsbilanz-Gleichungen ersetzt. Ziel ist es, ein Gleichgewicht zu erhalten, bei dem alle Funktionen, die für eine spezifische Gleichgewichtskalkulation relevant sind, gleich null sind. Mit Hilfe des Newton-Raphson Algorithmus werden die Nullstellen im Gleichungssystem gesucht, indem jede Funktion in Bezug auf die unbekannte Master-Spezies differenziert wird. Daraus wird eine Jacobi Matrix aufgebaut. Aus der Jacobi Matrix wird ein Satz von linearen Gleichungen abgeleitet. Dieses lineare Gleichungssystem wird gelöst, um iterativ das nichtlinearen Gleichungssystem zu approximieren.

Die Input-Files müssen in einer bestimmten Syntax definiert sein. Die Erstellung des Input-Files wird durch zwei graphische Benutzeroberflächen (GUI = graphical user interface) unterstützt:

- PHREEQC für Windows
- PHREEQCI

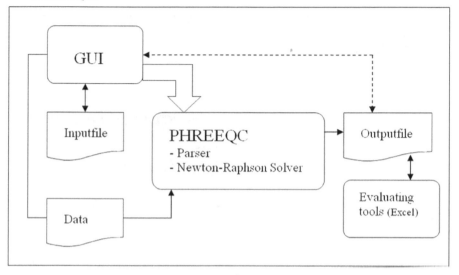

Abb. 37 Schema einer geochemischen Modellierung in PHREEQC. Als GUI dient entweder PHREEQC für Windows oder PHREEQCI; mit der Installation eines GUIs werden automatisch PHREEQC und verschiedene Datensätze installiert.

Beide GUI's sind frei zugänglich unter http://wwwbrr.cr.usgs.gov/projects/ GWC_coupled/phreeqc/. Es wird zudem empfohlen, das Manual zu PHREEQC herunterzuladen (ftp://brrcrftp.cr.usgs.gov/geochem/unix/phreeqc/manual.pdf; 2.2 MB). PHREEQC kann mit beiden GUI's gestartet werden.

PHREEQCI (Abb. 38) besitzt den Vorteil für Programm-Neulinge, dass es Symbole für bestimmte Keywords anbietet (z.B. 🗐 zur Definition einer chemischen Analyse) und den Nutzer dabei unterstützt, aus Arbeitsblättern direkt die gewünschten Input-Files zu erstellen. Im Gegensatz dazu können in PHREEQC für Windows Ergebnisse direkt geplottet werden, ohne sie dafür in andere Programme (Exel, Origin, usw.) exportieren zu müssen. Daher mag PHREEQCI besser für Anfänger geeignet sein, während PHREEQC für Windows die Anforderungen auf mittlerem und fortgeschrittenem Niveau besser abdeckt. Nutzer können auch beide GUI's installieren und auf beiden Versionen parallel arbeiten. Obwohl PHREEQC für Windows mit der Dateierweiterung .phrq für Input Files arbeitet und PHREEQCI mit .pqi können beide Files auch im jeweils anderen Programm genutzt werden.

In diesem Buch werden hauptsächlich PHREEQC für Windows und seine grafischen Möglichkeiten genutzt. Deshalb soll zunächst kurz auf die Bedienung von

PHREEQC für Windows eingegeben werden. Nach Start des Programms mittels Klick auf PHREEQC.exe, öffnet sich ein Fenster mit vier Karteiblättern: INPUT (Kap. 2.2.1.1), DATABASE (Kap. 2.2.1.2), GRID (Kap. 2.2.1.4), und CHART (Kap. 2.2.1.5). Das Karteiblatt OUTPUT erscheint erst, nachdem die erste Analyse modelliert wurde und somit ein Ergebnis dargestellt werden kann.

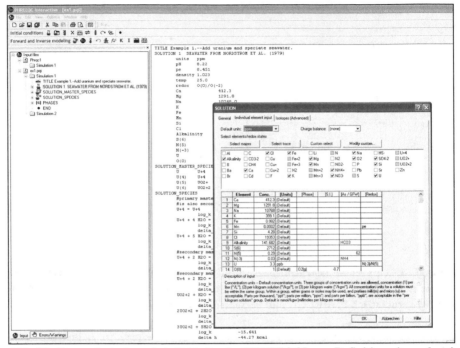

Abb. 38 Screenshot eines Arbeitsblattes in PHREEQCI zur Definition einer chemischen Analyse.

2.2.1.1 Input

Das Input-Fenster von PHREEQC for Windows besteht aus drei Fenstern (Abb. 39). Das linke, zunächst leere Fenster ist der aktive Bereich, in dem das Input File mit Hilfe eines einfachen Texteditors geschrieben wird. Hier werden die chemische Analyse, die modelliert werden soll, zusammen mit den Befehle, die zur Ausführung der Modellierung nötig werden, eingegeben. PHREEQC Keywords und PHREEQC BASIC Befehle sind im oberen rechten Fenster aufgelistet ((De)aktivierung des Fensters im Menü View/Keywords). Ein Mausklick auf das „+"-Symbol öffnet die Liste der Keywords, d.h. der Schlüsselworte oder Befehle, die zur Ausführung der Modellierung benötigt werden. Die Verwendung der BASIC-Befehle wird in Kap. 2.2.2.3.2 erklärt. Das untere rechte Fenster, welches im Menü View/Hints (de)aktiviert werden kann, enthält Erläuterungen zu einzelnen Keywords aus der Keywordliste.

Eine einfache Eingabe enthält in der Regel die drei Keywords TITLE, SOLUTION und END. Minimal benötigt das Programm den Befehl SOLUTION. END muss bei einfachen Aufgabenstellungen nicht zwingend stehen, wohl aber für die Trennung mehrstufiger Reaktionen. TITLE dient ausschließlich der Dokumentation der Aufgabenbeschreibung. Man kann diese Keywords durch Doppelklick auf die entsprechenden Befehle in der Liste rechts direkt in den Eingabeteil links übernehmen. Drei verschiedene Einstellungen können für den keyword index unter Edit/Preference/Input im Hauptmenü vorgenommen werden:

- Insert code templates from keywords index, e.g. for SOLUTION
  SOLUTION 1-10
  pH 6.05
  pe 14.8
  -units mg/L
  Na 1 mmol/L
  Cl 37 charge
  C(4) 0.6 as HCO3

- Insert comments with templates (Standardeinstellung nach Neuinstallation), e.g. for SOLUTION
  SOLUTION 1-10 # a number or a range of numbers. Default: 1.
  pH 6.05 # Default: 7.
  pe 14.8 # Default: 4.
  -units mg/L # Default: mmol/kgw
  Na 1 mmol/L # Chemical symbol from the 1st column in
  SOLUTION_MASTER_SPECIES, concentration,
  concentration is adapted to charge balance
  Cl 37 charge # concentration is adapted to charge balance
  C(4) 0.6 as HCO3 # Concentration is in mg of HCO3 = 0.6/0.61 =
  0.98 mmol/L

- Insert templates as comments, e.g. for SOLUTION
  #SOLUTION

Die angeführten Beispiele und Erklärungen können Programm-Neulingen helfen, die benötigte Syntax besser zu verstehen. Fortgeschrittenen Programmnutzern mag es mühsam erscheinen, die Beispielzahlenwerte stets zu ersetzen. Zu viele Kommentare machen das Input File auch schnell unübersichtlich. Unter Edit/Preference/Input können alle drei Optionen deaktiviert werden. Bei Doppelklick auf die Keyword-Liste erhält man dann, wie in früheren Versionen von PHREEQC, nur das keyword selbst. Eine gute Alternative mag die Nutzung der Hinweise im Fenster in der rechten unteren Ecke sein (Menü View/ Hints).

Der Aufbau des Input-Files wird am Beispiel einer Meerwasseranalyse erläutert (Abb. 39). Die Reihenfolge der Angaben im Beispiel SOLUTION 1 seawater entspricht einer gewissen Logik aus didaktischen Gründen. Prinzipiell ist es PHREEQC aber völlig gleichgültig, in welcher Reihenfolge diese Angaben im Input-File stehen, sie müssen lediglich alle unter dem Keyword SOLUTION erscheinen.

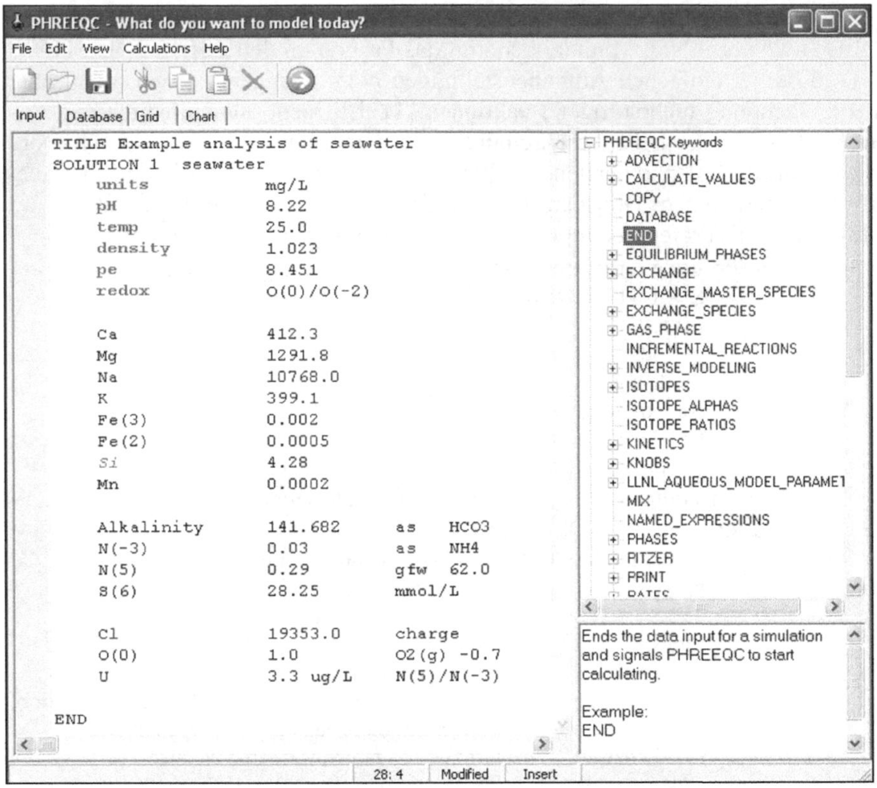

Abb. 39 Screenshot eines Arbeitsblattes in PHREEQC for Windows zur Definition einer chemischen Analyse.

Unter SOLUTION erfolgt als erstes die Eingabe der Einheiten (**units**), in der die nachfolgenden Konzentrationen angegeben werden. Mögliche Einheiten sind einerseits ppb und ppm, andererseits g, mg und ug (nicht µg!) pro Liter sowie mol, mmol und umol pro Liter oder pro kg Wasser. Die Temperatur (**temp**) wird in °C angegeben. Die Dichte (**density**) kann eingegeben werden (in g/cm^3), default (Voreinstellung) ist 0.9998. Wichtig ist die Angabe v.a. bei hochmineralisierten Wässern, wie z.B. Meerwasser. Für die Eingabe des gemessenen E_H-Wertes ist die Umrechnung auf den pE-Wert (**pe**) notwendig (siehe Kap. 1.1.5.2.2, Gl. 65). Wird kein pE-Wert angegeben, wird standardmäßig pE = 4 angenommen. Zusätzlich zum pE-Wert kann ein Redoxpaar (**redox**) definiert werden, um den Standard-pE-Wert zu berechnen, der für weitere Berechnungen, z.B. die Speziesverteilung redoxsensitiver Elemente, benutzt wird.

Darunter folgt die Liste der analysierten Elemente. Während Ionen wie Ca, Mg, usw., die nur in einer Redoxstufe auftreten, als Elemente angegeben werden, werden Ionen, deren Konzentration in verschiedenen Redoxstufen bestimmt wurde, einzeln mit der Wertigkeit in Klammern angegeben, im Beispiel Fe^{3+} und Fe^{2+}. Für Komplexe wie HCO_3^-, NO_3^-, SO_4^{2-} gibt es drei Möglichkeiten der Eingabe:

[Ion] ([Wertigkeit])   [Konzentration in mg/L] **as** [Komplex] *im Beispiel für*
HCO_3, NH_4
[Ion] ([Wertigkeit])   [Konzentration in mmol/L] **gfw**[Molmasse des Kom-
plexes]
gfw = gram formular weight, im Beispiel für NO_3^-
[Ion] ([Wertigkeit])   [Konzentration in mmol/L] **mmol/L** *im Beispiel für*
SO_4^{2-}

Im Fall von Sulfat ist die Einheit [mmol/L] abweichend von der unter „units" angegebenen Einheit [mg/L] neu definiert. Wichtig ist, dass die Bezugsgröße (im
Beispiel Liter) unter units und hinter einzelnen Elementen gleich ist, alternativ
könnte man z.B. auch unter units ppm definieren und hinter einzelnen Elementen
ppb oder mg/kgw (kg Wasser) und mol/kgw hinzufügen.

Zusätzlich kann hinter jedem Element, dem pH oder dem pE-Wert der Befehl
„charge" stehen, er darf aber nur **einmal** im gesamten Input-File erscheinen (im
Beispiel hinter Chlorid). „Charge" erzwingt einen vollständigen Ladungsausgleich
über das gewählte Element, bzw. den pH- oder pE-Wert. Dazu sollte möglichst
das Element gewählt werden, das die höchsten Konzentrationen aufweist, um mit
der willkürlichen Erhöhung oder Verringerung der Konzentration zum Ladungsausgleich den relativen Fehler möglichst klein zu halten. Das Keyword „charge"
kann nicht hinter „Alkalinity" verwendet werden.

Ein Mineral- oder Gas-Phasenname mit Sättigungsindex hinter pH, pE oder
einzelnen Elementen (im Beispiel **$O_2(g)$ -0.7** hinter O(0)) bewirkt, dass die Konzentration des betreffenden Elements verändert wird, um ein Gleichgewicht oder
ein definiertes Ungleichgewicht bezüglich der angegebenen Mineral- oder Gasphase zu erreichen. Wird kein Sättigungsindex hinter dem Phasennamen angegeben, wird default SI = 0 (Gleichgewicht) verwendet. Für Gase wird anstelle des
Sättigungsindex der Logarithmus des Partialdrucks in bar angegeben, -0.7 im Beispiel heißt also ein O_2-Partialdruck von $10^{-0.7} = 0.2$ bar oder 20 Vol%.

Ein Redoxpaar kann separat hinter einem redoxsensitiven Element definiert
werden (im Beispiel **N(5)/N(-3)** hinter U), das entweder als Gesamtkonzentration
(wie U) oder in Teilkonzentrationen der jeweiligen Spezies (wie Fe) angegeben
ist. Die Eingabe erzwingt eine Redoxgleichgewichtsberechnung des redoxsensitiven Elements aus dem angegebenen Redoxpaar, d.h. der Standard-pE-Wert, bzw.
das Standard-Redoxpaar wird für dieses Element (im Beispiel Uran) nicht zur
Berechnung der Uranspezies verwendet.

Eine Liste der möglichen Spezies, bzw. Mineral- und Gasphasen, die im Input-
File angegeben werden können, erhält man über die Tastenkombination STRG+T,
bzw. STRG+H. Über ENTER (nicht über Doppelklick!) kann man die gewünschten Spezies oder Phasen in das Input-File holen.

Alternativ zu dem Keyword SOLUTION kann SOLUTION_SPREAD im Input
File verwendet werden. Die Eingabe in SOLUTION_SPREAD ist im Vergleich
zur Eingabe in SOLUTION transponiert, d.h. die Zeilen in SOLUTION werden
zu Spalten in SOLUTION_SPREAD. Dieses durch Tabstops getrennte Format ist

besonders dann von Vorteil, wenn mehr als eine Analyse definiert werden muss. Labordaten, die in externen Arbeitsblättern gespeichert sind, können direkt in das PHREEQC Input-File kopiert werden, da SOLUTION_SPREAD mit dem Format einer Vielzahl von Spreadsheet-Programmen, wie z.B. EXCEL, kompatibel ist. Die erste Zeile (Kopfzeile) muss entweder die Namen der Elemente, deren Wertigkeit oder die Isotopennamen enthalten. Eine weitere Zeile kann zur Definition der Spezies (z.B. „as SO_4", oder „as NO_3"), der Element-spezifischen Einheiten, der Redoxpaare, der Mineralphasennamen und der Sättigungsindizes genutzt werden. Alle folgenden Zeilen beinhalten die Analysendaten, wobei jeweils eine Analyse pro Zeile definiert wird.

Die Dateierweiterung .phrq ist mit PHREEQC für Windows verknüpft. Allerdings wird diese Extension beim Abspeichern von Input Files nicht automatisch hinzugefügt, sondern muss explizit mit dem Filenamen eingetippt werden. Die Input Files sind im Prinzip einfache ASCII Files, die mit jedem Editor gelesen und bearbeitet werden können.

Um Gleichgewichtsreaktionen, Kinetik oder reaktiven Stofftransport zu modellieren, bedarf es zusätzlich zu TITLE, SOLUTION und END weiterer Keywords, deren Bedeutung im folgenden kurz erklärt wird. Die Einteilung erfolgt in Gruppen nach grundlegenden Keywords, die von Nutzern für eine Vielzahl von Anwendungen benötigt werden, Keywords zur Definition von thermodynamischen Daten und Keywords für fortgeschrittene Modellierung. Die Keywords zur Isotopenmodellierung werden als sehr spezielle Anwendung extra aufgeführt. Eine komplette Liste der Keywords mit einer detaillierten Beschreibung einzelner Eingabeparameter   und   der   Syntax,   ist   im   PHREEQC   Manual (ftp://brrcrftp.cr.usgs.gov/geochem/unix/PHREEQC/manual .pdf) abrufbar.

Grundlegende Keywords

SOLUTION	REACTION
SOLUTION_SPREAD	REACTION_TEMPERATURE
TITLE	SAVE
DATABASE	USE
END	SELECTED_OUTPUT
EQUILIBRIUM_PHASES	USER_PUNCH
MIX	PRINT
GAS_PHASE	KNOBS

Keywords zur Definition thermodynamischer Daten

PHASES	EXCHANGE_MASTER_SPECIES
PITZER	EXCHANGE_SPECIES
LLNL_AQUEOUS_MODEL_PARA	EXCHANGE
METER	SURFACE_MASTER_SPECIES
SOLID_SOLUTIONS	SURFACE_SPECIES
SOLUTION_MASTER_SPECIES	SURFACE
SOLUTION_SPECIES	

Keywords für fortgeschrittene Modellierung

INVERSE_MODELING	ADVECTION
KINETICS	TRANSPORT
INCREMENTAL_REACTIONS	USER_GRAPH
RATES	USER_PRINT
	COPY

Keywords zur Modellierung von Isotopen

ISOTOPES	NAMED_EXPRESSIONS
ISOTOPE_ALPHAS	CALCULATE_VALUES
ISOTOPE_RATIOS	

Grundlegende Keywords

SOLUTION definiert die chemische Zusammensetzung eines Wassers und ist obligatorisch für jedes PHREEQC Input-File; ohne ein Subkeyword würde es sich um destilliertes Wasser handeln.

SOLUTION_SPREAD ist ein Input Format, das alternativ zu SOLUTION verwendet werden kann und kompatibel mit den Dateninhalten anderer Spreadsheet Programme ist, wie z.B. EXCEL.

TITLE wird benutzt, um einen Kommentar am Anfang der Modellierung hinzuzufügen; zusätzlich können an jeder Stelle des Input-Files Kommentare nach einem „#"- Zeichen eingefügt werden (Ausnahme: Basic Befehle)

DATABASE kann genutzt werden, um den gewählten Standard-Datensatz für ein individuelles Input-File zu überschreiben; wenn es verwendet wird, muss es das erste Keyword im Input-File sein.

END definiert das Ende eines Input Files; END muß bei mehrstufigen Reaktionen stehen, um eine erste Modellierung abzuschließen und die modellierte Lösung in Folgereaktionen im gleichen Input File zu verwenden; es muß z.B. zwischen den keywords SAVE und USE stehen.

EQUILIBRIUM_PHASES wird benutzt, um eine Lösung entweder mit einer Festphase oder einer Gasphase (in einem offenen System) ins Gleichgewicht zu setzen.

MIX kann benutzt werden, um eine oder mehrere Lösungen in einem bestimmten Verhältnis zu mischen.

GAS_PHASE definiert ein Gleichgewicht mit einem Gas in einem geschlossenen System (im Gegensatz zu EQUILIBRIUM_PHASES für offene Systeme)

REACTION definiert irreversible Reaktionen, die entweder eine vorgegebene Menge eines Elements zu einer wässrigen Lösung hinzufügen oder aus ihr entfernen.

REACTION_TEMPERATURE wird benutzt, um verschiedene Temperaturbereiche während einer Batch-Reaktion zu simulieren; es überschreibt jede Standard-Temperatur, die in SOLUTION definiert ist und kann auch für die Stofftransportmodellierung angewendet werden.

SAVE speichert ein modelliertes Zwischenergebnis für eine spätere Verwendung innerhalb des gleichen Input Files ab; das kann z.B. die Zusammensetzung einer Lösung, einer Gasphase oder einer Oberfläche sein.

USE wird zum Abrufen bereits gespeicherter Zwischenergebnisse benutzt (siehe SAVE)

SELECTED_OUTPUT speichert Nutzer-definierte Parameter in ein File, das mit anderen Tabellenkalkulationsprogrammen kompatibel ist und darin weiterverarbeitet werden kann.

USER_PUNCH schreibt Nutzer-definierte Ergebnisse (geschrieben in einem BASIC Programm) während des Modellierungsprozesses in SELECTED_OUTPUT.

PRINT kann den Standard-Output ausblenden oder definieren, welche Parameter in das Standard-Output-File geschrieben werden sollen.

KNOBS wird benutzt, um Parameter neu zu definieren, die numerische Probleme verursachen.

Keywords zur Definition thermodynamischer Daten
PHASES kann benutzt werden, um chemische Reaktionen zwischen festen und flüssigen Phasen mit ihren thermodynamischen Konstanten im Input-File zu definieren; seine Anwendung ist optional und überschreibt Standard-Definitionen im Datensatz.

PITZER definiert (äquivalent zu PHASES für die Ionendissoziationstheorie) thermodyanmische Konstanten basierend auf der Ioneninteraktionstheorie (PITZER Parameter); es überschreibt die Definitionen im Datensatz

LLNL_AQUEOUS_MODEL_PARAMETER definiert Parameter für das LLNL Modell, das in EQ3/6 und Geochemist Workbench genutzt wird; zusammengefasst in llnl.dat

SOLID_SOLUTIONS definiert eine nicht-ideale (2 Komponenten) oder ideale (>2 Komponenten) Zusammensetzung von Mischmineralen

SOLUTION_MASTER_SPECIES definiert den Zusammenhang zwischen einem Element und seinen gelösten primären und sekundären Spezies (z.B. Element: S; primäre Spezies: SO_4^{2-}); es kann optional im Input File genutzt werden, um zusätzliche Spezies zu definieren oder existierende Spezies im Datensatz zu überschreiben.

SOLUTION_SPECIES definiert chemische Reaktionen, thermodynamische Konstanten und Aktivitätskoeffizienten für jede Spezies; es kann optional im Input File genutzt werden, um zusätzliche Spezies zu definieren oder existierende Spezies im Datensatz zu überschreiben.

EXCHANGE_MASTER_SPECIES definiert den Zusammenhang zwischen einem Austauscherplatz und der Austauscherspezies; es kann optional im Input-File genutzt werden, um zusätzliche Spezies zu definieren oder existierende Spezies im Datensatz zu überschreiben.

EXCHANGE_SPECIES wird benutzt, um eine Halbreaktion und den relativen log K für jede Spezies festzulegen

EXCHANGE definiert die Anzahl und die Zusammensetzung der Austauscher (entweder explizit durch die Zusammensetzung oder implizit über das Lösungsgleichgewicht)

SURFACE_MASTER_SPECIES definiert den Zusammenhang zwischen einem Oberflächenbindungsplatz und der Oberflächenspezies; es kann optional im Input-File genutzt werden, um zusätzliche Spezies zu definieren oder existierende Spezies im Datensatz zu überschreiben.

SURFACE_SPECIES definiert eine Reaktion und log K für jede Oberflächenspezies, eingeschlossen der Oberflächen-Masterspezies.

SURFACE definiert die Menge und Zusammensetzung einer Gruppe von Oberflächenbindungsplätzen (entweder explizit durch Definition der Menge der Oberflächen in ihrer neutralen Form oder implizit über das Lösungsgleichgewicht); eine Oberflächengruppe kann mehrere Oberflächen haben und jede Oberfläche kann mehrere Bindungsplätze haben

Keywords für fortgeschrittene Modellierung
INVERSE_MODELING simuliert die Entstehung einer definierten (finalen) Lösung aus einer oder einem Mix verschiedener Originallösung/en und schließt dabei jegliche Gleichgewichtsreaktionen mit Mineral- oder Gasphasen ein.

KINETICS definiert zeitabhängige (kinetische) Reaktionen und Reaktionsparameter für Batch-Reaktionen und Stofftransportberechnungen.

INCREMENTAL_REACTIONS wird benutzt, um CPU-Zeit während der Berechnung kinetischer Batch-Reaktionen zu sparen.

RATES erlaubt Umsatzraten kinetischer Reaktionen mathematisch mit Hilfe der integrierten Programmiersprache (BASIC) zu beschreiben

ADVECTION erlaubt die Modellierung eines 1-dimensionalen "piston-flow" mit jeder von PHREEQC bereitgestellten chemischen Reaktion; Dispersion und Diffusion bleiben unberücksichtigt.

TRANSPORT wird benutzt, um einen 1-dimensionalen Transport, einschließlich Advektion, Dispersion, Diffusion und Diffusion in angrenzende gering durchlässige Zonen zu simulieren (double-porosity-aquifers).

USER_GRAPH plottet Nutzer-definierte Ergebnisse (geschrieben in einem BASIC Programm) in den Ordner CHART während des Modellierungsprozesses.

USER_PRINT druckt Nutzer-definierte Ergebnisse (geschrieben in einem BASIC Programm) in das Standard-Output-File während des Modellierungsprozesses.

COPY kopiert am Ende einer Modellierung eine Lösung, eine Mineral- oder Gasphase, Oberfläche, usw. auf eine oder einen Bereich neuer Index Nummer(n).

Keywords zur Modellierung von Isotopen
ISOTOPES wird benutzt, um Namen, Einheiten und absolute Isotopenverhältnisse einzelner Nebenisotope zu definieren.

ISOTOPE_ALPHAS schreibt die berechneten Isotopenverhältnisse weg, die mit CALCULATE_VALUES definiert wurden.

ISOTOPE_RATIOS druckt die absoluten Isotopenverhältnisse von Neben- zu Hauptisotop für jedes Nebenisotopen und konvertiert dieses Verhältnis zu Standardmaßeinheiten.

NAMED_EXPRESSIONS definiert analytische Terme, die Funktionen der Temperatur der Isotope sind.

CALCULATE_VALUES erlaubt Nutzer-definierte BASIC Statements

2.2.1.2 Database

Die Datensätze WATEQ4F.dat, MINTEQ.dat, PHREEQC.dat und LLNL.dat werden automatisch mit dem Programm PHREEQC installiert und können über den Menüpunkt Calculations/Files unter Database File ausgewählt werden. Alternativ kann ein Datensatz für jedes Input-File mit dem Keyword DATABASE gefolgt vom Dateipfad definiert werden. Dies überschreibt jeden Datensatz, der über das Menü Calculations/File ausgewählt wurde. Wenn das Keyword DATABASE genutzt wird, muss es am Anfang des Input Files eingegeben werden.

Der Aufbau dieser thermodynamischen Datensätze wurde bereits in Kap. 2.1.4.2 am Beispiel der WATEQ4F.dat ausführlich erläutert. Zeilen, die mit "#" beginnen, sind lediglich Kommentarzeilen, die nicht vom Programm eingelesen werden, so z.B. die jeweils erste Zeile der unter SOLUTION_SPECIES definierten Spezies in Lösung (# Name - laufende Nummer).

Häufig wird man gerade bei der Modellierung von seltenen Elementen feststellen, dass nicht alle notwendigen Daten in einem bestehenden Datensatz vorhanden sind. Es besteht prinzipiell die Möglichkeit, eigene Datensätze (z.B. als Kombination aus verschiedenen Datensätzen) zu erstellen oder einen bestehenden Datensatz zu verändern. Auf die damit verbundenen Probleme hinsichtlich Datensatzpflege, Verifizierung der Konsistenz der Datensätze, bzw. der Existenz der Produkte, Differenzen in den Bedingungen, unter denen Löslichkeitskonstanten bestimmt wurden und somit auch in den absoluten Werten wurde bereits in Kap. 2.1.4.1 und Kap. 2.1.5 hingewiesen. Im Ordner DATABASE unter der Windows-Oberfläche von PHREEQC kann generell nichts im Datensatz verändert werden. Um Veränderungen vorzunehmen, muss der gewünschte Datensatz in einem Editor z.B. WORDPAD aufgerufen werden und nach der Änderung wieder als ASCII Datei abgespeichert werden.

Werden Elemente oder Löslichkeitskonstanten, die nicht in einem bestehenden Datensatz vorhanden sind oder geändert werden sollen, nur für eine einzige Aufgabe benötigt, ist es allerdings einfacher, sie direkt im Input-File zu definieren, als den Datensatz selbst zu verändern. Da eine Angabe im Input-File immer höheren Rang hat, überschreibt sie ggf. auch Informationen aus dem Datensatz. Wie in einem Datensatz muss dazu das Keyword SOLUTION_MASTER_SPECIES eingegeben und darunter folgendes definiert werden: Element (z.B. C) - ionare Form (z.B.CO3-2) - Beitrag des Elements zur Alkalinität (z.B. 2.0) – Molmasses des Elementes in g/mol (z.B. 61.0171) und Atommasse des Elements (z.B. 12.0111) (siehe auch Tab. 21). Mit der Eingabe des Keywords SOLUTION_SPECIES muss zusätzlich eine Reaktion, die zugehörige Löslichkeitskonstante log k und die Enthalpie delta h in kcal/mol oder kJ/mol bei 25°C angegeben werden (weitere Optionen siehe auch Tab. 22), z.B.

Reaktion	CO3-2 = CO3-2
Löslichkeitskonstante	log_k 0.0
Enthalpie	-gamma 5.4 0.0

2.2.1.3 Output

Die Modellierung wird über Calculations/Start bzw. das Calculate-Icon gestartet. Das sich öffnende „PHREEQC for Windows-progress" Fenster zeigt Input, Output und Datensatz File, sowie in Zeile 4 den Rechenfortschritt an. Im unteren Bereich werden Berechnungszeit und mögliche Fehler angezeigt. Ist der Rechenprozess beendet, erscheint DONE. Klickt man darauf, schließt sich das „progress"-Fenster und das Karteiblatt OUTPUT öffnet sich.

Das Output-File wird automatisch unter dem Namen des Input-Files mit der zusätzlichen Extension „.out" angelegt. Will man explizit einen anderen Namen angeben, kann man dies unter Calculations/Files Output-File tun. Das Output File ist in PHREEQC nicht editierbar. Es kann als ASCII File mit einem externen Editor bearbeitet werden, allerdings macht dies keinen Sinn.

Der Output besteht aus einer Standardausgabe plus zusätzlichen Ergebnissen je nach Eingabe. Die Standardausgabe hat folgende Struktur:

* Reading data base (Datensatz und Keywords werden eingelesen)
* Reading input data (Wiederholung der Daten und Keywords aus dem Input-File)
* Beginning of initial solution calculations (Standardberechnungen)
   solution composition (Elementkonzentrationen in mol/kg (molality) und mol/L (moles))
   description of solution (pH, pE, Aktivität, Ladungsgleichgewicht, Ionenstärke, Analysenfehler, usw.)
   distribution of species (Speziesverteilung: 1.Zeile jeweils Gesamtkonzentration eines Elements in mol/L, darunter die Spezies, die das Element bildet, mit Konzentration c in mol/L, Aktivität a in mol/L, log c, log a und log Gamma (= log Aktivitätskoeffizient = log (Aktivität/Konzentration) = log a - log c; siehe auch Kap. 1.1.2.4)
   saturation indices (Sättigungsindizes mit Mineralname, SI, log IAP, log KT (SI = log IAP - log KT; siehe auch Kap. 1.1.4.1.2) und Mineralformel; positive Werte bedeuten Übersättigung, negative Untersättigung bezüglich der betreffenden Mineralphase)

Sind redoxsensitive Elemente (z.B. NO_3^-, NH_4^+ im Beispiel der Meerwasseranalyse) im Input definiert, wird im Output zudem nach „description of solution" ein Absatz „redox couples" angegeben, der die einzelnen Redoxpaare (im Beispiel N(-3)/N(5)) mit den jeweiligen Redoxpotentialen als pE- und E_H-Wert in Volt enthält.

Erst nach diesem Standard-Output (Beginning of initial solution calculations) folgt die Ausgabe der Aufgaben-spezifischen Ergebnisse, d.h. einer veränderten Lösung. Der Keyword-Index rechts im Fenster zeigt die Struktur des Output-Files an. Per Mausdoppelklick auf die einzelnen Unterpunkte gelangt man an den Anfang des gewünschten Kapitels im Output. Vor allem bei längeren Output-Files kann die Suche per Keyword-Index hilfreich sein, um nicht die Standardausgabe (Originallösung) mit den gewünschten Ergebnissen der Lösung nach Reaktion (veränderte Lösung) zu verwechseln.

2.2.1.4 Grid

Unter GRID ist es möglich, Daten im Spreadsheet-Format darzustellen. Dazu muss allerdings im Input-File über den Befehl SELECTED_OUTPUT explizit angegeben werden, was ausgegeben werden soll, z.B. die Sättigungsindizes von Anhydrit und Gips, und in welches zusätzliche File („Beispiel.csv") diese Daten geschrieben werden sollen.

SELECTED_OUTPUT
   -file   Beispiel.csv
   -si   anhydrite gypsum

Nach der Modellierung muss die so erzeugte Datei im Ordner GRID geöffnet werden (dies geschieht nicht automatisch). Datei-Formate mit der Extension „.csv" (Microsoft Excel - Komma getrennte Dateien) können im GRID-Ordner direkt geöffnet werden. Gibt man keinen Dateinamen an, wird standardmäßig „selected.out" verwendet. Auch diese Datei lässt sich in GRID öffnen, wird allerdings nicht automatisch angezeigt (beim Öffnen der Datei Dateityp „All Files" anklicken und selected.out wählen). Für darüberhinausgehende graphische Darstellungen empfiehlt es sich, das SELECTED_OUTPUT-File in einem Spreadsheet-Programm (z.B. EXCEL) zu laden und dort weiter zu bearbeiten.

2.2.1.5 Chart

Markiert man im Ordner GRID einen entsprechenden Datenbereich, ist es per Klick auf die rechte Maustaste („Plot in chart") möglich, sich die Daten in CHART graphisch darstellen zu lassen. Dabei werden die Werte aus der ersten markierten Spalte als x-Werte, alle Werte in folgenden Spalten als y-Werte angesehen. Eine zweite Möglichkeit ist die Verwendung des Keywords USER_GRAPH. Hiermit kann direkt im Input-File festgelegt werden, was in das CHART-Diagramm geplottet werden soll (siehe Aufgabe Kap. 3.3.3).

Über die rechte Maustaste kann unter „format chart area" die Diagramm-Fläche formatiert werden (Schriftart, Hintergrund) und über „chart options" eine zweite y- Achse und Legende hinzugefügt, sowie die Beschriftung von Achsen und Titel vorgenommen werden. Auch die Achsen, die Legende und der Graph selbst können durch Markieren und Klick auf die rechte Maustaste formatiert werden.

2.2.2 Einführungsbeispiele für PHREEQC-Modellierungen

2.2.2.1 Gleichgewichtsreaktionen

Die einfachste Form der hydrogeochemischen Modellierung ist die der Gleichgewichtsreaktionen (Theorie siehe Kap. 1.1). Im Folgenden wird anhand von vier Beispielen die Umsetzung solcher Reaktionen in PHREEQC erklärt. Zur Berechnung wurde in allen Fällen der WATEQ4F.dat Datensatz verwendet.

2.2.2.1.1.   Beispiel 1a: Standard-Output - Meerwasseranalyse

Am Beispiel der schon in Kap. 2.2.1.1 besprochenen Meerwasseranalyse wird gezeigt, welche Ergebnisse aus jedem Standard-Output interpretiert werden können. Das entsprechende PHREEQC Input File ist auf der beigelegten CD (PHREEQC_files/0_Introductory-Examples/1a_Seawater-analysis.phrq) zu finden.

Aus den Unterkapiteln „**solution composition**" und „**description of solution**" können erste allgemeine Informationen über die Probe gewonnen werden. Aus den Molaritäten der Lösungszusammensetzung („solution composition") geht klar hervor, dass es sich bei der Probe um Wasser vom Na-Cl-Typ (Cl 0.55 mol/L, Na 0.47 mol/L; Meerwasser) handelt.

Die Ionenstärke von 0.6594 mol/L in „description of solution" zeigt die hohe Gesamtmineralisation des Meerwassers an. Zur Überprüfung der Analysengenauigkeit werden Ladungsgleichgewicht und Analysenfehler betrachtet (Electrical balance (eq) = 7.370e-04; Percent error, 100·(Cat-|An|)/(Cat+|An|) = 0.06). Hinweis: In Deutschland wird häufig die Formel 100·(Cat-|An|)/[0.5·(Cat+|An|)] verwendet (Hölting 1996, DVWK 1990), danach wäre der Fehler 0.12 %. Damit ist die Analysengenauigkeit sehr gut, die Analyse kann für weitere Modellierungen benutzt werden. Setzt man, wie im Beispiel in Kap. 2.2.1.1 aufgeführt, den Befehl „charge" hinter Chlorid wird ein vollständiger Ladungsausgleich erzwungen [Ladungsgleichgewicht (1.615e-16) und Analysenfehler (0.00)]. Unter „**redox couples**" ist das Redoxpotential für jedes einzelne Redoxpaar als pE und E_H-Wert aufgelistet.

Aus „**distribution of species**" kann man neben den Gesamtkonzentrationen für jedes Element vor allem deren Speziesverteilung sehen, d.h. den Anteil freier Ionen, negativ geladener, positiv geladener und nullwertiger Komplexe und daraus Schlüsse auf oxidative/reduktive Verhältnisse, Mobilität, Löslichkeit oder auch Toxizität von Elementen ziehen. Die Kationen Na, K, Ca und Mg liegen zum weit überwiegenden Teil (87-99 %) in Form ihrer jeweiligen freien Ionen vor, 1-13 % machen Kation-Sulfat-Komplexe aus. Chlorid liegt zu nahezu 100 % als freies Ion vor, es reagiert kaum mit anderen Bindungspartnern. C(4) liegt prädominant als HCO_3^--Ion vor (70 %), reagiert aber auch zu einem geringeren Anteil mit Mg und Na unter Bildung von HCO_3^--und CO_3^{2-}-Komplexen. Ähnlich wie C(4) verhält sich S(6). N(5) und N(-3) liegen prädominant in Form von NO_3^-, bzw. NH_4^+ vor. Die einfachste Form, solche Speziesverteilungen darzustellen sind sog. Tortendiagramme z.B. aus EXCEL. Abb. 40 zeigt explemarisch die Speziesverteilung für S(6) und C(4).

Das Verhältnis N(5)/N(-3) beträgt etwa 3:1. Das Fe(3) : Fe(2) Verhältnis beträgt 4:1, wichtig ist dabei zu sehen, dass Fe(2) in Form des freien Kations Fe^{2+}, bzw. des positiv geladenen Komplexes $FeCl^+$ vorliegt und damit dem Kationenaustausch unterliegt, während Fe(3) vorwiegend in Form des nullwertigen Komplexes $Fe(OH)_3^0$ diesem nicht unterworfen ist. Bei den Uran-Spezies dominiert die höchste Oxidationsstufe U(6) klar gegenüber U(5) und U(4). U(6) ist im Gegensatz zu U(4) sehr gut löslich und damit mobiler.

Allerdings sind die prädominanten U(6)-Spezies negativ geladene Komplexe $(UO_2(CO_3)_3^{4-}, UO_2(CO_3)_2^{2-})$, die Wechselwirkungen mit z.B. Eisenhydroxiden unterliegen und deren Mobilität dadurch begrenzt sein kann. Der unterschiedliche Anteil der reduzierten Form an der Gesamtkonzentration bei N, Fe und U entspricht der theoretischen Oxidations/Reduktionsabfolge (siehe auch Abb. 21). Die Oxidation von Fe(2) zu Fe(3) setzt bereits bei pE-Werten von 0 ein, die Oxidation von N(-3) zu N(5) erst bei pE = 6, während die Uran-Oxidation bei dem in der Meerwasseranalyse vorliegenden pE-Wert von 8.451 bereits abgeschlossen ist.

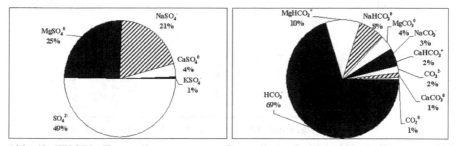

Abb. 40 EXCEL Tortendiagramme zur Darstellung der Speziesverteilung von S(6) und C(4)

Im letzten Unterkapitel der initial solution calculations „saturation indices" findet man schließlich Hinweise auf Über- oder Untersättigung von Mineralen. Die Darstellung von Sättigungsverhältnissen geschieht meist in Form von Säulendiagrammen, wobei SI = 0 den Schnittpunkt der x-Achse mit der y-Achse markiert, übersättigte Phasen als Säulen nach oben zeigen, untersättigte nach unten (Beispiel Fe-haltige Mineralphasen Abb. 41).

Zu beachten ist, dass nicht alle Mineralphasen, die einen SI > 0 aufweisen, zwingend ausfallen müssen, da geringe Reaktionsgeschwindigkeiten dazu führen können, dass Ungleichgewichte über lange Zeiträume erhalten bleiben. So wird z.B. Dolomit trotz eines deutlich positiven SI von 2.37 (bzw. 1.82 für dolomite(d); d = dispers verteilt) aufgrund seiner Reaktionsträgheit nicht ausfallen, während für Calcit mit einem SI von 0.74 eine rasche Ausfällung zu erwarten ist. Auf das in Abb. 41 dargestellte Eisen bezogen ist mit einer schnellen Ausfällungsreaktion bei amorphem Eisenhydroxid zu rechnen, dort liegt aber nur eine geringe Übersättigung vor (SI = +0.18). Starke Übersättigung zeigt Pyrit, der zeitlich nach amorphem Eisenhydroxid in Form feinverteilter Kristalle ausfällt. Hämatit, Magnetit und Goethit bilden sich allgemein eher durch Umwandlungsreaktionen aus $Fe(OH)_3(a)$ und werden nicht direkt ausfallen. Insgesamt ist aber zu beachten, dass die Eisengesamtkonzentration mit Fe = 0.0025 mg/L sehr gering ist und somit sicher nicht alle Ausfällungsreaktion mit Eisen vollständig ablaufen werden.

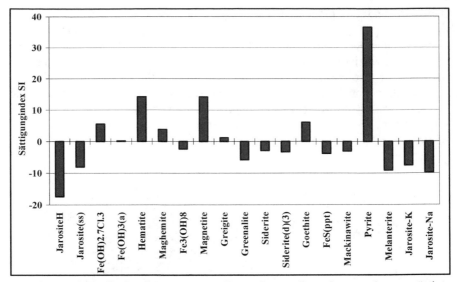

Abb. 41 EXCEL Säulendiagramm zur Darstellung aller über- und untersättigten Eisen-haltigen Mineralphasen

2.2.2.1.2. Beispiel 1b: Gleichgewichtsreaktion - Gipslösung

Die Frage „Wieviel Gips kann in destilliertem Wasser gelöst werden?" soll berechnet und dann im Vergleich dazu mit PHREEQC modelliert werden [pK Gips = 4.602 (bei T = 20°C)].

Berechnung
Die Reaktionsgleichung für Gipslösung lautet:

$$CaSO_4 \leftrightarrow Ca^{2+} + SO_4^{2-}$$

$$K_{gypsum} = \frac{\{Ca^{2+}\} \cdot \{SO_4^{2-}\}}{\{CaSO_4\}}$$

$K = [Ca^{2+}] \cdot [SO_4^{2-}] = 10^{-4.602}$ (da $[CaSO_4] = 1$)
da $[Ca^{2+}] = [SO_4^{2-}]$ $K = [SO_4^{2-}]^2$ $[SO_4^{2-}] = \mathbf{0.005\ mol/L = 5\ mmol/L}$

Beim Ergebnis handelt es sich allerdings nicht um eine Konzentrationsangabe, sondern eine Aktivität, da das Massenwirkungsgesetz Aktivitäten liefert (Kap. 1.1.2). Die Umrechnung Aktivität in Konzentration erfolgt über den Aktivitätskoeffizient (Gl. 10), zu dessen Berechnung die Ionenstärke benötigt wird. Diese berechnet sich nach Gl. 12 aus:

$$I = 0.5 \cdot \sum m_i \cdot z_i^2$$

wobei m die Konzentration in mol/L und z die Wertigkeit der Spezies i ist. Da die Konzentration aber unbekannt ist, muss eine iterative Berechnung erfolgen und für eine erste Näherung wird die Aktivität von 5 mmol/L anstelle der Konzentration eingesetzt, daraus ergibt sich für Ca^{2+} und SO_4^{2-}:

$$I = 0.5 \cdot \sum 5 \cdot 2^2 + 5 \cdot 2^2 = 20 \, \text{mmol/L}$$

Aus dem graphischen Zusammenhang zwischen Ionenstärke und Aktivitätskoeffizient (Abb. 2) ergibt sich damit ein Aktivitätskoeffizient f_1 von ca. 0.55, bzw. eine Konzentration c_1 von $a_i/f_i = 0.005/0.55 = 0.009$ mol/L = 9 mmol/L. Setzt man diese erste Näherung für die Konzentration wieder in die Formel für die Ionenstärke ein, ergibt sich $I_2 = 36$ mmol/L, $f_2 = 0.5$, $c_2 = 0.010$ mol/L = 10 mmol/L; $I_3 = 40$ mmol/L, $f_3 = 0.48$, $c_3 = 0.0104$ mol/L = 10.4 mmol/L, usw. Für diese erste Näherung genügt die Konzentration von ca. **10 mmol/L Gips, die sich nach dieser Berechnung lösen können**.

Modellierung
Im Vergleich zur Berechnung soll nun die Gipslösung in destilliertem Wasser modelliert werden. Die Eingabe ist sehr einfach. Da es sich um destilliertes Wasser handelt, wird unter SOLUTION lediglich pH = 7 und Temperatur = 20°C eingegeben. Um ein Gleichgewicht zu erzwingen, verwendet man das Keyword EQUILIBRIUM_PHASES und für Gips den Sättigungsindex 0, da gefragt ist, wieviel Gips sich gerade lösen kann (keine Unter- oder Übersättigung).
Das Input-File sieht damit folgendermaßen aus (1b_Solution-of-gypsum.phrq):

```
TITLE Beispiel 2 Gipslösung
SOLUTION 1
    temp              20
    pH                7.0
EQUILIBRIUM_PHASES
gypsum   0
END
```

Im Output-File findet man unter „beginning of batch-reaction calculations" neben den bereits beschriebenen Unterpunkten solution composition, description of solution, distribution of species, saturation indices auch den Unterpunkt „phase assemblage". Darunter wird angegeben: Mineralphase - SI - log IAP - log KT - initial (anfängliche Menge an Gips, standardmäßig auf 10 mol/kg eingestellt) - final (Menge an Gips, die nach Lösungsprozess noch ungelöst vorliegt) - delta (Menge an gelöstem Gips = final - initial; negativer Wert = Lösung, positiver Wert = Fällung).

Da vor dem Lösungsprozess destilliertes Wasser („ohne Inhaltsstoffe") vorlag, ist die Menge an gelöstem Gips (phase assemblage delta) gleich der Menge an in Lösung vorliegendem Ca^{2+} und SO_4^{2-} (solution composition molality, bzw. unter distribution of species Gesamtmenge Ca und S(6)).

Das Ergebnis der modellierten Gipslösung ist $-1.532 \cdot 10^{-2} = 15.32$ mmol/L, im Vergleich zu ca. 10 mmol/L nach der obigen Berechnung. Betrachtet man die Speziesverteilung, so sieht man, dass neben den freien Ionen Ca^{2+} und SO_4^{2-} auch folgende Komplexe gebildet werden: $CaSO_4^0$, $CaOH^+$, HSO_4^- und $CaHSO_4^+$. Durch die Bildung des $CaSO_4^0$-Komplexe (4.949 mmol/L) wird die Gipslösung deutlich erhöht (siehe auch Kap. 1.1.4.1.1), ein Prozess, der bei der obigen simplen Berechnung gar nicht berücksichtigt wurde. Somit erklärt sich auch die Differenz Gipslösung$_{modelliert}$ - Gipslösung$_{berechnet}$ = 5 mmol/L.

Schon aus diesen ersten einfachen Beispielen ist ersichtlich, wie komplex die hydrogeochemische Beschreibung aquatischer Systeme allein im Gleichgewicht ist und wie limitiert Aussagen ohne Computer-gestützte Modellierung sind.

2.2.2.1.3.   Beispiel 1c: Gleichgewichtsreaktion – Calcitlösung mit CO_2

Neben der Modellierung einer einfachen Gleichgewichtsreaktion wie im vorherigen Beispiel, kann mit dem Keyword EQUILIBRIUM_PHASES auch ein beliebiges Ungleichgewicht in Bezug auf Minerale oder Gase simuliert werden. Hierfür muss jedoch die Syntax im Input File näher betrachtet werden. Nach dem Keyword EQUILIBRIUM_PHASES folgt die Syntax in der Reihenfolge *name*, *SI, moles, option*. Wie bereits erwähnt, beschreibt *name* den Name des Minerals oder Gases (wie im gewählten Datensatz definiert) und *SI* den Sättigunsindex der Minerale. Wenn mit Gasen gearbeitet wird, beschreibt dieser Wert den Logarithmus des gewünschten Partialdrucks in bar (0.01 bar → -2). *Moles* ist die Anzahl der Mol, die gelöst werden kann (Standardeinstellung 10 mol); wenn *moles* auf 0.0 gesetzt wird, findet ausschließlich Mineralfällung statt. Mit der Anweisung *diss* als *option* am Ende der Zeile wird nur die Lösung des Minerals betrachtet.

Diese Optionen sollen im folgenden Beispiel gezeigt werden (1c_Solution-of-calcite-CO2.phrq). Der erste Teil des Input-Files im Beispiel 2b modelliert dabei den Kontakt von Regenwasser mit Calcit unter einem bestimmten Partialdruck. Der zweite Teil des Files (nach erstem END) beschreibt den anschließenden Kontakt des Wassers mit Dolomit. Wenn Calcite 0.2 0 gesetzt wird, arbeitet PHREQC mit einem Sättigungsindex von 0.2 (leicht übersättigt); die 0 zeigt an, dass kein Calcit gelöst wird. Die inkongruente Lösung eines Minerals kann somit sehr einfach in PHREEQC modelliert werden. Der letzte und dritte Teil des Input-Files (nach zweitem END) beschreibt die Lösung von Gips, was ebenfalls zur sekundären Bildung von Calcit führt. Auch hier wird Calcit wieder 0.2 0 gesetzt (keine Calcitlösung).

```
Title Beispiel 2b Lösung Calcit & Dolomit
Solution 1                          # destilliertes Wasser ~ Regenwasser
temp 20
pH   6.4
EQUILIBRIUM_PHASES
Calcite 0                           # Kontakt mit Calcit
```

```
CO2(g) -2                    # CO₂ Partialdruck von 1 % = 0.01 bar
O2(g) -0.68                  # dient Equilibrierung mit Luftsauerstoff
SAVE SOLUTION 1
END                          # Ende erster Job
USE SOLUTION 1
EQUILIBRIUM_PHASES           # Kontakt mit Dolomit
Dolomite 0  10  diss         # SI=0, 10 Mol verfügbar, nur Lösung!
CO2(g) -2
O2(g) .00001
Calcite 0.2  0               # SI=0.2, 0 mol → keine Lösung
SAVE SOLUTION 2
END                          # Ende zweiter Job
USE SOLUTION 2
EQUILIBRIUM_PHASES           # Kontakt mit Gips
Gypsum  0
Calcite 0.2  0
END                          # Ende dritter Job
```

Abb. 42 zeigt die Konzentrationsveränderungen von Calcium, Magnesium, Sulfat und gesamtem anorganischem Kohlenstoff (TIC) nach Kontakt mit den drei Mineralen Calcit, Dolomit und Gips.

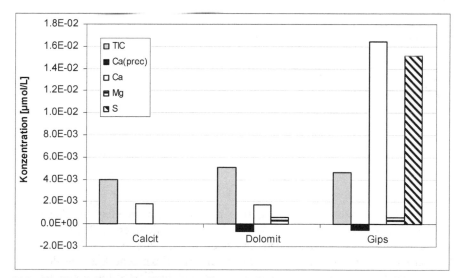

Abb. 42 Entwicklung der Wasserqualität von Regenwasser nach Kontakt mit Calcit, Dolomit und Gips unter Annahme eines Partialdrucks von 1 % CO₂. Negative Werte für Calcit zeigen Fällungsreaktionen aufgrund der inkongruenten Lösung von Dolomit und Gips an.

2.2.2.1.4. Beispiel 1d: Unsicherheiten in der Modellierung – LJUNGSKILE

Wie bereits in Kap. 2.1.5 erwähnt, hängen die Ergebnisse der thermodynamischen oder kinetischen Modellierung stark davon ab, mit welchen Unsicherheiten thermodynamische Stabilitätskonstanten oder Reaktionsraten bestimmt wurden. In PHREEQC gibt es aber keine Möglichkeit, diesen Aspekt zu berücksichtigen, außer Parameter manuell im Bereich des Minimal- und Maximalwertes zu ändern. Wenn mehr als ein Parameter geändert werden muß, wächst die Anzahl der notwendigen Permutationen rapide. Der wahrscheinlichkeitstheoretische Speziierungscode LJUNGSKILE (Odegard-Jensen et al 2004) koppelt PHREEQC entweder mit einem Monte Carlo oder einem Latin Hypercube Sampling (LHS) Ansatz, um die Kalkulation von Speziesdiagrammen mit Unsicherheiten zu ermöglichen. Speziesdiagramme können geplottet werden, indem man entweder über LDP20.exe eine Diagrammvorlage (chart template) nutzt oder die Daten in eine beliebige Software zur Erstellung von Diagrammen exportiert. LJUNGSKILE und das Tool zur grafischen Darstellung LDP20 können unter http://www.geo.tu-freiberg.de/software/Ljungskile/index.htm heruntergeladen werden. Beide Programme installieren sich automatisch. Nach dem Start sieht man folgendes Bild:

Ein neues Projekt wird in LJUNGSKILE unter **File/new** angelegt. Im Anschluss muss ein Datensatz gewählt werden. Dies kann ein beliebiger PHREEQC Datensatz sein. Allerdings müssen mindestens zwei theoretische Spezies definiert sein, die von LJUNGSKILE verwendet werden, um das elektrische Ladungsgleichgewicht beizubehalten. Änderungen können in einem Texteditor vorgenommen werden.

```
SOLUTION_MASTER_SPECIES
Im      Im      0.000000      Im      40.000000
Ip      Ip      0.000000      Ip      40.000000
```

SOLUTION_SPECIES
Im = Im
        log_k   0.000000
        delta_h 0.000000   kcal
Ip = Ip
        log_k   0.000000
        delta_h 0.000000   kcal
Im + e- = Im-
        log_k   30.000000
        delta_h 0.000000   kcal
Ip = Ip+ +e-
        log_k   30.000000
        delta_h 0.000000   kcal
Ip+ + H2O = IpOH + H+
        log_k -20.00
        delta_h 0.000000 kcal
Im- + H2O = ImH + OH-
        log_k -20.00
        delta_h 0.000000 kcal

Alternativ kann der Datensatz example.dat verwendet werden, der ein abgeänder-
tes PHREEQC.dat File darstellt und während des Installationsprozesses erstellt
wurde. Anschließend können die gewünschten Spezies unter **Edit project parameters** bearbeitet werden.

Name	Mean value	SD or max value	Distribution
UO2(SO4)2-2	4.14	0.2	Normal
UO2+2	9.04	0.2	Normal
UO2SO4	3.15	0.2	Normal
UO2CO3	9.63	0.2	Normal
UO2(CO3)2-2	17	0.2	Normal
UO2(CO3)3-4	21.63	0.2	Normal
UO2(OH)3-	-19.2	0.2	Normal

In der Spalte "mean value" müssen die log_k Werte der gewünschten Spezies aus
dem verwendeten Datensatz eingegeben werden. Die Verteilung für die LHS oder
Monte Carlo Simulierung kann als „normal" verteilt definiert werden. Danach
wird die angenommene Standardabweichung des log_k in der Spalte „SD or max
value" eingegeben. Alternativ kann „uniform" in „distribution" und ein Maxi-

malwert des log_k in der Spalte „SD or max value" eingegeben werden. LJUNGSKILE erhält dann das Gleichgewicht mit dem eingegebenen Mineral und dem Kohlendioxid-Partialdruck unter Verwendung des Keywords EQUILIBRIUM_PHASES aufrecht. Zusätzlich muss die Masterspezies der Lösung unter **edit water** eingegeben werden. Die gleiche Vorlage wird auch genutzt, um pH, pE und Temperatur zu definieren.

„Edit sampling method" wird genutzt, um zwischen LHS und Monte Carlo Sampling zu wählen. Schließlich bietet LJUNGSKILE die Möglichkeit, die Konzentrationen der Spezies für einen gegebenen pH oder einen sich ändernden Parameter (z.B. pH oder pE) in einem bestimmten Intervall zu berechnen. Die dafür notwendigen Einstellungen erfolgen im Fenster „Multiple runs", wo das Intervall des Parameters (z.B. 4 bis 10) und die Schrittweite („interval length", z.B. 0.2) bearbeitet werden können.

LJUNGSKILE kann über die Benutzeroberfläche mit dem keyword Simulation aus dem Hauptmenu gestartet warden. Die Ausgabe wird in Files mit dem Namen species.out bzw. PHROUT.Nummer (Nummer von 1 bis n, mit n = Gesamtanzahl z.B. der pH-Schritte). Zur graphischen Darstellung kann das Visualisierungstool LDP20.exe verwendet werden. Dieses kann entweder unter Display im Hauptmenü von LJUNGSKILE abgerufen werden oder ist direkt im Ordner, wo LDP20.exe installiert wurde, zu finden. Für die Erstellung qualitativ hochwertiger und benutzerdefinierter Plots können die Daten in beliebiebige Tabellenkalkulationsprogramme zur weiteren Bearbeitung importiert werden.

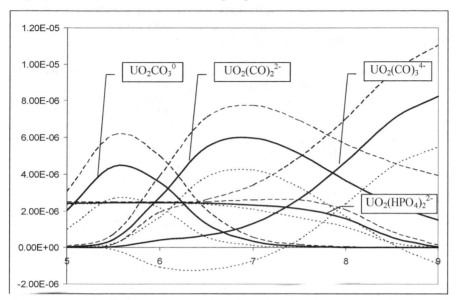

Abb. 43 Konzentrationen der vier häufigsten Uran-Spezies als Funktion des pH-Wertes (geschlossene Linie = Mittelwerte, gestrichelte Linie = Standardabweichung)

Abb. 43 zeigt berechnete Mittelwerte und Standardabweichungen für die vier häufigsten Uranspezies in Lösung in Abhängigkeit der pH Permutationen. Im Plot dargestellt sind also je drei Kurven: Mittelwert, Mittelwert plus Standardabweichung und Mittelwert minus Standardabweichung. Das File UO2.prj, mit dem die Daten generiert wurden, ist auf der Begleit-CD zu diesem Buch enthalten. Das File läuft jedoch nur mit dem Datensatz example.dat von der CD, da es sich um ein umbenanntes WATEQ4f.dat File handelt, das sowohl die notwendigen Uran-Daten als auch die oben angesprochenen Änderungen zur Bewahrung des elektrischen Ladungsgleichgewichtes in LJUNGSKILE enthält.

2.2.2.2 Einführungsbeispiele zur Sorption

Die Möglichkeit, mit PHREEQC Sorptionsprozesse zu modellieren, soll an drei Beispielen veranschaulicht werden. Das erste nutzt das Kationenaustausch-Modell, das zweite DDLM (**d**iffuse **d**ouble **l**ayer **m**odel) und das dritte CD-MUSIC (**c**harge **d**istribution **mu**ltisite **c**omplexation). DDLM und CD-MUSIC sind Oberflächenkomplexierungsmodelle.

Für die Modellierung des Austausches werden drei Keywords benötigt: EXCHANGE_MASTER_SPECIES, EXCHANGE_SPECIES und EXCHANGE. Einige Datensätze, die gemeinsam mit dem PHREEQC Paket installiert werden, enthalten sogenannte „exchange" Daten (Tab. 24). Diese Daten sind allerdings nur Beispiele und müssen durch standortspezifische Daten ersetzt werden. Hierfür können die existierenden Informationen in dem *name*.dat-File mit Hilfe eines Texteditors oder im Input-File überschrieben werden.

Tab. 24   Vorhandene Beispieldaten für Kationenaustausch und Oberflächenkomplexierung in den mit PHREEQC installierten Datensätzen

	Kationenaustausch	Oberflächenkomplexierung (diffuse double layer model)
PHREEQC.dat	Na^+, K^+, Li^+, NH_4^+, Ca^{2+}, Mg^{2+}, Sr^{2+}, Ba^{2+}, Mn^{2+}, Fe^{2+}, Cu^{2+}, Zn^{2+}, Cd^{2+}, Pb^{2+}, Al^{3+}	H_3BO_3, Ba^{2+}, CO_3^{2-}, Ca^{2+}, Cd^{2+}, Cu^{2+}, F^-, Fe^{2+}, Mg^{2+}, Mn^{2+}, PO_4^{3-}, Pb^{2+}, SO_4^{2-}, Sr^{2+}, Zn^{2+}
WATEQ4F.dat	Na^+, K^+, Li^+, NH_4^+, Ca^{2+}, Mg^{2+}, Sr^{2+}, Ba^{2+}, Mn^{2+}, Fe^{2+}, Cu^{2+}, Zn^{2+}, Cd^{2+}, Pb^{2+}, Al^{3+}	Ag^+, H_3AsO_3, H_3AsO_4, H_3BO_3, Ba^{2+}, Ca^{2+}, Cd^{2+}, Cu^{2+}, F^-, Fe^{2+}, Mg^{2+}, Mn^{2+}, Ni^{2+}, PO_4^{3-}, Pb^{2+}, SO_4^{2-}, SeO_3^{2-}, SeO_4^{2-}, Sr^{2+}, UO_2^{2+}, Zn^{2+}
MINTEQ.dat	-	H_3AsO_3, H_3AsO_4, H_3BO_3, Ba^{2+}, Be^{2+}, Ca^{2+}, Cd^{2+}, Cu^{2+}, Ni^{2+}, PO_4^{3-}, Pb^{2+}, SO_4^{2-}, Zn^{2+}
MINTEQ.V4.dat	-	Ag^+, H_3AsO_3, H_3AsO_4, H_3BO_3, Ba^{2+}, Be^{2+}, Ca^{2+}, Cd^{2+}, CN^-, Co^{2+}, $Cr(OH)_2^+$, CrO_4^{2-}, Cu^{2+}, $Hg(OH)_2$, Mg^{2+}, MoO_4^{2-}, Ni^{2+}, PO_4^{3-}, Pb^{2+}, SO_4^{2-}, $Sb(OH)_6^-$, SeO_4^{2-}, SeO_3^{2-}, $Sn(OH)_2$, VO_2^+, Zn^{2+}
LLNL	Na^+, K^+, Li^+, NH_4^+, Ca^{2+}, Mg^{2+}, Sr^{2+}, Ba^{2+}, Mn^{2+}, Fe^{2+}, Cu^{2+}, Zn^{2+}, Cd^{2+}, Pb^{2+}, Al^{3+}	Ba^{2+}, H_3BO_3, Ca^{2+}, Cd^{2+}, Cu^{2+}, F^-, Fe^{2+}, Mg^{2+}, Mn^{2+}, PO_4^{3-}, Pb^{2+}, SO_4^{2-}, Sr^{2+}, Zn^{2+}

Mindestens eine Austauscher-Masterspezies muss nach dem folgendem Muster definiert werden:

```
EXCHANGE_MASTER_SPECIES
X    X-                    # X hat eine negative Ladung
Y    Y-2                   # Y hat zwei negative Ladungen
```

X und Y sind beliebige Namen: X (ohne Ladung), X- (mit Ladung). Weiterhin müssen die Austauscherspezies unter dem Keyword EXCHANGE_SPECIES definiert werden:

```
EXCHANGE_SPECIES
    X- = X-
    log_k    0             # dummy log_k
    Na+ + X- = NaX         # definiert neue Austauscherspezies
```

```
     log_k 0.0              # per Definition 0.0 für das erste Kation
     -gamma 4.0     0.075   # definiert Aktivitätskoeffizienten
     Ca+2 + 2X- = CaX2
     log_k 0.5              # log_k relativ zu NaX
     -gamma 5.0     0.165   # definiert Aktivitätskoeffizienten
     ......
```

Es gibt mehrere Optionen, um die Modellierung unter dem Keyword EXCHANGE zu definieren:

```
EXCHANGE 1-10         # berechnet den Austausch für die Zellen 1 bis 10
     X      1.5       # Mols am Austauscher
     Y      0.2
     -equilibrate 5   # kalkuliert Anfangsgleichgewicht mit solution 5
or
EXCHANGE 11           # gemessene Austauscherzusammensetzung in Zelle 11
     CaX2   0.3       # 0.3 Mols Ca
     NaX    0.5       # 0.5 Mols Na → 2 · 0.3 + 0.5 = 1.1 Mols X
```

Komplexere Optionen für die Definition der initialen Austauscherzusammensetzung können im PHREEQC Manual nachgelesen werden. Ein sehr einfaches Beispiel für die Berechnung eines Ionenaustausches ist im folgenden PHREEQC Input-File gegeben (2a_Sorption_exchange.phrq):

```
DATABASE WATEQ4F.dat          # WATEQ4F.dat ist erforderlich !
TITLE Exchange example
SOLUTION 1
units       umol/kgw
pH        6
Cd        1
Pb        10
Zn        10
Cl        40
EXCHANGE 1                    # berechnet Ionenaustausch für Lösung 1
CaX2      0.3                 # 0.3 Mol Ca
NaX       0.5                 # 0.5 Mol Na, Sum= 2·0.3 + 0.5 = 1.1 Mol X
END
```

In diesem Fall wird nur das Keyword EXCHANGE benutzt, da wie bereits erwähnt, die Definitionen von EXCHANGE_MASTER_SPECIES und EXCHANGE SPECIES in der WATEQ4F.dat enthalten sind. Die Aufgabe dieser Eingabe ist es, die Austauschreaktion einer gegebenen Lösung 1 (1 Liter) mit einer bestimmten Menge eines Tonminerals (Volumen definiert mit 1.1 Mol gesamter Austauschkapazität) zu berechnen. Man muss sich bewusst sein, dass die Selektivitätskoeffizienten (log_k für Austauscherspezies) in der WATEQ4F.dat nur Platzhalter darstellen und nicht auf natürlich vorkommendes Aquifermaterial übertragen werden können. Des Ergebnis der Modellierung, zeigt einen pH von 9.4 und eine komplett veränderte Zusammensetzung von Lösung 1:

Na	69.39	μmol/L	Cd	$8.396 \cdot 10^{-9}$	μmol/L
Cl	40.0	μmol/L	Pb	$3.887 \cdot 10^{-6}$	μmol/L
Ca	$2.016 \cdot 10^{-03}$	μmol/L	Zn	$5.935 \cdot 10^{-6}$	μmol/L

Für die Modellierung der **Oberflächenkomplexierung** bietet PHREEQC vier Modelle an:

- ein verallgemeinertes zwei-Schicht-Modell ohne explizite Berechnung der Zusammensetzung der diffusen Schicht
- ein elekrtostatisches zwei-Schicht-Modell mit expliziter Berechnung der Zusammensetzung der diffusen Schicht
- ein nicht-elektrostatisches Modell
- CD-MUSIC

Um Oberflächenkomplexierung in PHREEQC zu modellieren, bedarf es drei essentieller Keywords: SURFACE, SURFACE_MASTER_SPECIES und SURFACE_SPECIES. Die Definition einer Oberflächen-Masterspezies ist vergleichbar mit der einer Austauscher-Masterspezies. Die Bezeichnungen können ebenso wie bei den Austauscherspezies frei gewählt werden. Eine Mineraloberfläche besteht aus mehreren verschiedenen Bindungsplätzen und es können so viele Oberflächen wie nötig definiert werden.

Wie bereits erwähnt, enthalten einige Datensätze in PHREEQC Definitionen (Tab. 24), die auf dem "diffuse double layer" Modell beruhen (2pK Modell) sowie Daten mit Informationen zu Eisenhydroxiden (Dzombak and Morel, 1990). Die Oberfläche mit dem Namen „Hfo" (Hydrous ferric oxide) besitzt zwei verschiedene Arten von Bindungsplätzen: zum einem die starken Bindungsplätze, Hfo_s, und zum anderen die schwachen Bindungsplätze, Hfo_w. Dzombak and Morel (1990) nutzten 0.2 mol für die schwachen Bindungsplätze und 0.005 mol für die starken Bindungsplätze pro mol Fe, bei einer effektiven Oberfläche von $5.33 \cdot 10^4$ m^2/mol Fe und einer Masse von 89 g Hfo/mol Fe.

SURFACE_MASTER_SPECIES
    Hfo_s   Hfo_sOH   # starke Bindungsplätze   Hfo_s
    Hfo_w   Hfo_wOH   # schwache Bindungsplätze   Hfo_w

SURFACE_SPECIES
    Hfo_sOH = Hfo_sOH   # starke Bindungsplätze   Hfo_s
    log_k   0.0   # dummy

    Hfo_wOH = Hfo_wOH   # schwache Bindungsplätze   Hfo_w
    log_k   0.0   # dummy

    Hfo_sOH + H+ = Hfo_sOH2+   # zusätzliche Oberflächenkomplexe
    log_k   7.29   # pKa1
    Hfo_sOH = Hfo_sO- + H+
    log_k   -8.93   # -pKa2

    Hfo_wOH + H+ = Hfo_wOH2+

log_k   7.29   # = pKa1

Hfo_wOH = Hfo_wO- + H+
log_k   -8.93   # = -pKa2

Hfo_sOH + Ca+2 = Hfo_sOHCa+2
log_k   4.97

Hfo_wOH + Ca+2 = Hfo_wOCa+ + H+
log_k -5.85
......

Die komplette Liste der Oberflächenkomplexierungsreaktionen eines gewählten Datensatzes (z.B. in WATEQ4F.dat oder einem der anderen .dat-Files) kann man sich durch Klick auf den Ordner DATABASE anzeigen lassen. Im Folgenden soll ein einfaches Einführungsbeispiel erläutert werden (2b_Sorption_surface_complexation_UO2 .phrq). Aufgabe ist es, die Fixierung von Uran durch die Bildung von Eisenhydroxiden infolge der Behandlung eines reduzierten sauren Grubenwassers mit Sauerstoff und Kalkstein zu simulieren. Das Input-File enthält drei Jobs, die durch das Keyword END getrennt sind.

```
DATABASE WATEQ4F.dat
TITLE Sorption von Uranyl an ausgefallenen Eisenhydroxiden
SOLUTION 1      Saures Grubenwasser mit 2380 ppb Uran
        pH   3
        pe   4
        units mmol/kgw
        Fe   2
        S    2.635
        U    10 umol/kgw
END
USE SOLUTION 1
EQUILIBRIUM_PHASES 1   # Equilibrierung mit Calcit und Sauerstoff
        Calcite    0
        O2(g) 0.0001
SAVE SOLUTION 1
END
USE SOLUTION 1             # Equilibrierung Fe(OH)3(a) + Oberflächenkomplexierung
SURFACE 1
        Hfo_wOH           Fe(OH)3(a) equilibrium_phase 0.2       5e4
                          # schwache Bindungsplätze an Fe(OH)3(a),
                          0.2 = Proportionalitätsfaktor, Oberfläche (m2/g)
        Hfo_sOH           Fe(OH)3(a) equilibrium_phase 0.005
                          # starke Bindungsplätze an Fe(OH)3(a),
                              0.005 = Proportionalitätsfaktor
EQUILIBRIUM_PHASES 1
        Fe(OH)3(a)  0  0
END
```

Der Proportionalitätsfaktor in der Definition von SURFACE 1 gibt die mol an der Oberfläche pro mol Mineralphase an. Diese Art, eine Oberfläche zu definieren, berücksichtigt die Menge an Eisenhydroxiden, die in Schritt drei des Jobs ausgefällt wird (2 mmol). Das heisst, es bleibt mehr oder weniger kein Eisen in Lösung und 8.133 µmol/L (81.33 %) Uran können mittels Oberflächenkomplexierung entfernt werden. Die Zusammensetzung der Spezies an der Oberfläche ist in Tab. 25 dargestellt. Genauere Infomationen können dem Output-File nach Durchlauf des Einführungsbeispiels in PHREEQC entnommen werden.

Tab. 25   Ergebnisse der Oberflächenkomplexierung unterteilt in schwache und starke Bindungsplätze

starke Bindungsplätze: $1 \cdot 10^{-5}$ Mol 0.005 mol/(mol Fe(OH)$_{3(a)}$)	µmol	schwache Bindungsplätze: $4 \cdot 10^{-4}$ Mol 0.2 mol/(mol Fe(OH)$_{3(a)}$)	µmol
Hfo_sOUO2+	**4.322**	Hfo_wOH	180.8
Hfo_sOHCa+2	4.233	Hfo_wOH2+	133.4
Hfo_sOH	0.8164	Hfo_wOHSO4-2	55.48
Hfo_sOH2+	0.6022	Hfo_wSO4-	20.51
		Hfo_wO-	5.616
		Hfo_wOUO2+	**3.811**
		Hfo_wOCa+	0.3752

Da noch keine Datensätze für CD-MUSIC Parameter verfügbar sind, wurden für die Oberflächenkomplexierung von Arsenat an Goethit drei Oberflächenkomplexe nach Daten von Hiemstra und Riemsdijk (1999) definiert. Basierend auf IR Spektrometrie und Ähnlichkeiten zwischen Arsenat und Phosphat schlugen diese einen einzähnigen (monodentaten), einen zweizähnig (bidentaten) und einen protonierten zweizähnigen (bidentaten) Komplex vor:

$$1 \text{ FeOH}^{-1/2} + 1 \text{ H}^+ + \text{AsO}_4^{3-}{}_{(aq)} \rightarrow \text{FeO}^p\text{AsO}_3^q + 1 \text{ H}_2\text{O} \qquad \log\_k = 20.1 \quad CD=0.25$$

$$2 \text{ FeOH}^{-1/2} + 2 \text{ H}^+ + \text{AsO}_4^{3-}{}_{(aq)} \rightarrow \text{Fe}_2\text{O}_2{}^p\text{AsO}_2^q + 2 \text{ H}_2\text{O} \qquad \log\_k = 27.9 \quad CD=0.50$$

$$2 \text{ FeOH}^{-1/2} + 3 \text{ H}^+ + \text{AsO}_4^{3-}{}_{(aq)} \rightarrow \text{Fe}_2\text{O}_2{}^p\text{AsOOH}^q + 2 \text{ H}_2\text{O} \quad \log\_k = 27.9 \quad CD=0.50$$

In der obigen Gleichung stehen p und q für die Ladung des inneren und äußeren Sauerstoffs. Ihre Werte können mittels der CD-Werte berechnet werden. Details zur Berechnung können in Hiemstra und Riemsdijk (1996, 1999) nachgelesen werden. In dem Input-File (2c_Sorption_surface_complexation_CD-MUSIC.phrq) sind nur diese drei Oberflächenkomplexe definiert. Zuerst wird eine Arsen-freie Lösung zugegeben (solution 1), gefolgt von einer arsenhaltigen Lösung mit einer Konzentration von 1 mmol/L As (solution 2). In beiden Lösungen wird der pH auf Werte zwischen 3 und 11 festgelegt. Die Konzentrationen von Na und Cl wurden auf 1000 mmol/L gesetzt. Das Semikolon, das in diesem Input File verwendet wird, ist äquivalent zum Zeilenumbruch und dient dazu, ein File so kompakt wie möglich zu gestalten. Das Entfernen der Semikolons und das Einfügen von Zeilenumbrüchen führt zu einer deutlichen Verlängerung des Input-Files, dient aber auch der besseren Übersicht für Programm-Neulinge.

```
TITLE   Sorption von Arsenat an Eisenhydroxiden mitttels CD-MUSIC Ansatz
KNOBS
-iterations 500
-pe_step_size 2.5

SURFACE_MASTER_SPECIES   # nach Hiemstra & Riemsdijk (1999)
             Mono  MonoOH-0.5
             Bi    BiOH-0.5
SURFACE_SPECIES             # Daten von Hiemstra & Riemsdijk (1999)
             MonoOH-0.5 = MonoOH-0.5
             log_K 0
             BiOH-0.5  = BiOH-0.5
             log_k 0
             MonoOH-0.5 + H+ + AsO4-3 = MonoOAsO3-2.5 + H2O
             log_k   20.1
             -cd_music  -1 -6 0 0.25 5
             # Ladungsbeitrag der Ebenen 0=-1 1=-6 2=0, CD-value = 0.25·5
             2BiOH-0.5 + 2 H+ + AsO4-3 = Bi2O2AsO2-2 + 2H2O
             log_K   27.3  # -0.6
             -cd_music -2 -4  0 0.5 5
             # Ladungsbeitrag der Ebenen 0=-2 1=-4 2=0, CD-value = 0.5·5
             2BiOH-0.5 + 3H+ + AsO4-3 = Bi2O2AsOOH- + 2H2O
             log_K   33.9  # -0.6
             -cd_music -2 -4  0  0.6 5
             # Ladungsbeitrag der Ebenen 0=-2 1=-3 2=0 CD-value = 0.6·5
SURFACE 1
        MonoOH .00055 39 2 # Name, Bindungsplätze (moles), Fläche (m2/g),
                                Masse (g)
        -capacitance   1.1   4.5    # F/m2
        -cd_music
        #    -donnan           # berechne diffuse Schicht mit Donnan Modell
        BiOH   .00055  39 0.5  # Name, Bindungsplätze (moles), Fläche (m2/g),
                                Masse (g)
        -capacitance   1.1   4.5    # F/m2
        -cd_music
        #    -donnan           # berechne diffuse Schicht mit Donnan Modell
SOLUTION 1; -units  mmol/kgw; pH 8.0; As  0.0000; Na 100. charge; Cl 100.
SOLUTION 2; -units  mmol/kgw; pH 8.0; As 1     ; Na 100. charge; Cl 100.

USE surface none

PHASES
    Fix_H+
    H+ = H+
```

```
      log_k  0.0
END

USER_GRAPH
      -headings pH  MonoOAsO3-2.5 Bi2O2AsO2-2  Bi2O2AsOOH-  Total
      -chart_title "Arsenic sorption"
      -axis_titles pH mol/L
      -axis_scale x_axis 3.0 11.0 1 0.25
      -axis_scale y_axis 1e-6 3.0e-4 1e-5
      -connect_simulations true
      -start
      10 GRAPH_X -LA("H+")
      20   Total   =   MOL("MonoOAsO3-2.5")   +   MOL("Bi2O2AsO2-2")   +
MOL("Bi2O2AsOOH-")
      30   GRAPH_Y        MOL("MonoOAsO3-2.5"),   MOL("Bi2O2AsO2-2"),
MOL("Bi2O2AsOOH-"), Total
      -end
USE solution 1; USE surface 1; EQUILIBRIUM_PHASES 1; Fix_H+ -3.0 NaOH 10; END
USE solution 1; USE surface 1; EQUILIBRIUM_PHASES 1; Fix_H+ -4.0 NaOH 10; END
USE solution 1; USE surface 1; EQUILIBRIUM_PHASES 1; Fix_H+ -5.0 NaOH 10; END
USE solution 1; USE surface 1; EQUILIBRIUM_PHASES 1; Fix_H+ -6.0 NaOH 10; END
USE solution 1; USE surface 1; EQUILIBRIUM_PHASES 1; Fix_H+ -7.0 NaOH 10; END
USE solution 1; USE surface 1; EQUILIBRIUM_PHASES 1; Fix_H+ -8.0 NaOH 10; END
USE solution 1; USE surface 1; EQUILIBRIUM_PHASES 1; Fix_H+ -9.0 NaOH 10; END
USE solution 1; USE surface 1; EQUILIBRIUM_PHASES 1; Fix_H+ -10 NaOH 10; END
USE solution 1; USE surface 1; EQUILIBRIUM_PHASES 1; Fix_H+ -11 NaOH 10; END

USE solution 2; USE surface 1; EQUILIBRIUM_PHASES 1; Fix_H+ -3.0 NaOH 10; END
USE solution 2; USE surface 1; EQUILIBRIUM_PHASES 1; Fix_H+ -4.0 NaOH 10; END
USE solution 2; USE surface 1; EQUILIBRIUM_PHASES 1; Fix_H+ -5.0 NaOH 10; END
USE solution 2; USE surface 1; EQUILIBRIUM_PHASES 1; Fix_H+ -6.0 NaOH 10; END
USE solution 2; USE surface 1; EQUILIBRIUM_PHASES 1; Fix_H+ -7.0 NaOH 10; END
USE solution 2; USE surface 1; EQUILIBRIUM_PHASES 1; Fix_H+ -8.0 NaOH 10; END
USE solution 2; USE surface 1; EQUILIBRIUM_PHASES 1; Fix_H+ -9.0 NaOH 10; END
USE solution 2; USE surface 1; EQUILIBRIUM_PHASES 1; Fix_H+ -10 NaOH 10; END
USE solution 2; USE surface 1; EQUILIBRIUM_PHASES 1; Fix_H+ -11 NaOH 10; END
```

In Abb. 44 ist die Sorption von Arsen an Goethit in Abhängigkeit vom pH Wert dargestellt. Hauptsächlich wird Arsen als protonierte bidentate Spezies sorbiert und nur zu einem geringen Anteil als monodentate Spezies. Die nicht protonierte Spezies hat keinen signifikanten Anteil. Obwohl die Oberflächenkomplexierung von Cl^- und Na^+ in diesem vereinfachten Beispiel nicht definiert wurde, ändert sich das Ergebnis erheblich, wenn die Anfangskonzentrationen für Na und Cl z.B. auf 100 mmol/L gesetzt werden.

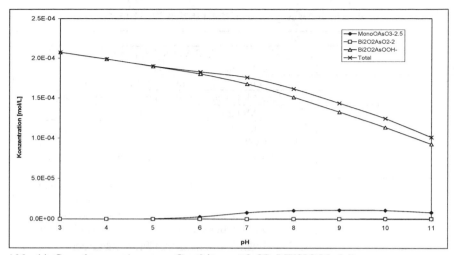

Abb. 44   Sorption von Arsen an Goethit gemäß CD-MUSIC Modell

2.2.2.3 Einführungsbeispiele zur Kinetik

Weit schwieriger als die Gleichgewichtsmodellierung ist die Modellierung kinetisch kontrollierter Prozesse (Theorie siehe Kap. 1.2). Da in der Regel die Reaktionsrate mit dem Reaktionsprozess variiert, führt dies zu einem Satz von einfachen
Differentialgleichungen. Die Integration der Reaktionsraten über die Zeit kann
z.B. mit Hilfe des Runge-Kutta Algorithmus erfolgen. Die Implementation von
Fehlberg (1969) in PHREEQC bietet die Möglichkeit, die Ableitungen in Teil-
schritten zu evaluieren, indem eine Fehlerabschätzung durchgeführt wird und mit
einer vom Benutzer vorgegebenen Toleranzgrenze verglichen wird (Cash & Karp
1990).

Für eine kinetische Modellierung sind immer zwei Keywords notwendig:
KINETICS n (n = Nummer der SOLUTION, für die eine Kinetik berechnet werden soll) und RATES. Bei beiden Keywords muss ein „rate name" angegeben
werden, z.B. Calcit, wenn die Calcit-Lösung kinetisch modelliert werden soll. Die
allgemeine Syntax innerhalb des Keywords KINETICS ist in Tab. 26 gezeigt.

Die allgemeine Syntax für RATES ist „rate name", -start und -end. Zwischen -
start und -end muss ein BASIC-Programm stehen (siehe Kap. 2.2.2.3.1).

Tab. 26 Syntax innerhalb des Keywords KINETICS in PHREEQC

KINETICS m-n	[m<n]
rate name	muss gleichermaßen in RATES definiert sein, z.B. Pyrit oder aber auch eine aquatische Spezies
-formula	chemische Formel oder Name einer Mineralphase
-m	momentane Molanzahl des Reaktanten [default = m0]
-m0	anfängliche Molanzahl des Reaktanten
-parms	Hier kann eine Liste an Zahlenwerten eingegeben werden, die in einem BASIC Programm als Umsatzraten, Konstanten, Exponenten oder Halbsättigungskonstanten wieder aufgerufen werden können
-tol	Toleranzkriterium [default = $1 \cdot 10^{-8}$ mol/L]; der Toleranzwert wird auf die Konzentrationsunterschiede bezogen, die als signifikant für die Elemente der Reaktion erachtet werden; geringe Konzentrationsunterschiede, die als signifikant betrachtet werden, erfordern geringere Toleranzkriterien
-steps	Zeitschritte über die die Umsatzraten integriert werden, n in m Schritten [default: n = 1] in Sekunden, z.B.. 500 in 3 Schritten oder 100 300 500
-step_divide	wenn step_divide > 1.0, wird das 1. Intervall in der Runge_Kutta Integration zu time = step/step_divide; wenn step_divide < 1.0 ist es die Molmasse, die je Zeitsubintervall in der Range_Kutta Integration maximal reagieren kann
runge_kutta	(1,2,3 or 6) bezeichnet die Anzahl von Zeitsubintervallen bei der Integration (default 3)

2.2.2.3.1. Definition von Reaktionsraten

Da Reaktionsraten in sehr unterschiedlicher Weise mathematisch gefittet werden können, besteht in PHREEQC die Möglichkeit (und Notwendigkeit) beliebige mathematische Ausdrücke in Form eines kleinen BASIC-Programms innerhalb des Keywords RATES anzugeben, wie im folgenden Beispiel einer **zeitabhängigen Calcit-Lösung** (3_Kinetics-solution-of-calcite.phrq) gezeigt wird:

```
SOLUTION 1 destilliertes Wasser
pH 7
temp 10
EQUILIBRIUM_PHASES
CO2(g) -3.5
KINETICS 1
 Calcite
            -tol      1e-8
            -m0       3e-3
            -m        3e-3
            -parms          50      0.6
```

```
           -steps 36000 in 20 steps    // 36.000 Sekunden*
           -step_divide 1000           // 1. Intervall wird mit 3.6 Sekunden gere-
                                           chnet*
RATES
Calcite
 -start
 1 rem Calcite Lösungskinetik nach Plummer et. al 1978
 2 rem              parm(1) = A/V, 1/dm         parm(2) = exponent for m/m0
 10  si_cc = si("Calcite")
 20   if (m <= 0  and si_cc < 0) then go to 200
 30  k1 = 10^(0.198 - 444.0/(273.16 + tc) )
 40  k2 = 10^(2.84 - 2177.0/(273.16 + tc) )
 50   if tc <= 25 then k3 = 10^(-5.86 - 317.0/(273.16 + tc) )
 60   if tc > 25 then k3 = 10^(-1.1 - 1737.0/(273.16 + tc) )
 70  t = 1
 80   if m0 > 0 then t = m/m0
 90   if t = 0 then t = 1
 100 moles = parm(1) * 0.1 * (t)^parm(2)
 110 moles = moles * (k1 * act("H+") + k2 * act("CO2") + k3 * act("H2O"))
 120 moles = moles * (1 - 10^(2/3*si_cc))
 130 moles = moles * time       //diese Zeile ist ein "Muss" für jedes BASIC-
                                   Programm*
 140   if (moles > m) then moles = m
 150   if (moles >= 0) then goto 200
 160 temp = tot("Ca")
 170 mc  = tot("C(4)")
 180   if mc < temp then temp = mc
 190   if -moles > temp then moles = -temp
 200 save moles                 //diese Zeile ist ein "Muss" für jedes
                                   BASIC- Programm*
 -end
SELECTED_OUTPUT
-file 4_Calcite.csv
-saturation_indices calcite
end
```

die mit '//' eingefügten Kommentare können in dieser Weise in einem PHREEQC-BASIC Skript nicht stehen, da der BASIC-Interpretor sie versucht zu interpretieren. Es ist lediglich möglich, mittels REM (remark) am Anfang der Zeile Kommentarzeilen einzufügen.

Abb. 45 zeigt, dass die Calcit-Gleichgewichtseinstellung bei niedrigen CO_2-Partialdrücken (im Beispiel 0.03 Vol %) sehr schnell erfolgt, bei erhöhten CO_2-Partialdrücken (im Beispiel 1 Vol %) deutlich langsamer.

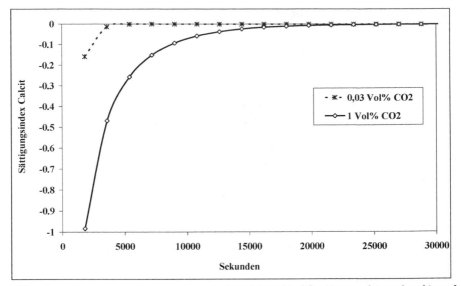

Abb. 45 Zeitabhängige Calcit-Lösung bei 0.03 Vol % CO$_2$ (Atmosphärendruck) und erhöhtem CO$_2$-Partialdruck (1 Vol %)

Weitere Beispiele dazu findet man wie schon in Kap. 2.1.4.2 angeführt für K-Feldspat, Albit, Calcit, Pyrit, organischen Kohlenstoff und Pyrolusit im Datensatz PHREEQC.dat oder WATEQ4F.dat unter dem Keyword RATES. Dort sind alle Parameter im Block KINETICS mittels des #-Zeichens auf Kommentar gesetzt.

Das folgende Beispiel zeigt die Definition von Pyrit-Verwitterungsraten:

```
KINETICS
# Beispiel für KINETICS Datensatz für Pyrit
            -tol    1e-8                # Toleranz für Runge_Kutta
            -m0     5e-4                # initiale Pyritmenge in mol
            -m      5e-4
            -parms -5.0   0.1  .5  -0.11  # Parameter in Kinetik-Gleichung
#           parm(1) = log10(A/V) in 1/dm
#           parm(2) = exponent for (m/m0)
#           parm(3) = exponent  for O2
#           parm(4) = exponent for H+


RATES
Pyrite
 -start
    5 rem Pyrite weathering rates
   10 if (m <= 0) then goto 200           // m = mol des Reaktanten *
   20 if (si("Pyrite") >= 0) then goto 200   // si = Sättigungsindex *
   20  rate = -10.19 + parm(1) \
```

```
21   + parm(3)*lm("O2") \
22   + parm(4)*lm("H+") \
23   + parm(2)*log10(m/m0)              // parm(i) = Parameter*
                                        // lm = log10 Molalität *
30  moles = 10^rate * TIME             // TIME = Zeitintervall definiert in
                                       Schritten*
40  if (moles > m) then moles = m
50  if (moles >= (mol("O2")/3.5)) then moles = mol("O2")/3.5
200 save moles
-end
```

* *die mit '///' eingefügten Kommentare können in dieser Weise in einem PHREEQC-BASIC Skript nicht stehen, da der BASIC-Interpretor sie versucht zu interpretieren. Es ist lediglich möglich, mittels REM (remark) am Anfang der Zeile Kommentarzeilen einzufügen.*

Zum Schreiben eigener Kinetik-Programme ist eine Beschäftigung mit der Programmiersprache BASIC und insbesondere der speziellen Codes innerhalb von PHREEQC notwendig.

2.2.2.3.2.   Basic innerhalb von PHREEQC

Der BASIC-Interpreter, der mit dem Linux Betriebssystem (Free Software Foundation, Inc.) ausgeliefert wird, ist in PHREEQC implementiert. Er wird, wie bereits gezeigt wurde, unter anderem benutzt bei der Integration kinetischer Konstanten, um die innerhalb einer bestimmten Zeit umgesetzte Stoffmenge in mol zu bestimmen. Dazu muss für jede kinetische Reaktion ein BASIC-Programm entweder im Datensatz (PHREEQC.dat, WATEQ4F.dat, usw.) oder im jeweiligen Input-File vorhanden sein. Jedes Programm steht für sich allein (keine globalen Variablen) und es muss fortlaufend nummeriert (Zeilennummern, z.B. 10, 20, 30, …) sein. Der Transfer von Daten zwischen dem BASIC-Programm und PHREEQC erfolgt über die Befehle GET und PUT sowie den Befehl TIME. Das Endergebnis einer kinetischen Berechnung wird mittels SAVE in PHREEQC zurückgeschrieben. Dabei werden keine Raten sondern Anzahl von Molen übergeben, die reagiert haben. Ein positives Vorzeichen zeigt dabei an, dass sich die Konzentration des Reaktanten in Lösung erhöht hat, ein negatives, dass sie sich verringert hat.

Der BASIC-Code kann innerhalb der Keywords RATES, aber auch bei USER_GRAPH, USER_PRINT und USER-PUNCH verwendet werden und steht immer zwischen den Befehlen –start und –end.

Tab. 27 zeigt eine Liste der Standardbefehle innerhalb des BASIC-Interpreters von PHREEQC, Tab. 28 die speziellen Codes im BASIC von PHREEQC.

Tab. 27 Liste der Standardbefehle innerhalb des BASIC-Interpreters von PHREEQC

+, -, *, /	addieren, substrahieren, multiplizieren, dividieren
String1 + String2	String- (Zeichenketten-) Addition
a ^ b	exponentieren
<, >, <=, >=, <>, =,AND, OR, XOR, NOT	Relationale and Boolean Operatoren
ABS(a)	Absolutbetrag
ARCTAN(a)	Arctangens Funktion
ASC(character)	ASCII-Wert eines Buchstabens
CHR$(number)	konvertiert ASCII-Wert in Buchstaben
COS(a)	Cosinus Funktion
DIM a(n)	Dimensionierung eines Arrays A mit n Elementen
DATA list	Datenliste
EXP(a)	e^a
FOR i = n TO m STEP k …….. NEXT I	"For" loop
GOTO line	gehe zur Zeile mit Nummer
GOSUB line	gehe zum Unterprogramm (Zeilennummer)
IF (expr) THEN statement ELSE statement	Wenn, dann, sonst Befehle (innerhalb einer Zeile, '\' verkettet mehrere Zeilen)
INSTR("aab", "b")	gibt die Position einer Zeichenketten innerhalb einer längeren Zeichenkette zurück, 0 wenn nicht gefunden
LEN(string)	liefert die Anzahl von Zeichen eines Strings
LOG(a)	natürlicher Logarithmus
LOG10(a)	Logarithmus zur Basis 10
LTRIM(" ab")	entfernt das Leerzeichen links von einer Zeichenkette
MID$(string, n)	extrahiert Zeichen von Position n bis zum Ende des Strings
MID$(string, n, m)	extrahiert Zeichen vom String beginnend ab Position n
a MOD b	gibt den Rest eines Quotienten a/b zurück (z.B. a = 14, b = 4; a/b = 3.5; 4 · 3 = 12 → Rest: 14 - 12 = 2)
ON expr GOTO line1, line2, ... ON expr GOSUB line1, line2, ...	wenn der zu einer Integerzahl gerundete Wert von expr n ist, so springt das Programm zur n.ten Zeile laut Liste wenn n < 1 oder größer als die Zahl der Adressen in der Liste ist, wird das dieser Zeile folgende Statement ausgeführt
READ	lesen aus DATA statement
REM	Remark (Kommentar), alles was hinter REM steht wird ignoriert
RESTORE line	setzt Data pointer auf Zeilen-Nummer, ab hier liest das READ Kommando
RETURN	Ende eines Unterprogramms, Rücksprung zur Zeile

	unter dem Programmaufruf
RTRIM("a ")	entfernt Leerzeichen rechts von einer Zeichenkette
SGN(a)	Vorzeichen von a, +1 oder -1
SIN(a)	Sinus Funktion
SQR(a)	a^2
SQRT(a)	$\sqrt{a}$
STR$(a)	konvertiert Zahl in String
TAN(a)	Tangens Funktions
TRIM("a")	entfernt Leerzeichen vom Anfang und Ende einer Zeichenkette
VAL(string)	konvertiert String in Zahl
WEND	zeigt das Ende einer "While" loop an
WHILE (expression) ... WEND	"While" loop

Tab. 28 Spezielle Codes im BASIC von PHREEQC

ACT("HCO3-")	Aktivität einer Spezies (aquatisch, Austauscher, Oberfläche)
ALK	Alkalinität einer Lösung
CALC_VALUE("pCa")	Gibt einen Wert (pCa) zurück, der an beliebiger Stelle im Input File unter CALCULATE_VALUES mit Hilfe eines BASIC Programms berechnet wurde
CELL_NO	Nummer einer Zelle in TRANSPORT oder ADVECTION Kalkulationen
CHANGE_POR(0.21, cell_no)	verändert die Porosität einer Zelle
change_surf ("Hfo", 0.2, "Sorbedhfo", 0, cell_no)	ändert den Diffusionskoeffizienten einer Oberfläche und benennt die Oberfläche um
CHARGE_BALANCE	aquatisches Ladungsgleichgewicht in Equivalenten
DESCRIPTION	Beschreibung einer Lösung
DIST	Abstand zum Zellmittelpunkt in TRANSPORT Berechnungen, bzw. Zellnummer in ADVECTION Berechnungen, "-99" in allen anderen Berechnungen
EDL("Na", "Hfo")	Die Mols eines Elementes oder Wassers in der diffusen Schicht, die Ladung (eq or C/m2) oder das Potential (V) einer Oberfläche
EQUI("Calcite")	Anzahl Mole einer reinen Phase im Gleichgewicht
EXISTS(i1[, i2, ...])	Gibt an, ob ein Wert mittels des PUT Befehls für ein oder mehrere Felder der Liste gespeichert wurde. Das Ergebnis ist 1, wenn ein Wert vorliegt und 0, wenn kein Wert gespeichert wurde. Die Werte selbst sind in einer globalen Ablage gespeichert und können mit jedem beliebigen BASIC Programm verarbeitet werden (siehe auch: PUT)
GAS("CO2(g)")	Anzahl Mole eines Gases in einer Gasphase

GET(i1[, i2, ...])	Gibt den Wert der Liste aus, die mit PUT geschrieben wurde. Der Wert ist 0, wenn kein Wert mit PUT gespeichert wurde (siehe auch: PUT).
GET_POR(cell_no)	Porosität in einer Zelle
GRAPH_SY -la("H+"), -la("e-")	plottet Variablen auf der sekundären y-Achse eines Graphen
GRAPH_X tot("Na")	definiert die x-Achse eines Graphen (1 Variable)
GRAPH_Y tot("Cl"), tot("K")	plottet Variablen auf der y-Achse eines Graphen
KIN("CH2O")	Anzahl Mole eines kinetischen Reaktanten
LA("HCO3-")	Log10 der Aktivität einer aquatischen, Austausch- oder Oberflächenspezies
LK_NAMED("aa_13C")	Log10 eines K Wertes in NAMED_EXPRESSIONS bei der aktuellen Temperatur
LK_PHASE("O2(g)")	Log10 eines K Wertes in PHASES bei der aktuellen Temperatur
LK_SPECIES("OH-")	Log10 eines K Wertes in SOLUTION, EXCHANGE, or SURFACE_SPECIES bei der aktuellen Temperatur
LM("HCO3-")	Log10 der Molalität einer aquatischen-, Austausch- oder Oberflächenspezies
M	aktuelle Anzahl der Mole eines Reaktanten, für den eine kinetische Rate berechnet wird (siehe KINETICS)
M0	anfängliche Anzahl der Mole eines Reaktanten, für den eine kinetische Rate berechnet wird (siehe KINETICS)
MISC1("Ca(x)Sr(1-x) SO4")	Molfraktion der Komponente 2 am Beginn der Mischbarkeitslücke; 1 wird ausgegeben, wenn keine Mischbarkeitslücke besteht. (siehe SOLID_SOLUTIONS)
MISC2("Ca(x)Sr(1-x) SO4")	Molfraktion der Komponente 2 am Ende der Mischbarkeitslücke; 1 wird ausgegeben, wenn keine Mischbarkeitslücke besteht. (siehe SOLID_SOLUTIONS)
MOL("HCO3-")	Molalität einer aquatischen-, Austausch- oder Oberflächenspezies
MU	Ionenstärke der Lösung (mol)
OSMOTIC	ergibt den osmotischen Koeffizient, wenn das PITZER Modell angewandt wird, oder 0.0, wenn ein Ionendissoziationsmodell genutzt wird
PARM(i)	Parameter Aray, der unter KINETICS definiert wurde
PERCENT_ERROR	Prozentualer Ladungsbilanzfehler [100·(Kationen-|Anionen|)/(Kationen + |Anionen|)]
PRINT	schreibt ins Output-File
PUNCH	schreibt in Nutzer-definiertes Output-File

PUT(x, i1[, i2, ...])	schreibt Wert von x in globalen Speicher als Sequenz eines oder meherer Werte; die Werte können mittels GET (i1,[, i2,...]) ausgelesen werden; mit EXISTS (i1[,i2,...]) kann geprüft werden, ob für einen Wert oder eine Liste von Werten Eintragungen mit PUT gemacht wurden; der PUT Befehl kann in RATES, USER_PRINT, oder USER_PUNCH in einem BASIC Programm verwendet werden, um einen Wert zu speichern. Dieser Wert kann mit jedem anderen BASIC Programm wieder ausgelesen weren, bis er mit PUT wieder überschrieben wird oder der PHREEQC-Lauf beendet wird
RXN	Anzahl reagierende Mole, definiert unter -steps im REACTION Datenblock für eine Batch-Reaktion.
S_S("MgCO3")	Aktuelle Anzahl Mole einer Mischmineral Komponente
SAVE	letztes Statement eines BASIC Programms, das die Molmasse des kinetischen Reaktantens an PHREEQC weitergibt
SI("Calcite")	Sättigungindex einer Phase, $Log10$ (IAP/K)
SIM_NO	Simulationsnummer, ist gleich der Anzahl an END keywords vor der aktuellen Simulation plus 1
SIM_TIME	Zeit in Sekunden von Beginn einer kinetischen Batch-Reaktion oder einer Transportsimulation
SR("Calcite")	Sättigungsrate einer Phase, (IAP/K)
STEP_NO	Schrittzahl in einer Batch-Reaktion oder "Shift"-Nummer in einer ADVECTION and TRANSPORT Kalkulation
SUM_GAS("{H,D,T}2[18O]", "[18O]")	Summe eines Elementes in einem Gas; hier: 18O in den drei Permutationen des Wassermoleküls
SUM_S_S("CaCdCO3","O")	Summe der Mole eines Elementes in SOLID_SOLUTIONS
SUM_SPECIES("{OH-, NaOH}","H")	gibt Summe der Mole eines Elements in SOLUTION, EXCHANGE, und SURFACE_SPECIES aufgeführt in {.., .., ..} zurück
SURF("As", "Hfo")	Anzahl der Mole sorbiert an einer SURFACE
SYS("Na")	Gesamt-Molalität eines Elementes in allen Phasen (SOLUTION, EQUILIBRIUM_PHASES, SURFACE, EXCHANGE, SOLID_SOLUTIONS, und GAS_PHASE)
TC	Temperatur in Celsius
TIME	Zeitintervall, für das Reaktionen mittels Reaktionsraten berechnet werden; wird automatisch im Schrittweiten-Algorithmus des Runge_Kutta Verfahrens gesetzt

TK	Temperature in Kelvin
TOT("Fe(2)")	Gesamt-Molalität eines Elements oder eines Elementes in einem bestimmten Redoxzustand. TOT ("water") ist die Gesamtmasse des Wassers in kg.
TOTAL_TIME	Kummulative Zeit in Sekunden, einschließlich aller advektiven (für die **-time_step** definiert ist) und advektiv-dispersen Transportsimulationen vom Anfang eines Runs oder der letzten **-initial_time** Kennung.

2.2.2.4 Einführungsbeispiel zur Isotopenfraktionierung

Isotopenmodellierung kann in PHREEQC leicht mittels der inversen Modellierung vorgenommen werden. Eine andere Option ist, ein Isotop in RATES zu definieren und die Verteilung stabiler und radioaktiver Isotope in KINETICS zu berechnen (siehe Beispiel in Kapitel 4.2.4 und Apello & Postma 2005). Die beste Möglichkeit ist jedoch, die Isotope im Datensatz unter dem Keyword ISOTOPES zu definieren, was seit PHREEQC Version 2.7 (2003) möglich ist.

PHREEQC kann die Verteilung von ^2H, ^3H (tritium), ^{18}O, ^{13}C, ^{14}C und ^{34}S in Spezies und Phasen modellieren. Benutzt wird dafür der Datensatz iso.dat. Im Folgenden ist ein Ausschnitt der SOLUTION_MASTER_SPECIES, entnommen aus iso.dat (Thorstenson & Parkhurst 2002), dargestellt:

```
SOLUTION_MASTER_SPECIES
~~~~~~~~~~clipped~~~~~~~~~~~~~~~~~~~~~
C(4)    CO2       0     HCO3
[13C]   [13C]O2    0     13        13
[13C](4) [13C]O2    0     13
[14C]   [14C]O2    0     14        14
[14C](4) [14C]O2    0     14
[18O]   H2[18O]    0     18        18
D       D2O       0     2         2
T       HTO       0     3         3
S       SO4-2     0.0   SO4       31.972
~~~~~~~~~~~~clipped~~~~~~~~~~~~~~~~~~~~~~~~~~


ISOTOPES
H
   -isotope    D      permil  155.76e-6      # VSMOW (Clark u. Fritz 1997)
   -isotope    T      TU      1e-18          # Solomon u. Cook, in Cook u.
                                               Herczeg 2000
                                             # 1 THO in 10^18 H2O
C
   -isotope    [13C]  permil  0.0111802      # VPDB, Vienna Pee Dee Belemnite
                                             # (Chang & Li 1990)
   -isotope    [14C]  pmc     1.175887709e-12 # Molanteil von 14C in Percent
                                               Modern Carbon
```

```
                                        # 13.56 Modern Carbon dpm (Kalin in
                                          Cook u. Herczeg 2000)
C(4)
  -isotope  [13C](4)  permil 0.0111802   # VPDB, Vienna Pee Dee Belemnite
                                         # (Chang u. Li 1990)
...-isotope [14C](4)  pmc 1.175887709e-12 # Molanteil von 14C in Percent
                                           Modern Carbon
                                         # 13.56 Modern Carbon dpm (Kalin in
                                           Cook u. Herczeg 2000)
O
  -isotope    [18O]      permil 2005.2e-6 # VSMOW (Clark u. Fritz 1997)
~~~~~~~~clipped~~~~~~~~~~~~~~~~~~~~~~~
```

Des Weiteren müssen ISOTOPE_RATIOS, ISOTOPE_ALPHAS und Fraktionierungsverhältnisse definiert werden. Ein Beispiel für die Anwendung von NAMED_EXPRESSION und CALCULATE VALUES im Datensatz ist hier gegeben:

```
NAMED_EXPRESSIONS
# H2O fractionation factors
    Log_alpha_D_H2O(l)/H2O(g)                  # 1000ln(alpha(25C)) = 76.4
                                               # 0-100 C
    -ln_alpha1000 52.612 0.0   -76.248e3   0.0   24.844e6
    Log_alpha_T_H2O(l)/H2O(g)                  # 1000ln(alpha(25C)) = 152.7
                                               # 0-100 C
    -ln_alpha1000 105.224 0.0  -152.496e3  0.0   49.688e6
    Log_alpha_18O_H2O(l)/H2O(g)                # 1000ln(alpha(25C)) = 9.3
                                               # 0-100 C
    -ln_alpha1000 -2.0667 0.0  -0.4156e3   0.0   1.137e6
~~~~~~~~clipped~~~~~~~~~~~~~~~~~~~~~~~
```

```
CALCULATE_VALUES
    R(13C)_CH4(aq)
    -start
        10 ratio = -9999.999
        20 if (TOT("[13C]") <= 0) THEN GOTO 100
        30 total_13C = sum_species("{C,[13C]}{H,D}4","[13C]")
        40 total_C = sum_species("{C,[13C]}{H,D}4","C")
        50 if (total_C <= 0) THEN GOTO 100
        60 ratio = total_13C/total_C
        100 save ratio
    -end
~~~~~~~~clipped~~~~~~~~~~~~~~~~~~~~~~~
```

Letzlich muss SOLUTION_SPECIES für alle möglichen Permutationen definiert werden, wie im folgenden Beispiel gezeigt:

```
# CO2 reactions
    0.5CO2 + 0.5C[18O]2 = CO[18O]
    log_k      0.301029995663            # log10(2)
```

```
[13C]O2 + C[18O]2 = [13C][18O]2 + CO2
log_k      0.0

0.5[13C]O2 + 0.5[13C][18O]2 = [13C]O[18O]
log_k      0.301029995663              # log10(2)

[14C]O2 + C[18O]2 = [14C][18O]2 + CO2
log_k      0.0

0.5[14C]O2 + 0.5[14C][18O]2 = [14C]O[18O]
log_k      0.301029995663              # log10(2)

CO2 + 2H2[18O] = C[18O]2 + 2H2O
-add_logk    Log_alpha_18O_CO2(aq)/H2O(l)        2.0
~~~~~~~~clipped~~~~~~~~~~~~~~~~~~~~~~~
```

Bereits das Zufügen eines Isotops bedeutet somit einen erheblichen Aufwand und ist nicht ratsam für ein Input-File. Der Datensatz iso.dat wird mit PHREEQCI installiert und dabei automatisch im richtigen Ordner gespeichert. Iso.dat kann jedoch auch in der PHREEQC Batch Version und in PHREEQC für Windows verwendet werden. Um die ^{13}C Fraktionierung der Kohlenstoff-Spezies zu modellieren, kann das folgende Input-File genutzt werden. Der Standard Output wird mittels PRINT und -reset false deaktiviert. Durch die Nutzung von Semikolons (anstelle von Zeilenumbrüchen) wird das File kompakter. Die Ergebnisse für ^{14}C, Tritium, Deuterium und ^{18}O Input werden in diesem Beispiel nicht verwendet und daher nicht näher erläutert (4_Isotope_fractionation.phrq).

```
DATABASE iso.dat

SOLUTION 1
pH 8.2; temp 25
Na 1 charge; Ca 1 Calcite .1; C 2
[13C] -13                            # Promille
[14C] 123                            # pmc
T 20                                 # TU
D -80                                # Promille
[18O] -25                            # Promille

PRINT
-reset false                         # kein Standard Print-out

SELECTED_OUTPUT
-file  isotopes.csv
-temperature 25
-calculate_values      R(13C)_CO2(aq)      R(13C)_HCO3-        R(13C)_CO3-2
Alpha_13C_CO2(aq)/CO2(g)

REACTION_TEMPERATURE
0 100 in 11 steps
END
```

USE solution 1   # kalkuliert Fraktionierung mit Calcit und Gasphase

GAS_PHASE
fixed_volume 1
H2O(g) 0; HDO(g) 0; D2O(g) 0; H2[18O](g) 0; HD[18O](g) 0; D2[18O](g) 0
HTO(g) 0; HT[18O](g) 0; DTO(g) 0
CO2(g) 0; CO[18O](g) 0; C[18O]2(g) 0
[13C]O2(g) 0; [13C]O[18O](g) 0; [13C][18O]2(g) 0
[14C]O2(g) 0; [14C]O[18O](g) 0; [14C][18O]2(g) 0

SOLID_SOLUTION
Calcite
component Calcite 0
component CaCO2[18O] 0
component CaCO[18O]2 0
component CaC[18O]3 0
component Ca[13C]O3 0
component Ca[13C]O2[18O] 0
component Ca[13C]O[18O]2 0
component Ca[13C][18O]3 0
component Ca[14C]O3 0
component Ca[14C]O2[18O] 0
component Ca[14C]O[18O]2 0
component Ca[14C][18O]3 0
END

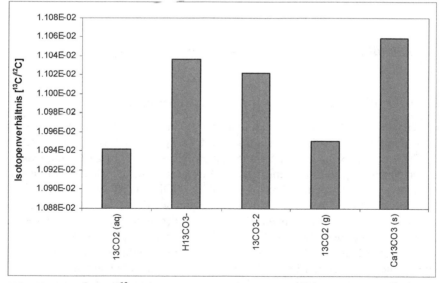

Abb. 46 Berechnete $\delta^{13}C$-Werte bei 25°C in den drei Phasen Gas (CO_2), Wasser und Mineral (Calcit)

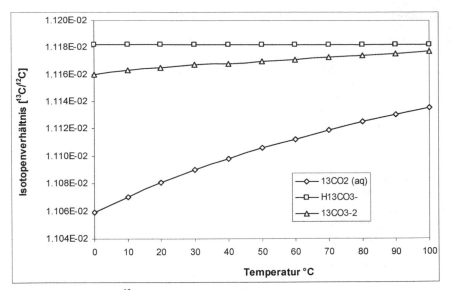

Abb. 47   Berechnete δ¹³C-Werte in Abhängigkeit von der Temperatur

In Abb. 46 sind die Ergebnisse der ¹³C Fraktionierung bei 25°C für CO_2 (als Gas), Calcit (als Mischmineral) und die drei aquatischen Spezies des anorganischen Kohlenstoffs dargestellt. Abb. 47 zeigt die ¹³C Fraktionierung in Abhängigkeit von der Temperatur.

2.2.2.5 Einführungsbeispiel zum reaktiven Stofftransport

2.2.2.5.1.   Einfacher 1D Transport: Säulenexperiment

Nach Gleichgewichtsreaktionen und kinetisch kontrollierten Reaktionen wird als letztes Einführungsbeispiel die reaktive Stofftransportmodellierung beschrieben (zur Theorie siehe Kap. 1.3). Innerhalb von PHREEQC gibt es zwei Möglichkeiten, den Stofftransport eindimensional (1D) und mit konstanter Geschwindigkeit zu simulieren: Mit Hilfe des Keywords ADVECTION können einfache Simulationen über Mischzellenberechnungen durchgeführt werden. Bei Verwendung des Keywords TRANSPORT können Dispersion, Diffusion und Doppel-Porosität (mobile und immobile Poren) mit berücksichtigt werden. Die verwendeten Einheiten sind grundsätzlich m (Meter) und s (Sekunden). Eindimensionale Modellierungen eignen sich gut, um Laborsäulenversuche zu simulieren oder aber Prozesse im Grundwasserleiter entlang einer theoretischen Strömungslinie zu modellieren. Bezüglich der Berücksichtigung von Verdünnungsprozessen bei der 1D-Modellierung im Grundwasser siehe Kap. 1.3.3.4.2.

Das folgende Beispiel zeigt das Ergebnis eines Säulenversuches mit einer 8 m langen Säule, die mit einem Kationenaustauscher gefüllt ist. Die Säule wurde zunächst mit einer Konditionierungslösung beaufschlagt, die 1 meq/L NaNO$_3$ sowie 0.2 meq/L KNO$_3$ enthielt. Diese Lösung wurde solange aufgegeben, bis am Auslauf die aufgegebene Lösung detektiert wurde und somit der Kationenaustauscher mit der Lösung equilibriert war. Dann wurde die Aufgabelösung verändert in eine 0.5 meq/L CaCl$_2$-Lösung und die Konzentrationen der gelösten Ionen am Auslauf gemessen. Das Ergebnis der Konzentrationen am Auslauf ist in Abb. 48 zu sehen; die Zeitskala auf der x-Achse beginnt bei 0 ab dem Zeitpunkt der Änderung der Aufgabelösung. Die x-Achse ist in Wasservolumen skaliert und zeigt einen dreifachen Austausch des Wassers in der Säule (shift = 120).

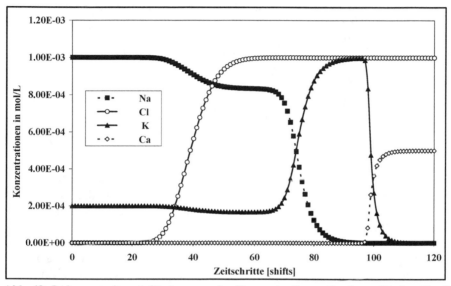

Abb. 48 Laborexperiment Säulenversuch: Konzentrationsverlauf am Säulenablauf; 40 „shifts" entsprechen einem kompletten Austausch des Wassers in der Säule

Chlorid verhält sich wie ein idealer Tracer und wird nur durch die Dispersion beeinträchtigt. Calcium ist auch nach einmaligem Austausch des gesamten Wassers der Säule (shift = 40) nicht in Lösung, weil es gegen Na und K ausgetauscht wird. Nachdem alles Natrium vom Austauscher entfernt ist, kann Ca nur noch gegen K ausgetauscht werden, was zu einem Peak der K-Konzentrationen führt. Erst nachdem ca. 2.5 mal das Wasser der Säule ausgetauscht wurde, steigt die Ca-Konzentration am Auslauf an.

Im folgenden ist der PHREEQC-Job aufgeführt, der das Experiment nachvollzieht. Für die Anpassung des Modells an die Messdaten sind neben der räumlichen Diskretisierung (Anzahl Zellen, hier 40), die Parameter Austauschkapazität (X unter EXCHANGE, hier 0.0015 mol pro kg Wasser), die Selektivitätskoeffizienten im Datensatz WATEQ4F.dat und die gewählte Dispersivität (TRANSPORT, -dispersivity; hier 0.1 m) ausschlaggebend. Wenn man in dem

Eingabefile „Exchange" die Dispersivität auf einen sehr kleinen Wert setzt (z.B. 1e-6), und neu rechnet, so wird man sehen, dass keine numerische Dispersion auftritt, da die numerischen Stabilitätskriterien eingehalten sind.

```
TITLE  Säulenversuch mit Austauscher
PRINT
     -reset false                              # keinen Standard-Output erzeugen
SOLUTION 0  CaCl2                              # Aufgabewasser: CaCl₂
     units      mmol/kgw
     temp       25.0
     pH         7.0    charge
     pe         12.5   O2(g)  -0.68
     Ca         0.5
     Cl         1.0
SOLUTION 1-40  Initial solution for column     # NaNO₃ + KNO₃
     units      mmol/kgw
     temp       25.0
     pH         7.0    charge
     pe         12.5   O2(g)  -0.68
     Na         1.0
     K          0.2
     N(5)       1.2
EXCHANGE 1-40                                   # gesamte Säule (Austauscher)
     equilibrate 1                              # mit Solution 1 equilibrieren
     X          0.0015                          # Austauscherkapazität in mol
TRANSPORT
     -cells     40                              # 40 Zellen
     -length    0.2                             # jede 0.2 m; 40·0.2 = 8 m Länge
     -shifts    120                             # 120 mal jede Zelle neu füllen
     -time_step    720.0                        # 720 s pro Zelle; → v = 24 m/Tag
     -flow_direction  forward                   # Vorwärts-Simulation
     -boundary_cond  flux    flux               # Randbedingung 2. Art oben und
                                                   unten
     -diffc        0.0e-9                        # Diffusionskoeffizient m²/s
     -dispersivity  0.1                          # Dispersivität in m
     -correct_disp    true                       # Korrektur Dispersivität: ja
     -punch_cells   40                           # nur Zelle 40 in Selected_Output
     -punch_frequency 1                          # jedes Zeitintervall ausgeben
     -print        40                            # nur Zelle 40 (Auslauf) drucken
SELECTED_OUTPUT
     -file        exchange.csv                   # Ausgabe in dieses File
     -reset       false                          # keinen Standard-Output drucken
     -step                                       # default
     -totals      Na Cl K Ca                     # Gesamtkonzentrationen ausgeben
END
```

Wichtig ist zu beachten, dass für alle 40 Zellen der Säule eine SOLUTION vorgegeben wird, die bei Beginn der Modellierung im System ist (SOLUTION 1-40). Bei zusätzlicher Berücksichtigung von Kinetik oder Gleichgewichtsreaktionen in komplexeren Transport-Aufgaben gilt gleiches für die Befehle KINETICS und EQUILIBRIUM_PHASES. Würde statt 1-40 nur 1 stehen, würde die kinetische Reaktion oder die Gleichgewichtseinstellung nur für die Zelle 1 berechnet werden.

Die Syntax des Keywords TRANSPORT ist im Detail in Tab. 29 erklärt.

Tab. 29 Syntax des Keywords TRANSPORT in PHREEQC

Keyword	Beispiel	default	Kommentare
-cells	5	0	Anzahl von Zellen in einer 1D Säule, die für Simulation eines advektiven-dispersen Stofftransports genutzt werden
-shifts	25	1	ein Shift heißt, eine Zelle komplett neu auffüllen, also Anzahl der Austauschvorgänge je Teilzelle, Gesamtzeit = *shifts * time_step*
-time_step	3.15e7	0	Zeit je Shift in Sekunden
-flow_direction	forward	forward	forward, back, oder diffusion_only
-boundary_ conditions	flux constant	flux flux	konstant, geschlossen, Strömung für 1. und letzte Zelle
-lengths	4*1.0 2.0	1	Länge der Zelle in Meter; ein Wert für alle Zellen oder Liste der Längen
-dispersivities	4*0.1 0.2	0	Dispersivität in Meter; ein Wert für alle Zellen oder Liste der Dispersivitäten
-correct_disp	true	true	true oder false: wenn *true* wrd Dispersivität multipliziert mit (1 + 1/*cells*) für 1. und letzte Zelle mit flux-Randbedingung; diese Korrektur wird empfohlen, wenn der Auslauf von Säulenexperimenten modelliert wird
-diffusion_ coefficient	1.0e-9	0.3e-9	Diffusionskoeffizient in m^2/s
-stagnant	1 6.8e-6 0.3 0.1 5	0 0 0 0	definiert die maximale Anzahl stagnierender (immobiler) Zellen, die an jede Zelle, in der Advektion auftritt (mobile Zellen), gekoppelt sind; die immobilen Zellen sind i.d.R. definiert als 1D-Säule; jede benutzte immobile Zelle muß eine definierte SOLUTION enthalten; die Mischung mit den mobilen Zellen erfolgt entweder über einen MIX Datenblock oder bei einem Austauschmodell 1.Ordnung über einen definierten exchange factor; für Details siehe Handbuch
-thermal_diffusion	3.0 0.5e-6	2 1e-6	Temperatur-Retardations-Faktor und thermaler Diffusions-Koeffizient; für Details siehe Handbuch
-initial_time	1000	kum-	Zeit zu Beginn der Transportmodellierung in

		mulati-ve Zeit	Sekunden; diese Variable wird kontrolliert über -time im SELECTED_OUTPUT Datenblock
-print_cells	1-3 5	1-n	Anweisung für welche Zellen Werte ins Output-File geschrieben werden sollen; einzelne Zellennummern oder Liste
-print_frequency	5	1	Angabe, nach welcher Shift-Zahl (Zeitintervall) ins Ausgabe-File gedruckt wird
-punch_cells	2-5	1-n	Liste der Zellen, die in SELECTED_OUTPUT gedruckt werden sollen
-punch_frequency	5	1	Angabe, nach welchem Shift (Zeitintervall) mit SELECTED_OUTPUT gedruckt wird
-dump	dump.file	phree qc.dmp	Anweisung, dass die kompletten Informationen einer advektiven-dispersiven Transportsimulation nach jedem dump_modulus, advection shifts or diffusion periods zurückgeschrieben werden in ein File, das als Inputfile formatiert ist und somit zum Neustart der Simulationen verwendet werden kann
-dump_frequency	10	shifts/2 or 1	Angaben, nach welchem Zeitintervall das dump File geschrieben wird
-dump_restart	20	1	Zeitschritt, mit derm der Neustart aus dem dump File beginnen soll; der Zeitschritt ist der, mit dem die Erstellung des dump files begann
-warnings	false	true	wenn *true*, werden Warnungen am Bildschirm und im Ausgabefile ausgegeben

2.2.2.5.2. 1D Transport, Verdünnung und Oberflächenkomplexierung in einem stillgelegten Uran-Bergwerk

Ein zweites, komplexeres Beispiel für den 1D reaktiven Stofftransport ist im Folgenden dargestellt (5b_Transport_mine_dilution.phrq). Es handelt sich hierbei um ein vereinfachtes Modell zur Vorhersage der Auswirkungen, die die Schließung eines Uran-Bergwerks auf die Grundwasserzusammensetzung haben kann, wenn keine Sannierungsmaßnahmen durchgeführt werden. Da es sich um einen Uran-Laugungs-Bergbau (in-situ leaching, ISL) handelt, sind große Mengen an Schwefelsäure im Untergrund vorhanden. Das erklärt die Zusammensetzung des Grubenwassers wie in SOLUTION 0 beschrieben. Es wird angenommen, dass die Sulfatkonzentration im Wasser durch die Ausfällung von Gips aufgrund geringer Mengen Calcit und Pyrit stromabwärts im Aquifer kontrolliert wird. Die Anwesenheit von Sauerstoff führt zur Oxidation von Pyrit. Um die natürlichen Verhältnisse in Bezug auf die Reaktionskinetik realistisch nachzubilden, wird die Pyritoxidation unter Verwendung der Keywords KINETICS und RATES modelliert. Es wird angenommen, dass die sich anschließende Ausfällung von $Fe(OH)_3$ schnell abläuft. Sie wird daher über einen thermodynamischen Gleichgewichtsansatz (EQUILIBRIUM _PHASES) modelliert. Betrachtet man den Sättigungsindex, stellt man fest, dass alle Uran-Minerale untersättigt sind. Somit sind Uran-Minerale keine begrenzenden Phasen für die Urankonzentrationen im Grundwasser. Angenommen es laufen keine Redoxprozesse ab (z.B. Abbau organischer Substanz mit Verringerung des Redoxpotentials), werden die Urankonzentrationen im Grundwasser nur durch Oberflächenkomplexierung von Uran an Eisenhydroxiden (aus der Pyritverwitterung) stromabwärts reduziert. Ein weiterer wichtiger Aspekt ist die Verdünnung des Kontaminanten (siehe Kap. 1.3.3.4.2). Hierfür nutzt man MIX und mischt zunehmende Anteile von nicht-kontaminiertem Grundwasser mit zunehmender Entfernung von der Kontaminationsquelle bei.

Ein Blick in das Input-File 5b_Transport_mine_dilution.phrq zeigt, dass überwiegend Semikolons genutzt wurden, was äquivalent zum Zeilenumbruch (neue Zeile) ist und das File kompakter macht. Zudem wurden die Eingaben unter SURFACE und MIX durch „#" deaktiviert (kursiv dargestellt). Entfernt man „#" am Anfang der Befehlseingaben, kann diese Option leicht wieder aktiviert werden. Die Modellierung mit oder ohne SURFACE und MIX führt zu sehr verschiedenen Ergebnissen, wie in den Abb. 49 bis Abb. 52 zu sehen ist (Screen Shots aus der PHREEQC für Windows CHART Option). Die dargestellten Uran-Konzentrationen sind in Zeitintervallen von vier Jahren geplottet.

```
DATABASE WATEQ4F.dat
TITLE    1D Stofftransport mit Verdünnung und Oberflächenkomplexierung
SOLUTION 0   Saures Grubenwasser (AMD) mit 20 ppm Uran
units mg/L; pH  3.5; Temp  14; pe  16
Ca 60; Mg 10; Na 20; K 5; S(6) 660   charge; Cl 14; F 0.15; Fe 210; U 20; Cu
0.05
Ni 4; Zn 11 ; Sr 0.09; Ba 0.03; Pb 0.065; As 0.265; Cd 0.14; Al 23; Si 50


SOLUTION 1-42  1-20 GW, 22-41 nicht-kontaminiertes Wasser zur Verdünnung
temp 14; pH 6.6; pe 12; units mg/L
S(6) 14.3; Cl 2.1; F 0.5; N(5) 0.5; U 0.005; Fe 0.06; Zn 0.07; As 0.004; Mn 0.07
Pb 0.05; Ni 0.005; Cu 0.005; Cd 0.00025 ; Li 0.02; Na 5.8; K 1.5; Mg 3.5; Ca
36.6
Sr 0.09; Al 0.003; Si 3.64; C(4) 200 as HCO3  charge
```

#SURFACE 1-20; Hfo_wOH Fe(OH)3(a) e 0.2   5.34E4
#Hfo_sOH Fe(OH)3(a) e 0.005; -equil 1
#MIX 1; 1 1; 22 0; MIX 2; 2.99; 23.01; MIX 3; 3.98; 24.02; MIX 4; 4.97; 25.03
#MIX 5; 5.96; 26.04; MIX 6; 6.95; 27.05; MIX 7; 7.94; 28.06; MIX 8; 8.93;
29.07
#MIX 9; 9.92; 30.08; MIX 10; 10.91; 31.09; MIX 11; 11.9; 32.1; MIX 12; 12.89;
33.11
#MIX 13; 13.88; 34.12; MIX 14; 14.87; 35.13; MIX 15; 15.86; 36.14
#MIX 16; 16.85; 37.15; MIX 17; 17.84; 38.16; MIX 18; 18.83; 39.17
#MIX 19; 19.82; 40.18; MIX 20; 20.81; 41.19

EQUILIBRIUM_PHASES 1-20; O2(g) -.7 ; Calcite 0 1.1 # 1.1 mol Calcit im
Aquifer vorhanden
Gypsum 0 0 ; Fe(OH)3(a) 0 0; Al(OH)3(a) 0 0

KINETICS 1; Pyrite; -tol 1e-8; -m0 1; -m 1; -parms -5.0   0.1   .5 -0.11
RATES;   Pyrite
 -start
  1 rem parm(1) = log10(A/V, 1/dm)   parm(2) = exp for (m/m0)
  2 rem parm(3) = exp for O2, parm(4) = exp for H+
  10 if (m <= 0) then goto 200
  20 if (si("Pyrite") >= 0) then goto 200
  20 rate = -10.19 + parm(1) + parm(3)*lm("O2") + parm(4)*lm("H+") +
parm(2)*log10(m/m0)
  30 moles = 10^rate * time
  40 if (moles > m) then moles = m
  50 if (moles >= (mol("O2")/3.5)) then moles = mol("O2")/3.5
  200 save moles
 -end

TRANSPORT   800 m downstream
-cells 20 ; -shifts 40 ; -lengths 40; -time_step 6.3072e7 # 2Jahre, V = 20 m/Jahr
-flow_direction forward; -boundary_conditions flux flux
-dispersivities 20*5.0; -warnings true; -stagnant 1
-punch_frequency 2   # Ausgabe des Profils alle 4 Jahre
-punch_cells 1-20   # Ausgabe der Konzentrationen in
allen 20 Zellen

USER_GRAPH
-chart_title "800 m profile through aquifer" ; -heading DISTANCE U
-axis_scale y_axis 0 20 ; -axis_scale x_axis 0 800 ; -axis_titles m mg/L(Uran)
-axis_scale secondary_y_axis 0 0.005 ; -plot_concentration_vs x ; -
initial_solutions false
-start
10 GRAPH_X DIST
20 GRAPH_Y tot("U")*1e3*238
#30 GRAPH_SY tot("As")*1e3*75, tot("Fe")*1e3*56
-end

PRINT; reset false
KNOBS; -step_size 50; -pe_step_size 2.5; -iterations 1000
END

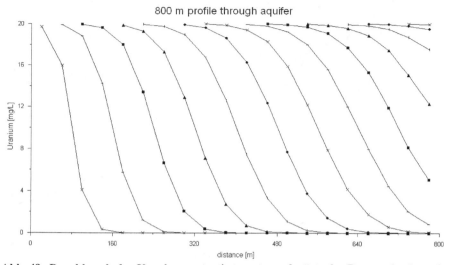

Abb. 49 Durchbruch der Urankonzentrationen stromabwärts des Bergwerks, berechnet in einer 1D Transportsimulation ohne Berücksichtigung von Verdünnung und Oberflächenkomplexierung an Eisenhydroxiden; es kann keine Retardation bezüglich des Grundwasserflusses (20 m/Jahr) beobachtet werden.

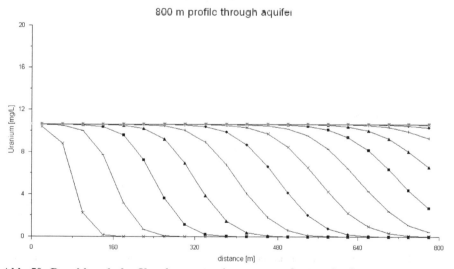

Abb. 50 Durchbruch der Urankonzentrationen stromabwärts des Bergwerks, berechnet in einer 1D Transportsimulation unter Berücksichtigung von Oberflächenkomplexierung an Eisenhydroxiden, aber ohne Verdünnung; die Urankonzentration ist um 50 % reduziert. Der Wert hängt jedoch signifikant von Annahmen bezüglich der Oberfläche der Eisenhydroxide und der Pyritoxidationsrate ab.

800 m profile through aquifer

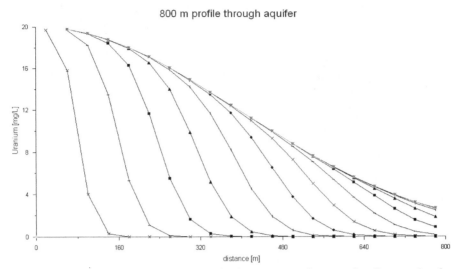

Abb. 51   Durchbruch der Urankonzentrationen stromabwärts des Bergwerks, berechnet in einer 1D Transportsimulation unter Berücksichtigung von Verdünnung, aber ohne Oberflächenkomplexierung an Eisenhydroxiden

800 m profile through aquifer

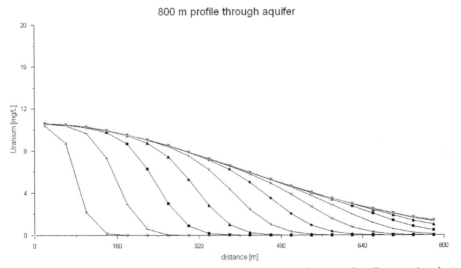

Abb. 52   Durchbruch der Urankonzentrationen stromabwärts des Bergwerks, berechnet in einer 1D Transportsimulation unter Berücksichtigung von Verdünnung und Oberflächenkomplexierung an Eisenhydroxiden

Verdünnung und Oberflächenkomplexierung sind in diesem Fall die dominierenden Faktoren für eine natürliche Abnahme der Urankonzentration im Grundwasser. Allerdings ist vor allem der gewählte Ansatz linearer Mischverhältnis einfach, aber nicht in jedem Fall ausreichend. Dieser wesentliche Nachteil einer 1D Modellierung entlang eines Fließweges kann nur mit Hilfe von 2D und 3D Modellen überwunden werden. Wie dies unter Verwendung von PHAST umgesetzt werden kann, wird im nächsten und letzen Einführungsbeispiel dieses Kapitels demonstriert.

2.2.2.5.3.   3D Stofftransport mit PHAST

Die Beschränkungen von PHREEQC in Bezug auf 1D reaktive Stofftransportmodellierung können mit Hilfe von PHAST (Parkhurst et al. 2004) überwunden werden. Die Strömungs- oder Transportmodellierung basiert auf HST3D (Kipp 1997), einem Finite-Differenzen-Code für stationäre und instationäre Bedingungen. In PHAST ist der HST3D Code auf konstante Flüssigkeitsdichte und konstante Temperatur begrenzt. PHREEQC ist in PHAST integriert. Somit können zahlreiche der in PHREEQC vorhandenen Optionen zur Modellierung geochemischer Reaktionen   (EQUILIBRIUM_PHASES,   EXCHANGE,   SURFACE, GAS_PHASE, SOLID_SOLUTIONS, KINETICS) abgerufen werden. Das Keyword „REACTIONS" existiert jedoch nicht in PHAST. Strömung, Transport und geochemische Reaktionen werden als unabhängige Prozesse ohne Rückkopplung betrachtet. Dies heisst zum Beispiel, dass die Ausfällung eines Minerals nicht die hydraulische Permeabilität, die Strömung oder die Transportmodellierung beeinflusst.

Zwei graphische Benutzeroberflächen (GUI) sind verfügbar: GoPhast und WPHAST. Beide können genau wie PHAST von der Web-Seite des USGS heruntergeladen   werden   (http://wwwbrr.cr.usgs.gov/projects/GWC_coupled/phast/ index.html). Die zum Zeitpunkt des Druckes letzten Versionen von PHAST und Wphast sind zudem auf der Begleit-CD zu diesem Lehrbuch enthalten. Es wird jedoch empfohlen, stets die aktuellste Version herunterzuladen. Unabhängig von der gewählten Benutzeroberfläche muss PHAST separat installiert werden und es wird dringend geraten, die Programme mit ihren Standardeinstellungen zu installieren. Im Folgenden wird die Benutzung von WPHAST beschrieben, da es eine professionelle graphische Benutzeroberfläche für die Erstellung eines 3D Strömungsmodells besitzt. PHAST verfügt über 3 Output Formate:

1. geeignet zur Ansicht mit jedem beliebigen Texteditor
2. geeignet für den Export in andere Spreadsheets
3. binäre, hierarchische Datenformate (HDF)

Mit der Installation von PHAST werden gleichzeitig zwei weitere Software Tools installiert: PHASTHDF und ModelViewer. Das Zusatzprogramm PHASTHDF wird genutzt, um ein HDF-File in ein Text-Format zu extrahieren. Das Model-Viewer Zusatzprogramm kann zur Darstellung der Ergebnisse von h5-Files genutzt werden.

Die Abfolge von Screen Shots in Abb. 53 zeigt, wie einfach die Erstellung eines neuen reaktiven Stofftransportmodells mit WPHAST sein kann. Die Information wird in einem File mit der Extension **.wphast** (z.B. mine_isl.wphast) gespeichert.

Diese Benutzeroberfläche enthält jedoch nicht die Definition für den chemischen Teil des Modells. Dies muss separat, z.B. unter Verwendung von PHREEQC für Windows oder eines Texteditors, durchgeführt werden. Der Name des PHREEQC Input-Files muss mit dem PHAST Projektnamen identisch sein und die Extension **.chem.dat** (z.B. TEST.chem.dat) besitzen. Weiterhin müssen beide Files im gleichen Ordner (5c_Transport_PHAST) zusammen mit einem dritten File, phast.dat, abgelegt sein. Bei der Installation von WPHAST wird ein File phast.dat eingefügt, das letztlich nur ein umbenanntes phreec.dat ist. Es ist jedoch möglich, jedes gültige PHREEQC Datensatz-File zu phast.dat umzubenennen und es in den Projektordner zu kopieren. Das PHREEQC Input-File muss mindestens eine chemische Analyse als SOLUTION definieren und kann die Keywords EQUILIBRIUM_PHASES, SURFACE, EXCHANGE, GAS_PHASE, KINETICS und SOLID_SOLUTIONS enthalten.

Zusätzlich muss im PHREEQC Input-File die Ausgabe der Ergebnisse mittels SELECTED_OUTPUT und USER_PUNCH definiert werden. Dabei wird im vorgegebenen Beispiel nichts in das File mit der Extension .dummy.sel geschrieben. Dennoch ist dieser Befehl oligatorisch, da er die Ergebnisse in das File der Extension .xyz.chem schreibt. Wie häufig ein Ergebnis ausgegeben wird, ist in WPHAST im Menu Properties/Print Frequency festgelegt.

TITLE   Grubenwasser mit Oberflächenkomplexierung

SOLUTION 0   Saures Grubenwasser (AMD) mit 20 ppm Uran
units mg/l; pH 3.5; Temp 14; pe 16
Ca 60; Mg 10; Na 20; K 5; S(6) 660   charge; Cl 14; F 0.15; Fe 210; U 20; Cu 0.05
Ni 4; Zn 11 ; Sr 0.09; Ba 0.03; Pb 0.065; As 0.265; Cd 0.14; Al 23; Si 50

END

SOLUTION 1
temp 14; pH 6.6; pe 12; units mg/l
S(6) 14.3; Cl 2.1; F 0.5; N(5) 0.5; U 0.005; Fe 0.06; Zn 0.07; As 0.004; Mn 0.07
Pb 0.05; Ni 0.005; Cu 0.005; Cd 0.00025 ; Li 0.02; Na 5.8; K 1.5; Mg 3.5; Ca 36.6
Sr 0.09; Al 0.003; Si 3.64; C(4) 200 as HCO3   charge

SURFACE 1; Hfo_sOH 5e-6 600. 0.09; Hfo_wOH 2e-4

EQUILIBRIUM_PHASES 1; O2(g) -.7 ; Calcite 0 1.1
                                 # 1.1 Mol Calcit im Aquifer verfügbar
Gypsum 0 0 ; Fe(OH)3(a) 0 0; Al(OH)3(a) 0 0

SAVE Solution 1
KNOBS; -step_size 50; -pe_step_size 2.5; -iterations 1000
END

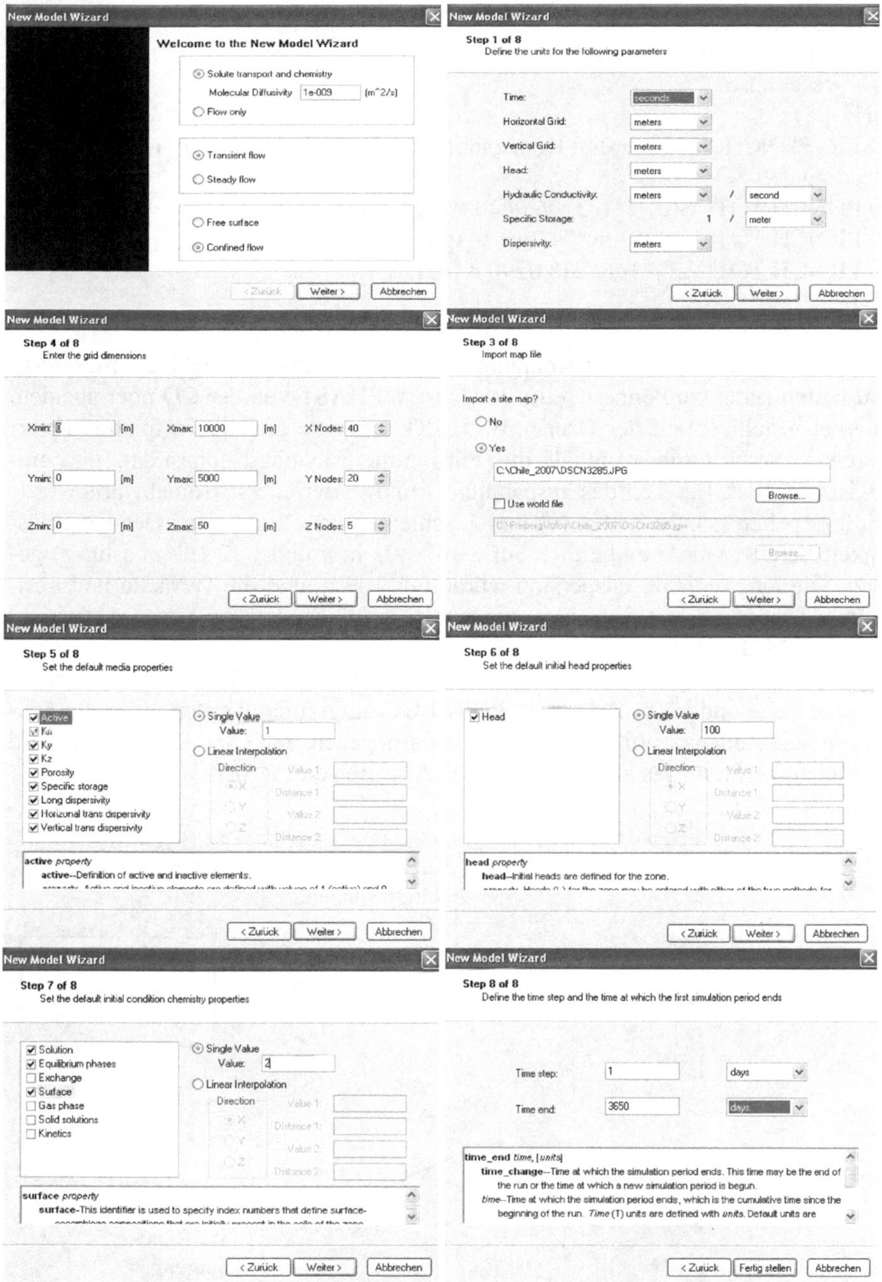

Abb. 53 Vorlagen zur Erstellung eines neuen 3D Finite Differenzen Grundwassermodells in WPHAST

```
SELECTED_OUTPUT
    -file mine_isl.dummy.sel
    -reset false
-pH; -pe
USER_PUNCH        # schreibt Konzentrationen in mg/kgw in mine_isl.xyz.chem
-heading     SO4    As      U
10 PUNCH TOT("S(6)")*1e3*96.0616 # mg/L SO4
20 PUNCH TOT("As")*1e6*74.296  # µg/L
30 PUNCH TOT("U")*1e6*238.0290 # µg/L
END
```

Um das 3D Modell der Uran-Kontamination aus dem in-situ leaching (ISL) Bergbau laufen lassen zu können, muss zunächst WPHAST von der CD oder aus dem Internet installiert und der Ordner WPHAST_example auf die Festplatte kopiert werden. Dieser Ordner enthält die Files mine_isl.wphast, phast.dat, und mine_isl.chem.dat. Ein Teil des gespannten Grundwasserleiters stromabwärts wurde mit 30 Spalten (x), 20 Zeilen (y) und 2 Schichten (z) diskretisiert. Der Durchlässigkeitsbeiwert wurde einheitlich auf $2 \cdot 10^{-6}$ m/s in x und y ($2 \cdot 10^{-7}$ m/s für z) gesetzt. Die longitudinale Dispersion wurde mit 100 m und die vertikale und horizontale Dispersion mit 5 m angenommen. Das 3D Modell kann in der Aufsicht und als 3D Bild dargestellt werden (Abb. 54).

Die Modellierung in PHAST kann beträchtliche Zeit in Anspruch nehmen, da für jede Zelle und jeden Zeitschritt PHREEQC aufgerufen werden muss. Im Beispiel ist die Zellenanzahl mit 30 x 20 x 2 vorgegeben. Jede der 1200 Zellen wird 30 Mal aufgerufen, was zusammen 36.000 Aufrufe von PHREEQC ergibt.

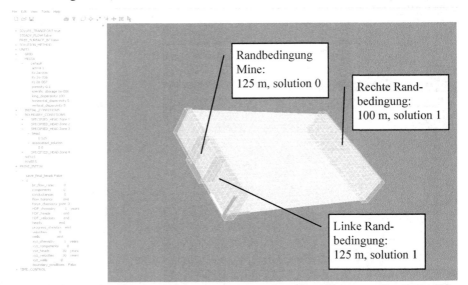

Abb. 54 Screenshot des Aquifers stromabwärts eines Uran-Laugungs-Bergbaus (30 x 20 x 2 Finite-Differenzen-Diskretisierung)

Die Ergebnisse des Files mine_isl.h5 kann man sich mit dem Visualisierungs-Tool ModelViewer, das in der PHAST Programmgruppe installiert ist, darstellen lassen. Dafür muss File/New aufgerufen und mine_isl.h5 gewählt werden. Anschließend werden unter View die Optionen **solid** und **color bar** für die Darstellung des folgenden Ergebnisses gewählt (Abb. 55):

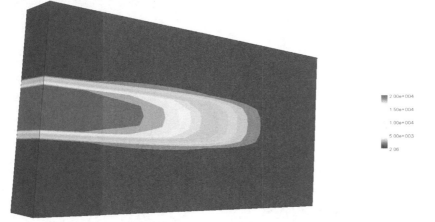

Abb. 55 Verteilung der Uran-Konzentration [µg/L] stromabwärts eines Uran-Laugungs-Bergbaus nach 30 Jahren (graphische Darstellung in Model Viewer)

Mit Tools/Data kann der Nutzer Parameter (pH, E_H, As, U, SO_4, Druckpotential, usw.) wählen, die dargestellt werden sollen. Unter Verwendung des Files Mine_isl.xyz.chem können Daten in einem beliebigen Isolinien-Programm (z.B. Surfer) oder Geoinformationssystem gemäß der in WPHAST definierten und selektierten Zeitschritte geplottet werden (Abb. 56, Uran-Konzentrationen in µg/L).

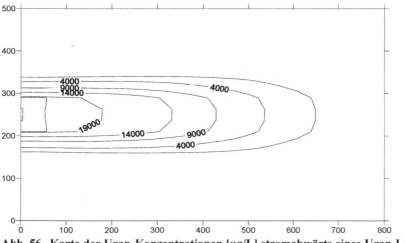

Abb. 56 Karte der Uran-Konzentrationen [µg/L] stromabwärts eines Uran-Laugungs-Bergbaus nach 30 Jahren

3 Aufgaben

Das folgende Kapitel enthält zahlreiche Übungsbeispiele, die von der einfachen Modellierung von Gleichgewichtsreaktionen (Kap. 3.1) bis hin zu komplexeren Anwendungen wie der kinetischen Modellierung (Kap. 3.2) und der reaktiven Stofftransportmodellierung reichen (3.3). Die Lösungen aller Beispiele werden ausführlich in Kapitel 4 erläutert. Alle Aufgaben wurden mit der aktuellen PHREEQC Version 2.14.03 (zum Zeitpunkt des Drucks) modelliert. Diese befindet sich ebenfalls auf der dem Buch beiliegenden CD (in verschiedenen Versionen zur Installation für Windows- oder Mac-Rechner sowie Unix-Workstations). Die CD beinhaltet auch die Input-Files zu jeder Übung (Ordner PHREEQC_files).

Für Nutzer, die eigene Aufgabenstellungen modellieren wollen, wird empfohlen, ein bereits existierendes Input-File aufzurufen, dessen Stuktur beizubehalten und nur die notwendigen Daten zu ändern. Keywords, die in den folgenden Übungsbeispielen verwendet werden, sind (SOLUTION, TITLE und END sind nicht aufgeführt, da sie in jedem Beispiel genutzt werden):

Grundlegende Keywords

DATABASE	Einführungsbeispiel 2a, 2b, 4, 5b
EQUILIBRIUM_PHASES	Einführungsbeispiel 1b, 1c, 2b, 3, 5b, 5c; 1.1.2; 1.1.3; 1.1.4; 1.1.5; 1.1.6; 1.1.7; 1.1.8; 1.1.9; 1.2.1; 1.2.2; 1.2.3; 1.2.4; 1.2.5; 1.5.2; 1.5.3; 1.5.4; 1.5.5; 1.6.2; 1.6.3; 2.1; 2.2; 2.3; 3.2; 3.3; 3.4
MIX	Einführungsbeispiel 5b; 1.2.5; 1.3.3; 1.5.5
GAS_PHASE	Einführungsbeispiel 4; 1.1.8
REACTION	Beispiele 1.1.9; 1.2.3; 1.2.5; 1.5.1; 1.6.1; 1.6.2; 2.1
REACTION_TEMPERATURE	Einführungsbeispiel 4; 1.1.4; 1.1.5
SAVE /USE	Einführungsbeispiel 1c, 2b, 2c, 4, 5c; 1.2.4; 1.2.5; 1.3.3; 1.5.1; 1.5.3; 1.5.5; 2.1; 2.3
SELECTED_OUTPUT	Einführungsbeispiel 3, 4, 5a, 5c; 1.1.9; 1.2.3; 1.3.1, 1.3.2; 1.3.3; 1.5.1; 1.6.1; 1.6.2; 2.2; 2.3; 2.4; 3.1; 3.2; 3.4; 3.5
USER_PUNCH	Einführungsbeispiel 5c
PRINT	Einführungsbeispiel 4, 5a, 5b; 2.2; 2.4; 3.2; 3.3; 3.4; 3.5
KNOBS	Einführungsbeispiel 2c, 5b, 5c

Keywords zur Definition thermodynamischer Daten

PHASES	Einführungsbeispiel 2c
SOLID_SOLUTIONS	Einführungsbeispiel 4
SOLUTION_MASTER_SPECIES	Beispiel 2.4
SOLUTION_SPECIES	Beispiel 2.4
EXCHANGE	Einführungsbeispiel 2a, 5a; 1.2.2; 3.1
SURFACE_MASTER_SPECIES	Einführungsbeispiel 2c
SURFACE_SPECIES	Einführungsbeispiel 2c
SURFACE	Einführungsbeispiel 2b, 2c, 5b, 5c

Keywords für fortgeschrittene Modellierung

INVERSE_MODELING	Beispiele 1.4.1; 1.4.2
KINETICS	Einführungsbeispiel 3, 5b; 2.2; 2.3; 2.4; 3.2; 3.3; 3.4
RATES	Einführungsbeispiel 3, 5b; 2.2; 2.3; 2.4; 3.2; 3.3; 3.4
ADVECTION	Beispiel 3.1
TRANSPORT	Einführungsbeispiel 5a, 5b; 2.4; 3.2; 3.3; 3.4; 3.5
USER_GRAPH	Einführungsbeispiel 2c, 5b; 3.3

Keywords zur Modellierung von Isotopen

ISOTOPES	Einführungsbeispiel 4

Neben den Beispielen, die im vorliegenden Buch beschrieben sind, werden mit der Installation von PHREEQC zudem 18 Beispiele unter dem Ordner „Examples" automatisch mit installiert. Sie umfassen:

Beispiel 01.-- Speziationsberechnungen
Beispiel 02.-- Gleichgewichtsreaktionen mit reinen Mineralphasen
Beispiel 03.-- Mischreaktionen
Beispiel 04.-- Evaporation und homogene Redoxreaktionen
Beispiel 05.-- Irreversible Reaktionen
Beispiel 06.-- Reaktionspfad-Berechnungen
Beispiel 07.-- Gasphasen-Berechnungen
Beispiel 08.-- Oberflächenkomplexierung
Beispiel 09.-- Kinetische Oxidation von gelöstem Eisen mit Sauerstoff
Beispiel 10.-- Aragonit-Strontianit Mischmineralbildung
Beispiel 11.-- Transport und Kationenaustausch
Beispiel 12.-- Advektiver und diffusiver Transport von Wärme und Wasserinhaltsstoffen
Beispiel 13.-- 1D Transport und Kationenaustausch in einer Säule mit double porosity Eigenschaften
Beispiel 14.-- advektiver Transport, Ionenaustausch, Oberflächenkomplexierung, Mineralgleichgewichte

Beispiel 15.-- 1D Transport: Kinetische Biodegradation, Zellwachstum und Sorp-
            tion
Beispiel 16.-- Inverse Modellierung von Quellwässern der Sierra
Beispiel 17.-- Inverse Modellierung mit Evaporation
Beispiel 18.-- Inverse Modellierung des Madison Aquifers

Eine detaillierte Beschreibung der Lösungen zu diesen Beispielen findet man im
PHREEQC-Manual (Parkhurst & Appelo 1999).

3.1 Gleichgewichtsreaktionen

3.1.1 Grundwasser - Lithosphäre

3.1.1.1 Standard-Output Brunnenanalyse

Für den Trinkwasserbrunnen („B3") aus Abb. 57 liegt folgende hydrogeochemische Analyse vor (Konzentrationen in mg/L) (Tab. 30).

Hangschutt

Quartäre Schotter   B 1   Bewässerungsbrunnen

Ton - Mergel   B 2   geplanter neuer Brunnen

Kreidekalke   B 3   alter Trinkwasserbrunnen

Gips   B 4   stillgelegter Brunnen

Grundgebirge

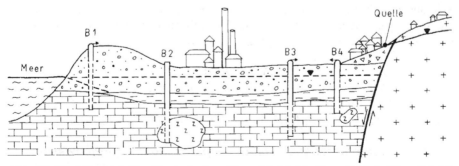

**Abb. 57 Modellgebiet für die Aufgaben Kap. 3.1.1.1 bis Kap. 3.1.1.8, Kap. 3.1.4.2,
Kap. 3.1.5.2 bis Kap. 3.1.5.5**

Tab. 30   Hydrogeochemische Analyse des Trinkwasserbrunnens B3 aus Abb. 57

Temperatur = 22.3°C	pH = 6.7	pE = 6.9	
Ca = 75.0	Mg = 40.0	K = 3.0	Na = 19.0
HCO_3^- = 240.0	SO_4^{2-} = 200.0	Cl^- = 6.0	NO_3^- = 1.5
NO_2^- = 0.05	PO_4^{3-} = 0.60	SiO_2 = 21.59	F^- = 1.30
Li = 0.030L	B = 0.030	Al = 0.056	Mn = 0.014
Fe = 0.067	Ni = 0.026	Cu = 0.078	Zn = 0.168
Cd = 0.0004	As = 0.005	Se = 0.006	Sr = 2.979
Ba = 0.065	Pb = 0.009	U = 0.003	

Wie ist die Analyse zu bewerten? Betrachten Sie insbesondere die redoxsensitiven Elemente - welche Elemente fallen aus der Reihe und warum? Stellen Sie die Speziesverteilung der Ca, Mg, Pb, Zn-Spezies in Form von Tortendiagrammen dar - was fällt auf? Zeigen sie anhand zweier Säulendiagramme die übersättigten Fe- und Al-Mineral-Phasen auf.

3.1.1.2 Gleichgewichtsreaktion Gipslösung

Ein neuer Brunnen zur Trinkwasserversorgung soll gebohrt werden. Aus logistischen Gründen (Länge der Wasserrohrleitungen) soll dieser näher an der Stadt liegen. Der geplante neue Standort ist unter „B2" in der Karte (Abb. 57) eingezeichnet. Ist aus hydrogeochemischer Sicht dazu zu raten? Gehen Sie bei Ihren Betrachtungen von einer generellen Grundwasser-Strömungsrichtung von Ost nach West aus und betrachten Sie die Analyse des alten Brunnnens als „charakteristisch" für den Aquifer östlich des geplanten neuen Standpunktes. Zeigen Sie Veränderungen in der Wasserchemie auf und berücksichtigen Sie bei einer abschließenden Bewertung auch die Grenzwerte der deutschen Trinkwasserverordnung.

3.1.1.3 Ungleichgewichtsreaktion Gipslösung

Wie ändert sich die allgemeine Wasserbeschaffenheit und die Trinkwasserqualität, wenn man davon ausgeht, dass die Verweilzeiten im Untergrund so gering sind, dass nur eine 50%ige Sättigung mit der vorherrschenden Mineralphase im Untergrund eintreten wird?
[Hinweis: unter dem Keyword EQUILIBRIUM_PHASES kann man nicht nur Gleichgewichte, sondern auch definierte Ungleichgewichte über den Sättigungsindex angeben. Eine 80%ige Sättigung (Untersättigung), würde z.B. bedeuten: IAP/KT = 80 % = 0.8; log IAP/KT = SI = log 0.8 ≈ -0.1; siehe auch Gl. 35].

3.1.1.4 Temperaturabhängigkeit der Gipslösung in Brunnenwasser

Neuere Bohrungen in der Nähe lassen einen gewissen geothermalen Einfluss in dieser Umgebung erwarten. Wie würden sich unterschiedliche Temperaturen im Untergrund auf die Wasserbeschaffenheit und die zu erwartende Trinkwasserqualität im neuen Brunnen B2 auswirken (Simulationsbereich 10, 20, 30, 40, 50, 60, 70°C bei 50%iger Sättigung)? *[Keyword REACTION_TEMPERATURE]*

3.1.1.5 Temperaturabhängigkeit Gipslösung in destilliertem Wasser

Nur zum Vergleich: welche Mengen Gips lösen sich unter den gleichen Temperaturen in destilliertem Wasser und wie erklärt sich der Unterschied im Vergleich zum Brunnenwasser?

3.1.1.6 Calcitlösung in Abhängigkeit von Temperatur und CO_2-Partialdruck

Im alten Brunnen B3, der nach wie vor zur Trinkwassergewinnung genutzt werden soll, wurden jahreszeitlich schwankende Ca-Gehalte gemessen. Dieses Phänomen ist auf die Karstverwitterung zurückzuführen, die neben der Temperatur auch vom CO_2-Partialdruck im Boden abhängig ist (CO_2 im Boden entsteht durch mikrobielle Abbaureaktionen).

Simulieren Sie die theoretische Löslichkeit des Calcits über das Jahr verteilt bei Temperaturen an Wintertagen von 0°C und einem CO_2-Partialdruck, der lediglich dem der Atmosphäre entspricht, ohne zusätzliche Bioproduktion (p(CO_2) = 0.03 Vol%) bis hin zu heißen Sommertagen mit Temperaturen von 40°C und hoher Bioproduktivität (p(CO_2) = 10 Vol%). Folgende Temperatur-p(CO_2)-Paare sind vorgegeben:

Temp. °C	0	5	8	15	25	30	40
CO_2 (Vol%)	0.03	0.5	0.9	2	4.5	7	10

Wo liegt das Maximum der Karstverwitterung (tabellarische und graphische Darstellung) und warum?

[Hinweis: Gase können wie Minerale ins Gleichgewicht gesetzt werden, statt SI wird der Gas-Partialdruck p gesetzt: CO2 Vol% umrechnen in [bar] und log bilden = p(CO2); z.B. 3 Vol% = 0.03 bar = -1.523 p(CO2)]

3.1.1.7 Calcitfällung und Dolomitlösung

Was passiert, wenn nicht nur reines Calcium-Carbonat (Calcit) sondern daneben auch Magnesium-Calcium-Carbonat (Dolomit) vorliegt? Stellen Sie Ihre Ergebnisse in einer Graphik dar. Wie nennt man diese Art von Reaktion? *[Mineralphase dolomite(d) = dispers verteilter Dolomit für die Simulation verwenden]*

3.1.1.8 Vergleich der Calcitlösung im offenen und geschlossenen System

Bei den Simulationen der vorherigen beiden Aufgaben (Kap. 3.1.1.6 und Kap. 3.1.1.7) sind Sie davon ausgegangen, dass CO_2 in beliebiger Menge vorhanden ist. Solche Systeme nennt man „offene Systeme". Real ist dies oft nicht der Fall und es steht nur eine begrenzte Menge Gas zur Verfügung (geschlossenes System).

Simulieren Sie für den Trinkwasser-Brunnen B3 die Calcit-Lösung im Vergleich in einem offenen und einem geschlossenen System bei einer Temperatur von 15°C und einem Partialdruck von 2 bzw. 20 Vol%. Wie unterscheiden sich beide Systeme, was ändert sich mit steigendem Partialdruck und warum? Betrachten Sie neben der Calcit-Lösung auch Änderungen im pH-Wert.

[Hinweis: geschlossenes System: Keyword GAS_PHASE; darunter muss definiert werden Gesamtdruck (pressure) 1 bar; Volumen (volume) 1 L Gas pro L Wasser und die Temperatur des Gases: 35°C; zusätzlich, welches Gas verwendet wird (CO2) und welchen Partialdruck es hat (hier nicht wie bei EQUILIBRIUM_PHASES als log p(CO2) angeben, sondern in bar!]

3.1.1.9 Pyritverwitterung

Viele Reaktionen laufen so langsam ab, dass sie mit einer Gleichgewichtsreaktion nicht beschrieben werden können, z.B. die Verwitterung von Quarz oder Pyrit in Abwesenheit von Mikroorganismen. Dennoch ist häufig interessant, inwieweit sich diese langsamen Umwandlungen auf den pH-Wert oder andere (Gleichgewichts-) Reaktionen in Lösung auswirken.

Bei Bergbau-Flutungen spielen Oxidations- und Reduktionsvorgänge eine große Rolle, da durch die Zufuhr von Sauerstoff Protonen und Sulfat entstehen, die die Chemie der Grundwässer grundlegend verändern, z.B. durch Erniedrigung der pH-Werte („Versauerung") zu einer Mobilisation von Metallen führen.

Modellieren Sie die Oxidation von Pyrit mit unterschiedlichen Sauerstoffzufuhren (0.0, 0.001, 0.005, 0.01, 0.05, 0.1, 0.3, 0.6, 1.0 mol) unter Berücksichtigung der aus dem Pyrit entstehenden Elemente sowie des pH-Wertes für die in Tab. 31 angegebene Analyse.

Tab. 31 Hydrochemische Analyse eines Grundwassers (Konzentrationen in mg/L)

pH	6.5		
Redox Potential	-120 mV	Al	0.26
Temperatur	10.7 °C	SiO_2	24.68
O_2	0.49	Cl	12.76
Ca	64.13	HCO_3	259.93
Mg	12.16	SO_4	16.67
Na	20.55	H_2S	2.33
K	2.69	NO_3	14.67
Fe	0.248	NH_4	0.35
Mn	0.06	NO_2	0.001

[Hinweis: Das Keyword für die Zugabe von bestimmten Mengen eines Reaktanten zu einer Lösung heißt REACTION. Der Befehl SELECTED_OUTPUT, der bereits in Kap.2.2.1.4 erwähnt wurde, ist hier sehr nützlich, um sich die benötigten Daten in einem extra File (.csv) im spreadsheet-Format direkt ausgeben zu lassen, ohne den ganzen Output durchsuchen zu müssen. Unter „molalities" kann man sich die

gewünschten Spezies angeben lassen, unter „totals" die Gesamtkonzentration eines Elements.]

Zeigen Sie zusätzlich, ob es möglich ist, durch die Zugabe von Kalk die Reaktionen abzumildern. Fügen Sie als Mineralphase $U_3O_8(c)$ hinzu und prüfen Sie auch hier, ob Kalk eine Verminderung der Konzentration des Urans mit sich bringt.

[Anzumerken bleibt noch, dass viele dieser langsamen Reaktionen nicht linear ablaufen und daher auch nur annähernd erfasst werden können. Die Pyrit-Verwitterung wird z.b. katalysiert durch Mikroorganismen, die einem exponentiellen Wachstum und Absterben unterliegen. Diese Kinetik wird in Aufgabe Kap. 3.2.1 berücksichtigt.]

3.1.2 Atmosphäre - Grundwasser – Lithosphäre

3.1.2.1 Regenwasserinfiltration unter dem Einfluss des Boden-CO_2

Im Boden entstehen erhebliche Mengen Kohlenstoffdioxid durch mikrobielle Abbaureaktionen. Vor allem im Sommer werden in humiden Klimata wie in Mitteleuropa CO_2-Bodengaskonzentrationen von ca. 1-5 Vol% erreicht, was einer deutlichen Erhöhung gegenüber dem CO_2-Partialdruck der Atmosphäre (0.03 Vol%) entspricht (siehe auch Aufgabe Kap. 3.1.1.6). Simulieren Sie den Effekt, den ein Boden-CO_2-Partialdruck von 1 Vol% auf folgendes Regenwasser hat:
Na = 8, K = 7, Ca = 90, Mg = 29, Sulfat = 82, Nitrat = 80, C(+4) = 13 und Cl = 23 [alle Einheiten in µmol/L]. pH-Wert: 5.1, Temperatur: 21°C.

Achtung: C(+4) muss in PHREEQC auch wirklich als C(+4) angegeben werden, nicht als Alkalinity, da bei den niedrigen Konzentrationen im Regenwasser eine „konventionelle" Bestimmung als Alkalinity nicht möglich ist, sondern nur die Bestimmung des TIC (total inorganic carbon, C(+4)).

3.1.2.2 Puffersysteme im Boden

Wie wirken sich die verschiedenen Puffersysteme im Boden (Al-Hydroxid-, Austauscher- (50 % NaX, 30 % CaX$_2$, 20 % MgX$_2$), Carbonat-, Fe-Hydroxid-, Mn-Hydroxidpuffer) auf die chemische Zusammensetzung des Regenwasser aus der vorhergehenden Aufgabe (Kap. 3.1.2.1) aus, wenn dieses im Boden (CO_2-Partialdruck 1 Vol %) versickert?

[Um den Austauscher-Puffer modellieren zu können, verwenden Sie das Keyword EXCHANGE und definieren Sie darunter die Austauscherspezies und ihren jeweiligen Anteil (z.B. NaX 0.5).]

3.1.2.3 Abscheidung an heißen Schwefel-Quellen

Folgende Analyse eines schwefelhaltigen Thermalwassers im Untergrund ist gegeben (Tab. 32):

Tab. 32 Hydrochemische Analyse eines schwefelhaltigen Thermalwassers (Konzentrationen in mol/L)

pH	4.317	pE	-1.407	Temperatur	75°C
B	2.506e-03	Ba	8.768e-08	C	1.328e-02
Ca	7.987e-04	Cl	5.024e-02	Cs	9.438e-06
K	3.696e-03	Li	1.193e-03	Mg	2.064e-06
Na	4.509e-02	Rb	1.620e-05	S	8.660e-03
Si	7.299e-03	Sr	3.550e-06		

Modellieren Sie, was passiert, wenn dieses Wasser in einer Quelle austritt und dabei mit Luftsauerstoff und CO_2 in Kontakt kommt. Berücksichtigen Sie dabei auch, dass zwar die Diffusion der Gase ins Wasser relativ schnell abläuft, der Kontakt mit Sauerstoff aber Redoxreaktionen nach sich zieht, die viel länger dauern. Dosieren Sie deshalb die Zugabe von Sauerstoff über den Befehl REACTION von 1 mg O_2/L bis zur maximal möglichen Menge an O_2, die sich lösen kann, wenn man davon ausgeht, dass das Wasser sich im näheren Umfeld der Quelle auf 45°C abkühlt (Gaslöslichkeit nimmt mit zunehmender Temperatur ab, siehe Kap. 1.1.3.1).

[Hilfe: Tab. 33 gibt die O_2-Gaslöslichkeit in cm^3 pro cm^3 Wasser bei einem Partialdruck von 100 Vol% an:

Tab. 33 O_2-Löslichkeiten in Abhängigkeit der Temperatur bei $p(O_2)$ = 100 %

Temperature	Gas solubility	Temperature	Gas solubility	Temperature	Gas solubility
0	0.0473	20	0.0300	50	0.0204
5	0.0415	25	0.0275	60	0.0190
10	0.0368	30	0.0250	70	0.0181
15	0.0330	40	0.0225	90	0.0172

Schätzen Sie aus Tab. 33 ab, wieviel mg O_2 pro Liter Wasser sich bei der angegebenen Temperatur und dem O_2-Partialdruck der Atmosphäre lösen. Zur Abschätzung kann weiterhin davon ausgegangen werden, dass sich in 22.4 Liter Gas 1 Mol O_2 befindet.]

3.1.2.4 Stalagtitbildung in Karsthöhlen

Das Regenwasser aus Aufgabe Kap. 3.1.2.1 versickert in einem Karstgebiet. Es steht genügend Zeit zur Verfügung, dass sich zunächst ein Gleichgewicht bezüglich der vorherrschenden Mineralphase sowie eines erhöhten CO_2-Partialdruckes von 3 Vol% einstellen kann.

Im Untergrund gibt es eine Karsthöhle mit einer Ausdehnung von 10 m Länge, 10 m Breite und 3 m Höhe. Über die Decke tropfen täglich ca. 100 Liter des versickerten, kalkhaltigen Wassers in die Höhle, in der ein CO_2-Partialdruck wie in der Atmosphäre herrscht. Dabei bilden sich Stalagtiten (Abb. 58) - warum und in welcher Menge pro Jahr?

Um wieviel mm pro Jahr wachsen die Stalagtiten, bei einer angenommenen Dichte von Calcit von 2.71 g/cm^3 und der Annahme, dass ca. 15 % der Höhlendecken- Fläche von Stalagtiten bedeckt ist?

Abb. 58 Stalagtitbildung in Höhlen

3.1.2.5 Evaporation

Die Verdunstung verändert die Chemie des Regenwassers im Sinne einer relativen Abreicherung flüchtiger Komponenten und relativen Anreicherung nicht-flüchtiger Komponenten.

Da die Verdunstungsberechnung in PHREEQC etwas trickreich ist, soll das folgende Beispiel zur Orientierung dienen. Wichtig zu wissen ist, dass 1 kg Wasser aus 55.5 mol H_2O besteht. Zunächst wird mit einer negativen Wassermenge (in moles) titriert, um Wasser zu entfernen; anschließend muss die resultierende, angereicherte Lösung wieder auf die 55.5 mol gebracht werden.

```
Title  90 % Verdunstung als Beispiel
Solution 1   Regenwasser

......
REACTION 1              # Verdunstung
H2O    -1.0             # entferne Wasser durch -H2O !
```

```
            49.5 moles        # um 90 %, da 100 % = 1 kg H2O = 55.5 mol → 90 %
                              # =  49.95 mol
                              # übrig bleiben 10 % der urspünglichen Wassermenge,
                              # mit dem gleichen Stoffinhalt wie vorher die 100 %
                              # → gleiche Stoffmenge in weniger Lösungsmittel, d.h.
                              # es hat eine Anreicherung stattgefunden
    save solution 2
    END
    MIX
    2       10                # mischt die unter SOLUTION 2 abgespeicherte,
                              # angereicherte Lösung mit sich selbst und zwar 10x,
                              # damit die Wassermenge wieder 100 % beträgt, aber
                              # nun 100 % konzentrierter Lösung, nicht mehr gering
                              # mineralisierten Regenwassers
    save solution 3
    END
    ....weitere Reaktionen, z.B. Gleichgewichtsreaktionen, usw.
```

Berechnen Sie eine Sickerwasserzusammensetzung mit und ohne Berücksichtigung der Verdunstung, unter der Annahme, dass der langjährige Niederschlag in einem Gebiet 250 mm, die aktuelle Verdunstung 225 mm und der oberirdische Abfluss 20 mm beträgt. Verwenden Sie dazu die Regenwasser-Analyse aus Aufgabe Kap. 3.1.2.1. Zudem herrscht in der ungesättigten Zone ein CO_2-Partialdruck von 0.01 bar und die ungesättigte Zone soll im wesentlichen aus Kalken und Sandsteinen bestehen.

Berechnen Sie zudem die Mengen an Kalk, die jährlich in einem Gebiet von 50 km · 30 km Ausdehnung, gelöst werden. Welches Volumen an Hohlräumen entsteht bei dieser Karstverwitterung, wenn man für Calcit eine Dichte von 2.71 g/cm^3 annimmt? Welche Setzungen ergeben sich theoretisch aus der Kalklösung pro Jahr auf die gesamte Fläche von 50 km · 30 km bezogen? (Höhlenbildung verhindert praktisch zunächst eine sofortige Setzung. Diese wirkt sich erst aus, wenn größere Höhlen einstürzen und die Oberfläche nachbricht. Dieser Zeit-Aspekt soll hier aber vernachlässigt werden).

3.1.3 Grundwasser

3.1.3.1 pE-pH-Diagramm für das System Eisen

In Kap. 1.1.5.2.3 wurde am Beispiel des Systems Fe-O_2-H_2O gezeigt, wie Speziesverteilungen unter verschiedenen pH- und Redoxbedingungen analytisch bestimmt und in einem pE-pH-Diagramm dargestellt werden können. In den folgenden Beispielen soll nun die numerische Lösung mit Hilfe von PHREEQC durchgeführt werden.

Die Modellierung dafür ist relativ simpel, im Eingabefile werden neben den Spezies in Lösung ein bestimmter pE- und pH-Wert definiert und nach der Modellierung aus der Spezies-Verteilung die dominante Spezies (d.h. die Spezies, die in höchster Konzentration vertreten ist) bestimmt. Variiert man dabei sowohl den pH-Wert in einem Werte-Bereich z.B. von 0 (sauer) bis 14 (alkalisch) als auch den pE-Wert in einem Wertebereich z.B. von -10 (reduzierend) bis +20 (oxidierend) und notiert für alle pE-pH-Kombinationen die dominierende Spezies, kann man aus den erhaltenen Wertepaaren ein pE-pH-Diagramm als Raster-Bild darstellen. Je kleiner man dabei die Schrittweite für die Variation von pH und pE wählt, desto feiner wird das pE-pH- Diagramm-Raster.

Um nicht alle pE-pH-Kombinationen einzeln eingeben zu müssen (allein bei einer Schrittweite von 1 für pH und pE wären das 15 pH-Werte mal 31 pE-Werte = 465 Kombinationen!), wurde ein Visual BASIC-Programm erstellt, das ein Vorlage-PHREEQC-Input-File, in dem der Job einmal für eine beliebige pH-pE-Kombination definiert ist, kopiert und pH, pE schrittweise verändert. Das Programm befindet sich auf der diesem Buch beiliegenden CD und wird gestartet über „ph_pe_diagramm.exe". Danach erscheint eine Abfrage für pH und pE Minimum-Werte, Maximum-Werte und die Schrittweite („delta"). Ausserdem muss das vorhandene Vorlage-PHREEQC-Input- File und ein neu zu erstellendes Output-File gewählt werden.

Zusätzlich berücksichtigt das Programm, dass das Vorkommen aquatischer Spezies in jedem pE-pH-Diagramm durch das Stabilitätsfeld des Wassers begrenzt wird. Daher werden alle pE-pH-Kombinationen, die über der Linie der Umwandlung O_2-H_2O bzw. unter der Linie der Umwandlung H_2O-H_2 liegen, automatisch vom Programm entfernt. Eine Programm-Hilfe ist unter dem Menuepunkt HELP zu finden.

Das Ausgabe-File würde bei der angegebenen Schrittweite von 1 für pH und pE 15 pH-Werte mal 31 pE-Werte 465 Jobs durchnummeriert von SOLUTION 1 bis SOLUTION 465 mit jeweils unterschiedlichen pH- und pE-Werten enthalten. De facto sind es allerdings nur 311 Jobs, da die SOLUTIONs deren pE-pH-Werte über oder unter dem Wasser-Stabilitätsfeld liegen, fehlen. Die unter SOLUTION des weiteren definierten Inhaltsstoffe (Fe, Ca, Cl, C, S, usw.) sind in allen 311 Jobs gleich.

Um nicht nach der Modellierung 311 Output-Jobs nach den prädominanten Spezies manuell durchsehen zu müssen, gibt es 2 Hilfen: Zunächst einmal wird im Vorlage-PHREEQC-Input-File ein SELECTED_OUTPUT (siehe auch Kap. 2.2.1.4) definiert, der in einem .csv-File neben pH und pE alle gewünschten Spezies ausgibt, z.B. alle Fe-Spezies. Diese müssen unter dem subkeyword „-molalities" explizit einzeln aufgeführt werden, z.B. Fe2+, Fe3+, FeOH+, usw. Das BASIC-Reproduktions-Programm fügt die 311 SOLUTION-Jobs vor dem keyword SELECTED_OUTPUT ein. Da die SOLUTIONs nicht durch END voneinander getrennt sind, wird aus allen SOLUTIONS ein SELECTED_OUTPUT erzeugt, der für jeden der 311 Jobs eine Zeile mit den Spalten pH, pe, m_Fe2+ (Konzentration von Fe2+ in mol/L), m_Fe3+, m_FeOH$^+$, usw. enthält.

Dieses .csv-File kann in PHREEQC unter GRID geöffnet und angesehen werden. Nun muss noch für jede Zeile (d.h. für jede pE-pH-Kombination) bestimmt werden, welche Spezies in der höchsten Konzentration vorliegt (d.h. prädominiert). Um dies wiederum nicht manuell durchführen zu müssen, werden die Daten in EXCEL kopiert und dort mit einem Makro bearbeitet, das man ebenfalls auf der diesem Buch beiliegenden CD findet. Man aktiviert das Makro, indem man das auf der CD gespeicherte Excel-File „makro.xls" öffnet und bei der erscheinenden Abfrage auf „Makros aktivieren" klickt. Nun kann man entweder in die Tabelle 1 statt der vorgegebenen Testdaten seine eigenen Daten hineinkopieren oder aber direkt das .csv-File öffnen, da das aktivierte Makro allen geöffneten Excel-Files zur Verfügung steht. Das Makro selbst kann man unter dem Menupunkt Extras/Makro/Makros unter dem Namen „maxwert" öffnen. Unter Bearbeiten sieht man das dahinter stehende Skript und kann es editieren. Unter Bearbeiten muss auch der Tabellenbereich definiert werden, in dem die aus dem .csv-File übertragenen Daten stehen sowie die Anzahl der Reihen und Spalten, die der Tabellenbereich umfasst. Für die Testdaten sieht die Definition folgendermaßen aus:

```
Sub maxwert()
' N% und M% anpassen, sowie Range
N% = 6: M% = 4  ' N%=Anzahl der Reihen, M%=Anzahl der Spalten
Dim name As Range
Dim wert As Range
Set name = Worksheets("Tabelle1").Range("A1:D1")
Set wert = Worksheets("Tabelle1").Range("A1:D6")
```

Die fett markierten Stellen müssen entsprechend dem aktuellen Tabellenbereich geändert werden. Wurden die Daten in Tabelle 1 anstelle der Testdaten kopiert, muss der Name des Worksheets nicht geändert werden. Wurde das .csv-File direkt geöffnet, muss der Name des dortigen Worksheets eingegeben werden.

Das Makro wird gestartet über den Play-Button (▶) oder den Menupunkt Ausführen/SubUserForm ausführen. Danach sucht das Makro automatisch für jede Zeile die Zelle, in der der größte Wert (= die höchste Konzentration) steht. Die Spalten pH und pE werden automatisch übersprungen. Zu jeder gefundenen Maximalwert-Zelle wird die zugehörige Kopfzeilenzelle in die erste freie Spalte rechts neben dem definierten Tabellenbereich geschrieben. Die fertige EXCEL-Tabelle hat dann letztendlich eine Spalte mehr als vorher im .csv-File, in der die Namen der für die jeweilige pE-pH-Kombination prädominanten Spezies stehen Vorsicht: Wenn der Tabellenbereich aus Versehen zu klein definiert wurde, überschreibt das Programm eine Spalte der ursprünglichen Daten! Hinweis: Das Makro schließt sich weder von alleine, noch zeigt es das Ende der Berechnung an. Nach ca. 5 Sekunden ist jedoch die Berechnung spätestens abgeschlossen, man muss dann das Microsoft Visual BASIC Fenster selbst schließen und kommt zurück zur veränderten EXCEL-Tabelle.

Aus den drei Spalten pH, pE und prädominante Spezies lässt sich nun in Excel ein pE-pH-Diagramm als Raster erzeugen. Am einfachsten werden dazu zunächst die drei Spalten nach der Spalte „prädominante Spezies" sortiert (Menupunkt Daten / Sortieren). Als Diagrammtyp eignet sich am besten Punkt (XY), mit X = pH und Y = pe. Markiert man die Spalten pH und pE und erstellt automatisch ein Punkt-Diagramm erscheinen zunächst alle Punkte in der gleichen Farbe (als Punkt-Symbol durch Doppelklicken auf die XY-Punkte ein gefülltes Viereck wählen, da das am besten das anschließende Raster abbildet, Größe der Vierecke so variieren, dass eine komplett gefüllte Fläche entsteht, ca. 20 pt).

Möchte man nun die verschiedenen prädominanten Spezies als verschiedenfarbige Punkte haben, kann man über Klick mit der rechten Maustaste in das Diagramm nochmals das Fenster „Datenquelle" wählen und dort unter „Reihe" für jede Spezies eine eigene Datenreihe definieren (vorher steht dort nur eine Datenreihe mit Namen „pE", die alle Spezies enthält). Über „Hinzufügen" kann man weitere Datenreihen definieren, z.b. die Reihe Fe2+, dazu Name (Fe2+), X-Werte (so wie sie in der Tabelle stehen, z.b. in Spalte A von Zeile 146 bis 268) und zugehörige Y- Werte angeben (B 146 - B 268). Am einfachsten kann man die X- und Y-Werte definieren, indem man mit der Maus auf den roten Pfeil neben den Feldern für Namen, X-Werte, Y-Werte klickt und dann in der Tabelle die entsprechenden Felder (A146- A268 für X, B146-B268 für Y) aufzieht. Hat man nun für jede Spezies eine eigene Datenreihe definiert, werden diesen automatisch verschiedene Farben zugeordnet und man erhält ein Raster-pE-pH-Diagramm, dessen verschiedenfarbige Flächen für die Prädominanz verschiedener Spezies stehen.

Erstellen Sie nach diesen Vorgaben ein pE-pH-Diagramm der prädominanten Eisenspezies in einer Lösung, die 10 mmol/L Fe und 10 mmol/L Cl enthält. Variieren Sie pH und pE-Werte von 0 bis 14 bzw. -10 bis +20 sowohl in 1er als auch 0.5er Schritten.

3.1.3.2 Änderungen im Fe-pE-pH-Diagramm bei Anwesenheit von Kohlenstoff bzw. Schwefel

Wie ändert sich das in Kap. 3.1.3.1 erstellte pE-pH-Diagramm wenn man zusätzlich 10 mmol/L S(6) bzw. 10 mmol/L C(4) in der Lösung berücksichtigt?

3.1.3.3 Änderung der Uranspezies in Abhängigkeit vom pH-Wert

Ein saures Grubenwasser mischt sich abstrom der Grube mit Grundwasser folgender chemischer Zusammensetzung (Tab. 34).

Wie ändern sich dabei die Uran-Spezies, welche prädominieren bei welchen pH- Werten und welche Auswirkungen hat die Veränderung der Uran-Spezies auf Transport- bzw. Sorptionsprozesse?

Hinweis: Das PHREEQC Keyword zum Mischen zweier Wässer lautet MIX, darunter wird die Nummer der Lösung angegeben sowie der Prozentanteil, den die Lösung zur Mischung beitragen soll. Bei einer Mischung aus 25 % Lösung 1 und 75 % Lösung 2 also entweder in Prozentanteilen (links) oder beliebigen Fraktionen (rechts):

MIX   MIX
1 0.25   *1 1*
2 0.75   *2 3*

Tab. 34 Hydrochemische Analysen eines sauren Grubenwassers (AMD = acid mine drainage, pH = 2.3) und eines Grundwassers GW (pH = 6.6) (Konzentrationen in mg/L)

	GW	AMD		GW	AMD		GW	AMD
pE	6.08	10.56	Cu	0.005	3	Ni	0.005	5
Temperatur	10	10	F	0.5	1	NO_3^-	0.5	100
Al	3.0	200	Fe	0.6	600	Pb	0.05	0.2
As	0.004	2	K	1.5	4	pH	6.6	2.3
C(4)	130		Li	0.02	0.1	Si	3.64	50
Ca	36.6	400	Mg	3.5	50	SO_4^{2-}	14.3	5000
Cd	0.0003	1	Mn	0.07	20	U	0.005	40
Cl	2.1	450	Na	5.8	500			

Gehen Sie beim Mischen vom sauren Grubenwasser aus, dass 1:1 mit Grundwasser verdünnt wird, verdünnen Sie dieses Wasser wieder 1:1 mit Grundwasser, usw. bis letztlich unbeeinflusstes Grundwasser entsteht. In PHREEQC dient der Befehl SAVE_SOLUTION 3 dazu, eine Lösung abzuspeichern, diesen Teil mit END abzuschließen und über USE_SOLUTION 3 mit der gespeicherten Lösung im gleichen Input-File weiter zu modellieren, etc.

3.1.4 Herkunft des Grundwassers

Inverse Modellierung
Ein wichtiger Aspekt hydrogeologischer Untersuchungen ist die Bestimmung der Herkunft eines Grundwassers, unter anderem z.B. für die Ausweisung von Trinkwasserschutzgebieten, um ein mögliches geogenes oder anthropogenes Kontaminationspotential und seine Bedeutung für das geförderte Grundwasser richtig einschätzen zu können.

Die Idee ist dabei, den Weg des Grundwassers aus dem Wissen um seine chemische Zusammensetzung zu rekonstruieren. Zum Beispiel kann man aus der chemischen Zusammensetzung eines betrachteten Brunnens einerseits und einer Analyse von Regenwasser andererseits rekonstruieren, welche geologischen Formationen das Regenwasser nach seiner Versickerung durchflossen haben muss, um die chemische Zusammensetzung durch Reaktion mit Mineral- und Gasphasen (Lösung, Fällung, Entgasung) so zu verändern, dass schließlich das Wasser entsteht, das im Brunnen angetroffen wurde.

Das Keyword dazu in PHREEQC heißt „INVERSE_MODELING". Die primäre(n) Lösung(en) (Regenwasser) und das „Endprodukt" (Brunnenwasser) müssen als SOLUTION sowie die beteiligten Mineral- und Gasphasen als PHASES vorgegeben werden. Die Struktur eines solchen Jobs sieht z.B. wie folgt aus:

```
TITLE  Inverse Modellierung
SOLUTION 1              # Ursprüngliches Wasser (Regenwasser)
......
SOLUTION 2              # Wasser nach Reaktion mit Mineralen und Gasen
                       # (Brunnenwasser)
......
INVERSE_MODELING
   -solutions 1 2      # aus Solution 1 entsteht Solution 2
   -uncertainty 0.1    # 10% Unsicherheit bei der Analyse aller Elemente und
                       # für die Wässer 1 und 2 gleich
   -balance Ca  0.2 0.3  # Elementspezifisch kann man zudem größere
                       # Unsicherheiten für Elemente definieren, deren
                       # Bestimmung mit größeren Fehlern behaftet
                       # ist, z.B. 20 % Fehler für Ca-Gehalt in Solution
                       # 1 und 30 % Fehler für Ca-Gehalt in Solution 2
   -phases             # Definition beteiligter Phasen
       K-mica   dissolve  # Glimmer kann nur gelöst werden
       CO2(g)            # Lösung und Entgasung möglich
       SiO2(a)           # Lösung und Fällung möglich
       Kaolinit  precip  # nur Fällung zugelassen

END                    # Ende des Jobs
```

Anmerkung: Für jedes Element in solution 1 oder solution 2 sollte ein Mineral unter phases definiert sein, das dieses Element enthält, sonst bringt PHREEQC die Fehlermeldung „element is included in solution 1, but is not included as a mass-balance constraint". Die Modellierung kann fortgesetzt werden, aber dieses Element wird nicht für die Massenbilanz berücksichtigt.

Die Anzahl der Mineralphasen sowie die Größe der uncertainty sollten variiert werden, um verschiedene mögliche Situationen durchzuspielen. Möglicherweise findet das Programm auch mit einer ersten Einstellung gar kein Lösungsmodell, dann müssen die Mineralphasen verändert oder ergänzt werden, bzw. die „uncertainty" erhöht werden, wobei natürlich eine Unsicherheit von deutlich >10 % letztendlich keine sinnvollen Aussagen mehr zulässt. Auch so viele Mineral- und Gasphasen wie möglich zu definieren, führt nicht ans Ziel, da ja die Aufgabe ist möglichst viele Reaktionswege auszuschließen und die zu finden, die sich mit einem Minimum an Gas- und Mineralphasen erklären lassen.

Im Output zeigt das Programm dann je nach Anzahl der Mineralphasen und Größe der „uncertainty" ein oder mehrere Modelle, die beschreiben, welche Konzentrationen an Mineralphasen gelöst oder gefällt werden müssen, um von Lösung 1 (Regenwasser) zu Lösung 2 (Brunnenwasser) zu kommen (Stichwort: Phase mole transfers). Gibt man mehrere Ausgangslösungen ein (z.B. 5 Regenwasser-Analysen aus 5 verschiedenen Höhen) wird außerdem angezeigt, mit welchen Anteilen diese Regenwässer zur Endlösung (Brunnenwasser) beitragen.

3.1.4.1 Förderung fossilen Grundwassers in ariden Gebieten

In einem ariden Gebiet werden aus einem Brunnen 50 L/s Grundwasser folgender Zusammensetzung gefördert Tab. 35):

Tab. 35 Hydrochemische Analyse eines Grundwassers (pH = 6.70, Temperatur = 34.5°C, Konzentrationen in mg/L)

K	2.42	Na	12.96	Ca	247.77	Mg	46.46
Alkalinität	253.77	Cl	6.56	NO_3^-	2.44	SO_4^{2-}	637.75
SiO_2	4.58	^{13}C	-6 ± 0.8	^2H	-68 ± 0.6	^{18}O	-9.6 ± 0.3

Es ist bekannt, dass nur ein gewisser Anteil des geförderten Grundwassers aus rezenten Grundwasservorkommen (Tab. 36), der Rest aber aus einem Reservoir fossilen Wassers stammt, das vor ca. 20,000 Jahren entstand, als deutlich niedrigere Temperaturen in diesem Gebiet herrschten.

Das fossile Wasser zeichnet sich im Vergleich zum rezenten Grundwasser in seiner chemischen Zusammensetzung durch eine hohe Gesamtmineralisation infolge der langen Verweilzeiten im Untergrund sowie durch niedrigere ^2H und ^{18}O-Isotopen-Werte infolge der niedrigeren Temperaturen bei der Bildung aus (Tab. 37). Die unterschiedlichen ^{13}C-Gehalte erklären sich aus der Gleichgewichtseinstellung des fossilen Grundwassers mit marinen Kalken mit deutlich höheren ^{13}C-Gehalten im Vergleich zu rezenten Grundwasser, das die niedrigeren ^{13}C-Gehalte der Atmosphäre widerspiegelt.

Tab. 36 Hydrochemische Analyse eines fossilen Grundwassers (pH = 6.70, Temperatur = 28°C, Konzentrationen in mg/L)

K	2.87	Na	14.60	Ca	72.60	Mg	20.50
Alkalinity	247.97	Cl	4.00	NO3-	4.52	SO42-	69.96
SiO2	32.16	13C	-22 ± 1.4	2H	-52 ± 0.5	18O	-7.5 ± 0.3

Tab. 37 Hydrochemische Analyse eines rezenten Grundwassers (pH = 6.90, Temperatur = 40.0°C, Konzentrationen in mg/L)

K	3.33	Na	18.41	Ca	351.80	Mg	65.96
Alkalinity	298.29	Cl	9.00	NO_3^-	1.35	SO_4^{2-}	906.15
SiO_2	20.74	^{13}C	0 ± 0.4	^2H	-76 ± 0.7	^{18}O	-10.5 ± 0.4

Mit Hilfe der inversen Modellierung soll zunächst geklärt werden, welcher Anteil des geförderten Grundwassers aus dem Reservoir fossilen Wassers stammt. Dazu soll zusätzlich berücksichtigt werden, dass das geförderte Grundwasser in Kontakt mit Sandsteinen, dolomitführenden Kalksteinen, Gips und Halit gekommen ist und sich unter den gegebenen Bedingungen weder Dolomit noch Gips oder Halit bilden. Für Calcit soll dagegen eine Fällung angenommen werden und für CO_2 eine Entgasung.

Ist der Anteil fossilen Wassers am geförderten Grundwasser bekannt, kann eine Abschätzung gegeben werden, wie lange es dauert, bis das ca. 5 m hohe, 1 km breite und 10 km lange Reservoir bei konstanter Förderung von 5 L/s leer gepumpt ist.

Hinweis: Erinnern Sie sich daran, dass in der Einleitung zu Kap. 3.1.4 erklärt wurde, dass mit Hilfe der inversen Modellierung der Anteil mehrerer Ausgangslösungen an der Endlösung modelliert werden kann!

Um die Isotopen in die Modellierung mit einbeziehen zu können, müssen diese unter der jeweiligen SOLUTION definiert werden unter dem Subkeyword „isotope".

SOLUTION

-isotope [Isotop-Name in der Form: Massenzahl Element] [Wert in %, pmc oder als Verhältnis] [Unsicherheit in % (möglich, aber nicht notwendig)], also z.B.

-isotope 13C -6 0.8

Anstelle des Subkeywords -isotope kann man auch abgekürzt nur -i verwenden.

Isotopendaten können allerdings bisher nur für die inverse Modellierung genutzt werden. Dort müssen die zu betrachtenden Isotope unter dem Keyword Inverse_Modeling und dem Subkeyword -isotopes nochmals aufgelistet werden, also z.B.

INVERSE_MODELING

   -isotopes

     13C

     2H

     18O

Zusätzlich muss für jede Mineral- oder Gasphase, die diese Isotope enthält, angegeben werden, zu welchen Anteilen (Mittelwert, im Beispiel 2 ‰ und Abweichung, im Beispiel ± 2 ‰), und ob die entsprechende Phase gelöst oder gefällt werden soll, also z.B.

   -phases

   calcite   pre   13C   2.0   2

Gehen Sie für die Modellierung von einem durchschnittlichen ^{13}C-Gehalt zwischen 1-5 ‰ für Dolomit, 0-4 ‰ für Calcit und -20 bis -30 ‰ für CO_2 aus. Die Isotope ^2H und ^{18}O kommen nur im Wasser-Molekül selbst vor, müssen somit also für keine Mineralphase definiert werden. Will man sich die Option des Lösens oder Ausfällens einer Mineralphase offen halten, muss man die Mineralphase zweimal definieren, einmal mit dis (dissolve, lösen), ein zweites Mal mit pre (precipitate, fällen).

3.1.4.2 Salzwasser-/Süßwasser-Interface

Im Küstenbereich kommt es insbesondere durch Grundwasserentnahmen zur Vermischung von Meerwasser und Grundwasser. Aus dem Bewässerungs-Brunnen B1 im Modellgebiet westlich der Stadt (Abb. 57) wird ein Mischwasser mit folgender Analyse gefördert: pH 6.58, Temperatur = 13.4°C, Ca 3.724e-03 mol/L, Mg 1.362e- 02 mol/L, Na 1.080e-01 mol/L, K 2.500e-03 mol/L, C 7.067e-03 mol/L, S 6.780e- 03 mol/L, Cl 1.261e-01 mol/L, P 7.542e-06 mol/L, Mn 8.384e-10 mol/L, Si 1.641e- 05 mol/L, Fe 8.248e-09 mol/L.

Eine Beprobung des Meerwassers brachte folgende Ergebnisse: pH = 8.22, Temperatur = 5.0 °C, Ca 412.3 mg/L, Mg 1291.8 mg/L, Na 10768.0 mg/L, K 399.1 mg/L, HCO_3^- 141.682 mg/L, S 2712.0 mg/L, Cl 19353.0 mg/L, Si 4.28 mg/L, Mn 0.0002 mg/L, Fe 0.002 mg/L. Berücksichtigen Sie außerdem die höhere Dichte von Meerwasser ($1.023 g/cm^3$)!

Für den quartären Grundwasserleiter liegt folgende Analyse vor: pH = 6.9, Temperatur 18°C, Ca 65.9 mg/L, Mg 40.1 mg/L, Na 3.5 mg/L, K 7.5 mg/L, HCO3- 405.09 mg/L, S 23.4 mg/L, Cl 15.8 mg/L, P 0.921 mg/L.

Ermitteln Sie unter Berücksichtigung der geologischen Verhältnisse im Bereich des Bewässerungsbrunnens die Herkunft dieses Mischwassers (d.h. den Mischungsanteil von Meerwasser und Grundwasser). Beachten Sie dabei, dass kein ausgeprägter Grundwasserstauer zwischen Quartär- und Kreide-Aquifer besteht.

Tip: Prüfen Sie generell jede Analyse auf den Analysenfehler und erzwingen Sie bei zu großen Abweichungen notfalls einen Ladungsausgleich, bevor Sie Modellierungen beginnen.

3.1.5 Anthropogene Nutzung von Grundwasser

3.1.5.1 Probenahme: Ca-Bestimmung durch Titration mit EDTA

Zur Bestimmung des Calcium-Gehaltes einer Probe dient z.B. die Titration mit EDTA (Ethylenediaminetetraacetat, $C_2H_4N_2(CH_2COOH)_4$) nach DIN 38406, T3. Dazu wird die Probe zunächst mit NaOH auf einen pH-Wert von mind. 12 gebracht, ein Farbindikator zugesetzt und mit EDTA bis zum Farbumschlag titriert. Dabei wird alles Ca zu einem Ca-EDTA-Komplex umgesetzt und in dieser Form nachgewiesen.

Modellieren Sie diese Bestimmung für den Ca-Gehalt der folgenden Analyse mit PHREEQC: pH 6.7, Temperatur 10.5°C, Ca^{2+} 185 mg/L, Mg^{2+} 21 mg/L, Na^+ 8 mg/L, K^+ 5 mg/L, C(4) 4.5 mmol/L, SO_4^{2-} 200 mg/L, Cl 90 mg/L, NO_3^- 100 mg/L.

Die Menge EDTA, die bis zum Farbumschlag zugesetzt werden muss, ist zunächst nicht bekannt, so wird EDTA schrittweise zugesetzt, über den Umschlagpunkt hinaus titriert und im Nachhinein aus der erhaltenen Graphik der Umschlagpunkt bestimmt.

[EDTA ist nicht im bisher verwendeten Datensatz WATEQ4F.dat, sondern nur im MINTEQ.dat Datensatz definiert, benutzen Sie daher diese; für das Keyword zur Zugabe von EDTA vgl. Aufgabe Kap. 3.1.1.9]

3.1.5.2 Kohlensäure-Aggressivität

Sowohl in der EG-Richtlinie über die Qualität von Wasser als auch in der Deutschen Trinkwasserverordnung wird gefordert, dass „Wasser nicht agressiv sein soll". In den meisten Fällen bezieht sich diese „Aggressivität" auf die Kohlensäure. Der Grund für die Forderung nach geringer Aggressivität ist nicht etwa toxikologischer, sondern technischer Natur, denn kohlensaure Wässer greifen Rohrleitungsmaterialien (Beton, Metalle, Kunststoffe) an. Daher darf nach TrinkwV der gemessene pH-Wert nur um ± 0.2 pH-Einheiten vom pHc (dem pH-Wert bei Calcitsättigung) abweichen ($\Delta pH = pH - pHc$). Ziel ist es, einen pH-Wert des Wassers zu haben, der geringfügig (0.05 pH-Einheiten) über dem pHc-Wert liegt, weil sich dann eine schützende Schicht auf den Rohren bildet. Deutliche Übersättigungen ($\Delta pH > 0.2$) führen dagegen zu merklichen Calcitausscheidungen im Rohrnetz und sind mindestens genauso unerwünscht wie die Untersättigung ($\Delta pH < -0.2$), die zur Korrosion führt. Darüber hinaus soll Trinkwasser absolute pH-Werte von 6.5 bzw. 9.5 nicht unter- bzw. überschreiten.

Prüfen Sie unter diesem Gesichtspunkt, ob das aus dem Trinkwasser-Brunnen B3 im Modellgebiet (Kap. 3.1.1.1, Abb. 57) geförderte Trinkwasser ohne Aufbereitung genutzt werden kann.

3.1.5.3 Wasseraufbereitung durch Belüftung - Brunnenwasser

Prüfen Sie, ob eine offene Belüftung durch die Einstellung eines Gleichgewichtes bezüglich der CO_2-Konzentration der Atmosphäre (offenes System) die geforderten Bedingungen für das aus dem Brunnen B3 im Modellgebiet (Kap. 3.1.1.1, Abb. 57) geförderte Trinkwasser sowohl hinsichtlich pH als auch ΔpH erfüllt.

[Hinweis: Um die Simulation der Belüftung und die Berechnung des neuen pHc in einem Job durchführen zu können, können Sie wie in Aufgabe Kap. 3.1.3.3 den Befehl SAVE_SOLUTION nach den Berechnungsschritten für die Belüftung benutzen, dann END, um diesen Teil abzuschließen und USE_SOLUTION um die Berechnung des pHc gleich anzuschließen]

3.1.5.4 Wasseraufbereitung durch Belüftung - Schwefelquelle

Für das kleine Dorf sowie die Einzelhöfe im Osten des Modellgebietes (Abb. 57.) wird nach einer Möglichkeit der Trinkwasser-Versorgung gesucht. Die dort austretende Quelle soll auf ihre Eignung hin untersucht werden. Die hydrogeochemische Zusammensetzung ist in Tab. 38 dargestellt.

Stellen Sie die Speziesverteilung für die Elemente Aluminium, Eisen(II) und Eisen (III) dar. Modellieren Sie dann eine Wasseraufbereitung im Sinne einer Belüftung mit Luftsauerstoff (=Oxidation!). Was passiert mit den Al- und Fe-Spezies? Welche Mineralphasen werden bei der Belüftung voraussichtlich ausfallen?

Variieren Sie den Sauerstoffpartialdruck. Was fällt dabei auf?

Liegt der pH-Wert nach der Belüftung innerhalb der für Trinkwasser zulässigen Grenzen?

Tab. 38 Hydrochemische Analyse eines Quellwassers (Konzentrationen in mg/L)

pH	6.5		
Redox Potential	-120 mV	Al	0.26
Temperatur	10.7 °C	SiO_2	24.68
O_2	0.49	Cl	12.76
Ca	64.13	HCO_3	259.93
Mg	12.16	SO_4	16.67
Na	20.55	H_2S	2.33
K	2.69	NO_3	14.67
Fe	0.248	NH_4	0.35
Mn	0.06	NO_2	0.001

Um eine Wasseraufbereitungsanlage richtig dimensionieren zu können, ist es u.a. wichtig, die Menge des Schlamms zu kennen, die pro Tag durch die Ausfällung der Mineralphasen entsteht. Fällen Sie die bei der Oxidation anfallenden Mineralphasen aus und modellieren Sie die anfallende Menge an Schlamm pro Tag bei Annahme einer Förderung von 30 L/s in dem zukünftigen Wasserwerk. Vergessen Sie dabei nicht, dass Schlamm nicht nur aus den ausgefällten Mineralphasen (trocken) besteht, sondern zum überwiegenden Teil aus Wasser (60-90 %!).

Bewerten Sie Ihre Modellierung im Hinblick auf die Elemente N und S. Wie werden die Ergebnisse in der Realität wohl eher aussehen und warum?

3.1.5.5 Verschneiden von Wässern

Unweit des Trinkwasser-Brunnens B3 im Modellgebiet (Abb. 57) befindet sich ein älterer Brunnen B4, der schon vor Jahren stillgelegt wurde, da keine Trinkwasser-Qualität mehr gegeben war. Neuere Untersuchungen haben folgendes Ergebnis gebracht: pH 6.99, Temperatur 26.9°C, Ca^{2+} 260 mg/L, Mg^{2+} 18 mg/L, Na^+ 5 mg/L, K^+ 2 mg/L, HCO_3^- 4 mmol/L, SO_4^{2-} 260 mg/L, Cl^- 130 mg/L, NO_3^- 70 mg/L.

Man plant, zur Abfangung von Spitzen im Wasserverbrauch, den Brunnen wieder in Betrieb zu nehmen und das geförderte Wasser mit dem des Trinwasser-Brunnens zu verschneiden ("mischen"). Prüfen Sie mittels Modellierung, ob und ggf. in welchen Verhältnissen dies möglich ist, sowohl im Hinblick auf die Rahmenbedingungen der Trinkwasserverordnung als auch die technischen Anforderungen bezüglich der Kohlensäure-Aggressivität (Kap.3.1.5.2). *[Keyword zum Verschneiden (Mischen) zweier Wässer vgl. Aufgabe Kap. 3.1.3.3]*

3.1.6 Sanierung von Grundwasser

3.1.6.1 Nitratreduktion mit Methanol

Das Grundwasser aus Aufgabe Kap. 3.1.5.2 in einem landwirtschaftlich genutzten Gebiet weist infolge jahrelanger Überdüngung stark erhöhte Nitrat-Gehalte auf. Über Infiltrationsbrunnen soll Methanol in den Grundwasserleiter eingepumpt werden, das als Reduktionsmittel den 5-wertigen Nitrat-Stickstoff zu 0-wertigem elementaren Stickstoff reduziert, der entgast und somit zur Verringerung der Nitrat-Konzentrationen im Grundwasserleiter beiträgt. Wieviel Liter einer 100%igen Methanol-Lösung (Methanol-Dichte = 0.7 g/cm^3) pro m^3 Grundwasserleiter müssen eingepumpt werden, um eine möglichst effektive Verringerung der Nitrat-Konzentrationen zu erhalten? Wie könnte sich eine „Überdosis" Methanol auswirken?

3.1.6.2 Fe(0)-Wände

Reaktive Wände aus elementarem Eisen werden benutzt, um Grundwässer in-situ zu reduzieren und somit z.B. mobiles Uran(VI) in Uran(IV) zu überführen, das als Uraninit-Mineral (UO_2) ausfällt. Das elementare Eisen der reaktiven Wand wird dabei oxidiert und es entstehen Eisenhydroxid- sowie sekundär Eisenoxid-Krusten, die nach einer gewissen Zeit zusammen mit dem ausfallenden Uraninit die Reaktivität der Wand herabsetzen.

Saniert werden soll das Uran-haltige Grubenwasser aus Aufgabe Kap. 3.1.3.3. Wieviel Eisen muss pro m^2 bei einer Durchströmung der reaktiven Wand von 500 $L/d·m^2$ eingesetzt werden, um die Uran-Konzentration von 40 mg/L auf mindestens ein Drittel zu reduzieren, wenn zusätzlich die Forderung besteht, dass die Wand ca. 15 Jahre effektiv sein soll? Wieviel Uraninit fällt dabei aus?

3.1.6.3 pH-Anhebung mit Kalk

Zur Anhebung des pH-Wertes des sauren Grubenwassers (AMD) aus Aufgabe Kap. 3.1.3.3. soll eine reaktive Wand von 1 m Dicke aus Calcit (ca. 2500 kg/m^2 Calcit) im Grundwasserleiter errichtet werden. Dicke und Permeabilität der Wand sind so gewählt, dass bei einer täglichen Durchströmung von 500 L/m^2 eine 50%ige Kalksättigung im Grundwasserleiter erreicht wird.

Was bringt diese Kalkwand im Hinblick auf die gewünschte pH-Wert Erhöhung und warum gibt es dennoch Einwände gegen die Errichtung der reaktiven Wand aus Calcit unter Berücksichtigung der Langzeiteffektivität bzw. vorzeitiger Alterung? Welche Carbonate könnten alternativ zu Calciumcarbonat gewählt werden, um eine vorzeitige Alterung zu vermeiden?

3.2 Reaktionskinetik

3.2.1 Pyritverwitterung

Für eine abgedeckte Halde mit pyrithaltigen Gesteinen wurde durch eine Diffusionsberechnung prognostiziert, dass pro Tag 0.1 m^3 Sauerstoff in die Halde diffundieren. Es soll davon ausgegangen werden, dass dieser Sauerstoff durch Pyritoxidation innerhalb eines Tages aufgebraucht wird. Die Kinetik der Reaktion ist somit ausschließlich durch die Diffusion des Sauerstoffs in die Halde gekennzeichnet. Gleichzeitig versickern pro Tag im Mittel 0.1 mm Regenwasser durch die Abdeckung. Das Regenwasser hat einen pH von 5.3, eine Temperatur von $12°C$ und befindet sich mit dem CO_2 und O_2-Partialdruck der Atmosphäre im Gleichgewicht. Die Halde hat eine Aufstandsfläche von $100 \cdot 100$ m und eine Höhe von 10 Metern, sowie einen Pyritgehalt von 2 Vol%. Es ergeben sich folgende Fragen:

1. Wie ist die Zusammensetzung des Sickerwassers, das am Haldenfuß auf der Basisabdichtung abfließt?
2. Was passiert, wenn das Wasser am Haldenfuß mit Luftsauerstoff in Berührung kommt?
3. Wieviele Jahre dauert es, bis das Pyritinventar der Halde aufgebraucht ist?
4. Wieviel Carbonat muss beim Schütten der Halde zugefügt werden, um den pH-Wert zu neutralisieren und kann dadurch der Sulfatgehalt reduziert werden?
5. Wie ändert sich die notwendige Carbonatmenge, wenn davon ausgegangen wird, dass sich durch Abbau organischer Substanz in der Abdeckung und im Haldenkörper ein CO_2-Partialdruck von 10 Vol% einstellt?

Statt eine Sauerstoffdiffusionsrate wie in diesem Beispiel vorzugeben, ist es auch möglich, eine Pyritoxidationsrate R zu definieren, die eine Funktion von z.B. O_2, pH, Temperatur sowie Menge an Mikroorganismen und Nährstoffangebot ist. Beispiele unter Verwendung von direkten Reaktionsraten innerhalb PHREEQC werden in den nächsten Aufgaben folgen.

3.2.2 Quarz-Feldspat-Lösung

Es soll modelliert werden, wie sich die Lösung von Quarz und K-Feldspat (Adularia) über die Zeit darstellt und inwieweit die Parameter Temperatur und CO_2-Partialdruck eine Rolle spielen. Dazu werden die BASIC-Programme für RATES aus dem Datensatz PHREEQC.dat verwendet. Die Berechnung erfolgt mit destilliertem Wasser (pH 7, pE 12) als Batchversuch zunächst über einen Zeitraum von 10 Jahren in 100 Zeitschritten bei Temperaturen von $5°$ und $25°$ sowie CO_2-Partialdrücken von 0.035 Vol% (Atmosphäre) und 0.7 Vol% (Boden). Berechnen Sie die Lösungskinetik mit 0.035 Vol% CO_2 und $25°C$ auch für einen Zeitraum von 10 Minuten.

Hinweise: Der Datensatz WATEQ4F.dat verwendet für K-Feldspat den Namen Adularia. Verwenden Sie EQUILIBRIUM_PHASES, um den Sauerstoffgehalt auf 21 Vol% zu fixieren. Schreiben Sie auch Quarz mit „ 0 0" unter dieses keyword, um damit die Löslichkeit auf die Sättigung zu begrenzen und andererseits (durch die zweite Null) keine Lösung über diese Option zuzulassen, da dies ja mittels KINETICS und RATES erfolgen soll. Es ist ebenfalls sinnvoll, die Löslichkeit von Aluminium durch die Ausfällung von z.B. Kaolinit zu begrenzen. Im einfachsten Fall erfolgt dies ebenfalls durch EQUILIBRIUM_PHASES, da diese Ausfällung sehr spontan und schnell erfolgt, eine kinetische Behandlung somit nicht nötig ist.

Durch die Verwendung der Minerale Quarz und Kaolinit in EQUILIBRIUM_PHASES hat PHREEQC ein Problem mit den Elementen Si und Al, da diese in der SOLUTION nicht vorkommen. Daher müssen Sie diese beiden Elemente in einer sehr kleinen Konzentration in SOLUTION vorgeben (z.B. 1 µg/L). Innerhalb des KINETICS-Blocks ist zudem die Anweisung -step_divide 100 nötig. Die Ausgabe erfolgt sinnvollerweise mittels SELECTED_OUTPUT.

3.2.3 Abbau organischer Substanz im Grundwasserleiter unter Reduktion redoxsensitiver Elemente (Fe, As, U, Cu, Mn, S)

Der Abbau organischer Substanz bewirkt einen Verbrauch von Sauerstoff und damit unter bestimmten Umständen die Reduktion von Anionen wie Nitrat (vgl. Aufgabe Kap. 3.1.6.1) und Sulfat, da auch sie Sauerstoff enthalten, sowie die Reduktion redoxsensitiver Elemente wie Eisen, Mangan oder Uran. Der Abbau organischer Substanz ist von der Anwesenheit von Mikroorganismen abhängig und somit immer mit Kinetik behaftet.

Für das saure Grubenwasser aus Aufgabe Kap. 3.1.3.3 soll geprüft werden, welche Reaktionen in einem Grundwasserleiter ablaufen, wenn geringe Mengen von Calcit sowie große Mengen Pyrit und organische Substanzen vorhanden sind. Da in der Analyse kein anorganischer Kohlenstoff vorgegeben ist und in dem Modell Calcit als kinetisch reagierendes Mineral verwendet werden soll, muss die Analyse formal um z.B. 1 mg/L Kohlenstoff ergänzt werden.

PHREEQC bezieht sich immer auf einen Liter bzw. ein kg Wasser. Das Modell beschreibt einen Batchversuch, der einen Liter Wasser enthält. Im zugehörigen Sediment/Gestein sollen 10 mmol Calcit sowie 1 mol Pyrit und 1 mol Organik vorhanden sein. Zur Beschreibung der Kinetik von Calcit sowie Pyrit wird jeweils das BASIC-Programm benutzt, das am Ende des Datensatzes PHREEQC.dat aufgeführt ist. Für den Abbau der organischen Substanz wird ebenfalls die Formulierung aus PHREEQC.dat benutzt, allerdings werden die Zeilen 50 und 60 wie folgt geändert, um den Abbau der organischen Substanz zu beschleunigen. Nitrat wird in diesem Beispiel nicht berücksichtigt.

```
50   rate = 1.57e-7*mO2/(2.94e-4 + mO2)
60   rate = rate + 1.e-10*mSO4/(1.e-4 + mSO4)
```

Da in keinem der drei Datensätze, die mit PHREEQC ausgeliefert werden, eine allgemeine organische Substanz vorgegeben ist, muss im Kinetik-Block ein Name vergeben werden (z.B. Organic_C) und mitttels des Schlüsselwortes „–formula" die organische Substanz definiert werden. Verwenden Sie dazu die Summenformel CH_2O. Der Befehl unter Kinetics sieht somit folgendermaßen aus:

-formula CH2O

KINETICS benötigt drei Unterabteilungen jeweils für Organik, Pyrit und Calcit. In welchem Block die Anweisung für die Zeitschritte steht, ist unerheblich; mittels „- step_divide 1000000" wird die Schrittweite zu Beginn der kinetischen Berechnungen herabgesetzt gemäß dem Quotienten Gesamtzeit/step_divide.

Da die Calcitlösung spätestens nach 100 Tagen abgeschlossen ist, wird in dem BASIC-Programm für die Calcit-Kinetik am Anfang die folgende Zeile eingefügt, um Rechenzeit zu sparen:

5 if time > 8640000 then goto 200

Die Simulationszeit beträgt 10.000 Tage in 100 Intervallen (steps). Um die Reaktionen zu Beginn der Simulation besser aufzulösen wird anschließend noch ein Modell mit nur 600 Tagen in wiederum 100 Intervallen gerechnet.

3.2.4 Tritium-Abbau in der ungesättigten Zone

Wenn die ungesättigte Zone aus vergleichsweise feinem Sediment (Schluffen und Feinsanden) aufgebaut ist, kann in humiden Klimabereichen über längere Zeiträume eine quasi uniforme Sickerwasserbewegung angenommen werden. Somit kann der Sickerwassertransport auch innerhalb von PHREEQC als monotone Bewegung gemäß dem „piston-flow"-Modell simuliert werden. Für die im folgenden gezeigte Modellierung wird von konstanten Sickerwasserbewegungen von 0.5 m pro Jahr ausgegangen. Zudem wird sehr vereinfachend angenommen, dass das infiltrierende Regenwasser für einen Zeitraum von 10 Jahren eine Tritiumaktivität von 2000 TU hatte. Danach wird angenommen, dass die Tritiumaktivität wieder auf Null zurückgegangen sei.

Wie dieser Sachverhalt in PHREEQC modelliert werden kann, zeigt das folgende Beispiel. Dazu wird zunächst eine Master- und Solutionspezies Tritium T bzw. T^+ definiert. Da unter SOLUTION_SPECIES log_k und -gamma eine Angabe benötigt wird, die aber nicht bekannt ist, wird ein beliebiger Wert eingesetzt („dummy", z.B. 0.0). Für die kinetischen Berechnungen wird dieser Wert nicht weiter verwendet, bereitet somit also auch keine Probleme. Alle Ergebnisse, die auf Gleichgewichtseinstellungen beruhen (z.B. Berechnung der Sättigungindizes) sind für diese „Spezies" allerdings ohne Sinn. Eingegeben werden die Tritiumwerte in Tritium-Units (T.U.). Um diese aber nicht extra definieren oder umrechnen zu müssen, lässt man PHREEQC fiktiv mit umol/kgw rechnen. Da für Tritium mit keiner anderen Spezies eine Wechselwirkung vereinbart wird, ist die Einheit letztendlich unerheblich. Nach der Modellierung muss man berücksichtigen, dass die Ergebnisse wie immer in PHREEQC in mol/kg angegeben sind und daher auf die fiktive Einheit umol/kg umgerechnet werden müssen. Gibt man gleich mol/kg im Input-File ein, hat der Lösungsalgorithmus ein Problem mit der zu hohen Ionenstärke.

Die ungesättigte Zone wird auf 20 Meter festgelegt und in 40 Zellen à 0.5 m unterteilt, so dass ein „time step" genau 1 Jahr = 86400·365 Sekunden =

3.1536e+7 Sekunden beträgt. Auch die Halbwertszeit von Tritium (12.3 Jahre) muss in PHREEQC in Sekunden angeben werden. Die so erzeugte 1D-Bodensäule wird zunächst mit Wasser ohne Tritium betrieben (Solution 1-40) und dann über den Zeitraum 10 „shifts" (= 10 Jahre) mit Tritium (2000 TU) beaufschlagt *(Hinweis: solution 0 ist immer die Lösung, die oben auf die Säule aufgeben wird)*. Nach diesem Impuls wird wieder für 30 Jahre mit Wasser ohne Tritium „beregnet". Dabei ist zu beachten, dass dies zwei Jobs sind, die durch END voneinander zu trennen sind.

Der Tritium-Abbau wird als kinetische Reaktion 1.Ordnung folgendermaßen beschrieben (siehe auch Tab. 13):

$$\frac{d(A)}{dt} = -K_k \cdot (A)$$

$$t_{1/2} = \frac{1}{K_k} \cdot \ln 2$$

PHREEQC Job: Tritium in der ungesättigten Zone - impulsförmige Inputfunktion

```
TITLE Tritium in ungesättigter Zone
PRINT
     -reset false                       # kein Standard-Output erzeugen
SOLUTION_MASTER_SPECIES                 # Master Spezies Tritium definieren
'T'        T+    -1.0    T    1.008
SOLUTION_SPECIES                        # Solution Spezies Tritium definieren
T+ = T+
     log_k  0.0                         # dummy
     -gamma      0.0    0.0             # dummy
SOLUTION 0       Tritium 1. Phase       # Tritiumkonzentration 2000 TU
     units       umol/kgw
     temp        25.0
     pH          7.0
     T           2000                   # 2000 (Einheit umol/kgw rein fiktiv)
SOLUTION 1-40                           # 1-40 vorher ohne Tritium
     units       umol/kgw
     temp        25.0
     pH          7.0
end                                     # Ende des 1. Jobs
RATES                                   # Abbau definieren
T                                       # für Tritium
-start
     10 rate = MOL("T+") * -(0.63/parm(1))   # Kinetik 1. Ordn. (siehe Tab. 13)
     20 moles = rate * time
     30 save moles
-end                                    # Ende des 2. Jobs
```

```
KINETICS 1-40
T
    -parms  3.8745e+8              # 12.3 Jahre in Sek. (HWZ Tritium)
TRANSPORT
    -cells          40            # 40 Zellen
    -length         0.5           # à  0.5 m; 40 · 0.5 = 20 m Länge
    -shifts         10            # 10 Jahre
    -time_step      3.1536e+7     # 1 Jahr in Sekunden
    -flow_direction forward       # Vorwärtssimulation
    -boundary_cond flux  flux     # Randbedingung 2. Art oben & unten
    -diffc          0.0e-9        # Diffusionskoeffizient
    -dispersivity   0.05          # Dispersivität
    -correct_disp   true          # Korrektur Dispersivität: ja
    -punch_cells    1-40          # Zelle 1 bis 40 in Selected_output
    -punch_frequency 10           # jedes 10.Zeitintervall ausgeben
SELECTED_OUTPUT
    -file           tritium.csv   # Ausgabe in dieses File
    -reset          false         # keinen Standardoutput drucken
    -totals         T             # Gesamtkonz. Tritium ausgeben
    -distance true
END                               # Ende 3. Job
SOLUTION 0                        # nach 10 Jahren kein Tritium mehr
    units           umol/kgw
    temp            25.0
    pH              7.0
TRANSPORT
    shifts    30                  # nochmal 30 Jahre
END
```

Abb. 59 zeigt das Tritium-Tiefenprofil, das sich bei Annahme einer impulsförmigen Tritium-Eingabe in der ungesättigten Zone nach 10, 20, 30 und 40 Jahren ergibt. Der Tritium-Peak verschiebt sich im Tiefenprofil nach unten und flacht zunehmend ab.

Die eigentliche Aufgabe ist nun, diesen PHREEQC-Job so zu ändern, dass die Inputfunktion des Tritiums nicht impulsförmig, sondern halbwegs realistisch ist. Abb. 60 zeigt die Zunahme des Tritium-Gehaltes im Niederschlag von 1962 bis 1963 und die darauf folgende Abnahme von 1962-1997 gemessen an der Klimastation Hof-Hohensaas / Deutschland.

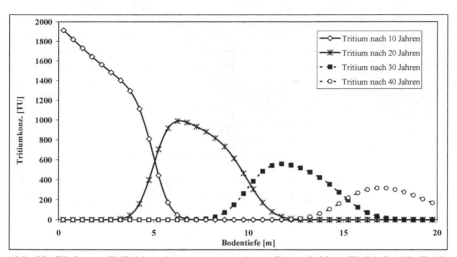

Abb. 59 Tiefenprofil Tritium in der ungesättigten Zone (0-20 m Tiefe) für die Zeitintervalle 10, 20, 30, 40 Jahre bei Annahme einer impulsförmigen Zugabe über die ersten zehn Jahre

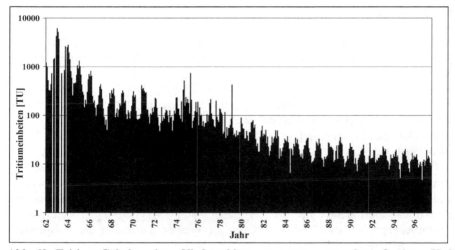

Abb. 60 Tritium-Gehalte im Niederschlag gemessen an der Station Hof-Hohensaas/Deutschland (geographische Breite 50.32°N, geographische Länge 11.88°E, Höhe 567 m NN) von 1962-1997

Die Definition der Tritium-Inputfunktion für diesen Standort aus den vorliegenden Daten des Tritiumgehaltes im Niederschlag erfolgt in Zeitintervallen von je 5 Jahren nach den Daten aus Tab. 39.

Tab. 39   Tritium-Gehalt in der Atmosphäre von 1962-1997

Intervall à 5 Jahre	Tritium in der Atmosphäre (T.U.)
1 (06/1962 - 06/1967)	1022
2 (07/1967 - 07/1972)	181
3 (08/1972 - 08/1977)	137
4 (09/1977 - 09/1982)	64
5 (10/1982 - 10/1987)	24
6 (11/1987 - 11/1992)	17
7 (12/1992 - 12/1997)	13

Modellieren Sie mit diesen Angaben erneut den Tritium-Abbau in der ungesättigten Zone und vergleichen Sie ihr Ergebnis mit dem Ergebnis aus der Annahme eines impulsförmigen Tritiuminputs in Abb. 59.

3.3 Reaktiver Stofftransport

3.3.1 Lysimeter

Gegeben ist ein Lysimeter mit einer Lockergesteinsfüllung, die sich mit dem folgenden Wasser im Austauscher-Gleichgewicht befindet (Konzentrationen in mmol/L):

pH=8.0, pe=12, Temperatur =10.0°C, Ca=1, C=2.2, Mg=0.5, K=0.2, SO_4^{2-}=0.5

Zu einem Zeitpunkt T1 wird ein saures Grubenwasser (AMD) folgender Zusammensetzung aufgegeben (Konzentrationen in mmol/L):

pH=3.2, pe=16, Temperatur =10.0°C, Ca=1, C=2.0, Mg=0.5, K=0.2, SO_4^{2-} =4.0, Fe=1, Cd=0.7, Cl=0.2

Berechnen Sie die Konzentrationsverteilung in der Säule unter Berücksichtigung des Kationenaustauschs und stellen Sie dies graphisch dar (Diskretisierung und Zeitschritte wie im Beispiel Kap. 2.2.2.5). Verwenden Sie dabei als Selektivitätskoeffizient die Muster-Daten von WATEQ4F.dat und eine Austauschkapazität von 0.0011 mol pro kg Wasser. Diffusion und Dispersion werden nicht berücksichtigt.

3.3.2 Quellaustritt Karstquelle

Ein Karstwasser hat folgende chemische Zusammensetzung:

pH = 7.6, pE = 14.4, Temperatur = 8.5°C, Ca = 147, HCO_3^- = 405, Mg = 22, Na = 5, K = 3, SO_4^{2-} = 25, Cl = 12, NO_3^- = 34 (Konzentrationen in mg/L)

Es befindet sich mit einem CO_2-Partialdruck von 0.74 Vol% im Gleichgewicht und ist leicht Calcit-übersättigt (SI = 0.45). Dieses Karstwasser tritt an einer Quelle mit einer mittleren Schüttung von 0.5 L/s aus und fließt in einem kleinen Gerinne mit einer mittleren Geschwindigkeit von 0.25 m/s hangabwärts. Durch die turbulente Strömung kann mit einer spontanen Entgasung des CO_2 auf den CO_2-Partialdruck der Atmosphäre gerechnet werden. Durch die daraus resultierende Carbonatausscheidung formt sich der Bach im Laufe der Zeit einen kleinen Kalkrücken („Steinere Rinne"), auf dem er fließt (Abb. 61).

Modellieren Sie die Carbonatausscheidung in diesem Carbonat-Gerinne mittels 1D Transport mit 40 Zellen á 10 m Länge unter Verwendung der Keywords KINETICS und RATES und des BASIC-Programms für Calcit aus dem Datensatz PHREEQC.dat, da dieses sowohl die Kinetik der Kalklösung als auch der Kalkausfällung beschreibt. Wieviel Calcit fällt pro Jahr in den ersten 400 Metern nach Quellaustritt in dem Gerinne aus und wieviel CO_2 entgast dabei?

Hinweis: für alle n Zellen muss eine SOLUTION vorgegeben werden, die bei Beginn der Modellierung im System ist (SOLUTION 1-n). Gleiches gilt für die Befehle KINETICS und EQUILIBRIUM_PHASES. Würde hier statt 1-n nur 1 stehen, würde die kinetische Reaktion oder die Gleichgewichtseinstellung nur für die erste Zelle berechnet werden.

Abb. 61 Steinerne Rinne bei Ettenstadt / Weißenburg in Bayern

3.3.3 Verkarstung (Korrosion einer Kluft)

Im Zusammenhang mit der Verkarstung taucht immer wieder die Frage auf, warum es zu Verkarstungserscheinungen nicht nur an der Oberfläche sondern auch in größeren Tiefen kommt. Der Grund dafür ist, dass die Carbonatlösung zwar ein relativ schneller Prozeß ist, aber dennoch eine gewisse Zeit benötigt und die auf einer Kluft zurückgelegten Wegstrecken für Wasser relativ groß sein können. Dies soll exemplarisch an folgendem Beispiel berechnet werden: Gegeben ist eine Kluft mit einer räumlichen Erstreckung von 300 Metern. Es wird angenommen, dass sie zu Beginn der Modellierung mit Grundwasser gefüllt ist, das sich im Kalkkohlensäuregleichgewicht befindet. Der Einfachheit halber werden folgende Angaben verwendet:

pH   7.32

Temp   8.5

C   4.905 mmol/L

Ca   2.174 mmol/L

Nun kommt es zu einem Niederschlagsereignis. Dieser Niederschlag nimmt in der ungesättigten Zone CO_2 gemäß dem dort herrschenden Partialdruck von 1 Vol% auf. Dadurch hat das Sickerwasser folgende Eigenschaften:

pH   4.76

Temp   8.5

C   0.5774 mmol/L

Dieses Wasser dringt nun mit einer Abstandsgeschwindigkeit von 10 m pro 6 Minuten in die Modellkluft ein. Berechnet werden soll die Carbonatlösung in der 300 Meter langen Modellkluft bei diesem Ereignis. Dazu soll die Kluft als eindimensionales Element mit 30 Elementen von je 10 m Länge approximiert werden. Ferner soll als Dispersivität 0.5 m angesetzt werden und ein einmaliger Austausch des Wassers angenommen werden. Zudem wird davon ausgegangen, dass die Kluft nicht vollständig mit Wasser gefüllt ist, sondern auch Luft enthält und diese Luft einen CO_2-Gehalt von 1 Vol% hat. Die Kinetik der Carbonatlösung soll entsprechend Kap. 2.2.2.3.1 angenommen werden. Zudem soll die Möglichkeit des Befehls USER_GRAPH genutzt werden, um das Ergebnis direkt in PHREEQC graphisch darzustellen. Dargestellt werden sollen die Konzentrationen von Ca und C sowie der Sättigungsindex Calcit entlang der 300 m langen Kluft nach einmaligem Austausch mit dem eindringenden Regenwasser.

3.3.4 pH-Anhebung eines sauren Grubenwassers

Im Bergbau stellen saure Wässer (AMD, acid mine drainage) ein Problem dar, da die Wässer durch die Pyritoxidation hohe Gehalte an Eisen, Sulfat und Protonen aufweisen. Infolgedessen können auch andere Elemente (z.B. Metalle und Arsen) erhöht sein. Eine einfache Methode einer Wasseraufbereitung ist das Durchleiten dieser sauren Wässer durch mit Kalkschotter gefüllte Gerinne. Hierbei kommt es zur Anhebung des pH-Wertes durch Carbonatlösung und es kann zur Übersättigung anderer Minerale kommen, die möglicherweise spontan ausfallen. Die hohen Sulfatgehalte führen in Verbindung mit den steigenden Calciumwerten aus der Calcitlösung häufig zur Überschreitung des Löslichkeitsproduktes von Gips. Auch Eisenminerale sind in Folge der Reaktionen übersättigt und es fällt z.B. spontan amorphes Eisenhydroxid aus. Obwohl die Calcitlösung relativ schnell abläuft, zeigt diese Aufgabe, dass die Kinetik dennoch berücksichtigt werden muss, um eine Anlage richtig zu dimensionieren.

Gegeben ist ein saures Grubenwasser und ein unbeeinflußtes Oberflächenwasser. Zu Beginn der Modellierung ist das 500 m lange Carbonatgerinne mit dem Oberflächenwasser gefüllt (Tab. 40). Nun wird das saure Grubenwasser eingeleitet und es soll berechnet werden, wie sich die Beschaffenheit des Grubenwassers ändert, wieviel Calcit gelöst wird und wieviel Gips und Eisenhydroxid gefällt werden. Probleme der Überkrustung (coating) der Carbonatkörner durch Gips und Eisenhydroxid sowie die Kinetik der Gips und Eisenhydroxid-Bildung bleiben unberücksichtigt.

Tab. 40 Hydrochemische Analysen eines sauren Grubenwassers („AMD") und eines unbeeinflußten Oberflächenwassers („OW")

Parameter	AMD	OW	Parameter	AMD	OW
pe	6.08	6.0	K	3.93e-05 mol/L	1.5 mg/L
Temp.[°C]	10	10	Li	2.95e-06 mol/L	
pH	1.61	8.0	Mg	1.47e-04 mol/L	3.5 mg/L
Al	1.13e-04 mol/L		Mn	1.30e-06 mol/L	
As	5.47e-07 mol/L		NO_3^-	2.47e-04 mol/L	0.5 mg/L
TIC*)	3.18e-03 mol/L		Na	2.58e-04 mol/L	5.8 mg/L
HCO_3^-		130 mg/L **)	Ni	8.72e-07 mol/L	
Ca	9.19e-04 mol/L	36.6 mg/L***)	Pb	2.47e-07 mol/L	
Cd	2.27e-07 mol/L		SO_4^{2-}	5.41e-02 mol/L	14.3 mg/L
Cl	6.07e-05 mol/L	2.1 mg/L	Si	6.20e-05 mol/L	3.64 mg/L
Cu	8.06e-07 mol/L		U	2.15e-07 mol/L	
F	2.69e-05 mol/L		Zn	1.09e-05 mol/L	
Fe	2.73e-02 mol/L	0.06 mg/L			

*) total inorganic carbon
**) den anorganischen C mittels der Option $CO_2(g)$ -3.5 auf den Partialdruck der Atmosphäre einstellen
***) Ca im PHREEQC Input-File auf „charge" setzen

Als Fließgeschwindigkeit werden 1 m/s angesetzt, so dass die gesamte Kontaktzeit im Gerinne 500 s beträgt. Die Modellierung soll als 1D-Transportmodell mit 10 Zellen erfolgen (Dispersivität: 0.1 m) und über 750 s laufen. Zu berücksichtigen ist auch der Kontakt mit der Atmosphäre; daher soll die Modellierung einmal mit einem CO_2-Partialdruck von 0.03 Vol% und dann mit 1 Vol% und jeweils 0.21 Vol% O_2 gerechnet werden. Der letztere Fall entspricht eher einem geschlossenen Carbonatgerinne.

Stellen Sie das Ergebnis der Modellierung dar, indem Sie die Eigenschaften des Wassers am Ende der Modellierung über die Strecke des Gerinnes darstellen (pH-Wert, SI Calcit, Ca, Fe, C, SO_4^{2-}, $CaSO_4^0$). Ferner sollen die Mengen dargestellt werden, die an Calcit gelöst bzw. an Gips und Eisenhydroxid gefällt werden.

3.3.5 In-situ leaching

Grundwasserleiter mit doppelter Porosität (z.B. Sandsteine mit Kluft- und Porenhohlräumen) stellen besondere Anforderungen an eine Transportmodellierung, selbst dann, wenn kein reaktiver Stofftransport im eigentlichen Sinn berücksichtigt werden soll. Dies soll im folgenden am Beispiel der Regenerierung eines

Grundwasserleiters im Einflussbereich eines Uran-Laugungs-Bergbaus (ISL, in-situ leaching) durchgeführt werden. Die Zusammensetzung des Wassers, das sich infolge der Laugung mit Schwefelsäure im Aquifer befindet, ist in Tab. 41 als „ISL" beschrieben.

Tab. 41 Hydrochemische Analysen eines unbeeinflußten (GW) sowie eines durch in-situ-leaching beeinflußten Grundwassers (ISL) (Konzentrationen in mg/L)

Parameter	GW	ISL	Parameter	GW	ISL	Parameter	GW	ISL
pe	6.08	10.56	Cu	0.005	3	Ni	0.005	5
Temp.	10 °C	10	F	0.5	1	NO_3^-	0.5	100
Al	3.0	200	Fe	0.6	600	Pb	0.05	0.2
As	0.004	2	K	1.5	4	pH	6.6	2.3
C(4)	130		Li	0.02	0.1	Si	3.64	50
Ca	36.6	400	Mg	3.5	50	SO_4^{2-}	14.3	5000
Cd	0.0003	1	Mn	0.07	20	U	0.005	40
Cl	2.1	450	Na	5.8	500			

Simuliert werden soll ein Bereich von 200 m zwischen einem Infiltrations- und Entnahmebrunnen, mit einem kf-Wert von ca. $5 \cdot 10^{-5}$ m/s auf den Klüften und 10^{-8} m/s im Porenbereich (diese kf-Werte dienen nur zur Orientierung und werden für die Lösung nicht direkt benötigt). Die Abstandsgeschwindigkeit beträgt aufgrund des Potentialunterschieds 10 m/Tag, die Dispersivität 2 m. In den Infiltrations-brunnen wird Grundwasser („GW" in Tab. 41) infiltriert und im Entnahmebrun-nen gefördert.

Es soll angenommen werden, dass der Austausch zwischen Poren und Klüften nur per Diffusion stattfindet. Der Klufthohlraum beträgt 0.05, das Porenvolumen 0.15. Es wird ferner angenommen, dass die Klüfte planar angeordnet sind und der Kluftabstand ca. 20 cm beträgt, eine Kluft somit zu jeder Seite im Mittel eine Po-renmatrix von 10 cm Dicke besitzt. Homogene und heterogene Reaktionen sollen nicht berücksichtigt werden.

Die Simulationszeit soll 200 Tage betragen, dabei wird gemäß den Vorgaben in dem 200 m lange Aquiferabschnitt das Wasser der Klüfte 10 mal ausgetauscht.

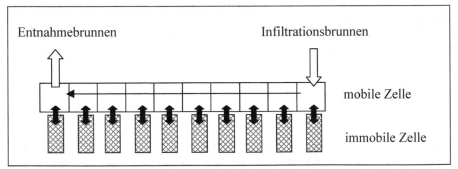

Abb. 62 Schematische Darstellung des Modellansatzes für den Aquifer mit doppelter Porosität

Die Diskretisierung soll in Elementen zu 10 m Länge erfolgen, die Anbindung der immobilen Bereiche jeweils mittels einer Box je mobile Zelle (Abb. 62) und der Austausch zwischen mobilen und immobilen Zellen mittels einer Reaktion 1. Ordnung (zur Theorie siehe Kap. 1.3.3.1). Stellen Sie die Konzentration der Elemente U, Fe, Al, und S über die Zeit von 200 Tagen am Förderbrunnen dar.

Ändern sie die Parameter „immobiler Porenraum" von 0.15 auf 0.05 und die Dicke des an die Klüfte angeschlossenen Matrixraumes von 0.1 auf 0.01 m und vergleichen Sie die Ergebnisse.

3.3.6 3D Stofftransport – Uran und Arsen Kontaminationsfahne

Im Einführungsbeispiel zur 3D Tranportmodellierung mit PHAST (Kap. 2.2.2.5.3 wurde bereits die Ausbreitung einer Urankontamination in einem In-Situ-Laugungs-Bergbau (ISL) modelliert. Vergleicht man in diesem Beispiel die Uran- und Arsenkonzentrationen, zeigt sich, dass Arsen deutlich besser durch Oberflächenkomplexierung an Eisenhydroxiden sorbiert als Uran.

Als erstes soll nun der Einfluss der Oberflächenkomplexierung auf die Kontaminationsfahne demonstriert werden. Dafür muss im PHAST Input-File und/oder im PHREEQC Kontroll-File die Berechnung für die Oberflächenkomplexierung entfernt werden. Dabei wird speziell für Arsen eine signifikante Veränderung deutlich. *(Hinweis: Die Dateien *.phast und *.chem.dat sollten zunächst unter einem neuen File-Namen abgespeichert werden, bevor eine Änderung der Files vorgenommen wird, da somit ein direkter Vergleich zwischen den zwei verschiedenen Aufgaben (mit/ohne Oberflächenkomplexierung) möglich ist).*

In einem zweiten Schritt soll eine reaktive Eisenwand (permeable reactive barrier, „PRB") in das 3D PHAST Modell integriert werden. Reaktive Wände mit elementarem Eisen werden häufig für passive Sanierungsmaßnahmen eingesetzt. Angenommen, elementares Eisen ist verfügbar (was möglicherweise eine Vereinfachung ist) kann die Modellierung durch den Einsatz einer reaktiven Wand 100 m stromabwärts des Bergwerks erfolgen. Dazu wird das Tool „new zone" verwendet: Zeichnen Sie einfach eine rechteckige Box und passen Sie die Größe an, in dem Sie auf die Box mit dem roten Pfeilsymbol klicken. Ein Fenster wird sich in der unteren linken Ecke öffnen, in dem man folgende Werte eingeben kann: x 100 und 115, y 100 und 400, z 50 und 100. Somit wird die neue Zone (5) und damit die reaktive Wand nur in den oberen 30 m definiert. Zusätzlich muss EQUILIBRIUM_PHASES 2 in der WPHAST Benutzeroberfläche definiert werden und das *.chem.dat File durch die Ergänzung von EQUILIBRIUM_PHASES 2 mit Eisen als zu lösende Phase und Uraninit als ausfallende Phase angepasst werden. Da REACTION nicht in PHAST verfügbar ist und Eisen nicht als Phase in WATEQ4F (in diesem Fall benannt als phast.dat) definiert ist, muss elementares Eisen als Phase unter dem Keyword PHASES im Input-File definiert werden *(Hinweis: im LLNL-Datensatz ist Eisen als Mineralphase definiert).*

Die letzte Aufgabe besteht darin, die Oberflächenkomplexierung auf die Uran Spezies auszuweiten. Durchsucht man den WATEQ4F Datensatz (in diesem Fall benannt als phast.dat), findet man am Ende des Files die Spezies, für die Oberflächenkomplexierungsreaktionen definiert sind. Für Uran ist ausschließlich UO_2^{2+} definiert. Bei einem pH > 6 dominieren unter natürlichen Bedingungen aber UO_2-Carbonatspezies, die nicht als mögliche Produkte der Oberflächenkomplexierung definiert sind. Definieren Sie daher eine Oberflächenkomplexierung für die UO_2-Carbonatspezies ($UO_2(CO_3)^{2-}$) im PHREEQC Kontroll-File. Dafür wird im PHAST-Job der Block SURFACE_SPECIES mit der Definition von zwei schwachen Oberflächenspezies eingefügt: SURFACE-$UO_2(CO_3)_2^-$ mit log_k 12.0 und SURFACE-$UO_2(CO_3)_2^{2-}$ mit log_k 5.0. *Hinweis: Die Sulfat-Komplexierung kann als Beispiel genommen werden.*

4 Lösungen

4.1 Gleichgewichtsreaktionen

4.1.1 Grundwasser - Lithosphäre

4.1.1.1 Standard-Output Brunnenanalyse

Bei der Probe handelt es sich um ein gering bis mittelmäßig stark mineralisiertes Wasser (Ionenstärke I = 1.189e-02 mol/L „description of solution") vom Ca-Mg-HCO_3-Typ (Ca 1.872 mmol/L, Mg 1.646 mmol/L, HCO_3^- 3.936 mmol/L; „solution composition"). Die Analysengenauigkeit ist mit einem Ladungsgleichgewicht (Electrical balance (eq)) von -3.407e-04 und einem Analysenfehler (Percent error, 100 · (Cat-|An|)/(Cat+|An|)) von -2.36 % ausreichend.

Bezüglich der redoxsensitiven Elemente fällt auf, dass As, Cu, Fe, N und U jeweils in der höchsten Oxidationsstufe die größten Konzentrationen aufweisen, während Mn prädominant als Mn(2) und Se als Se(4) vorliegen. Für Mn ist Abb. 22 zu entnehmen, dass die Oxidation von Mn(2) erst bei pE > +10 beginnt, während die vorliegende Analyse einen pE-Wert von 6.9 aufweist. Die Selen-Oxidation beginnt schon bei etwas niedrigeren pE-Werten, so ist Se(-2) bereits vollständig oxidiert und es sind auch schon geringe Mengen an Se(6) in Lösung. Das teilreduzierte Se(4) prädominiert aber.

Die Speziesverteilung von Ca, Mg, Zn und Pb ist aus Abb. 63 ersichtlich. Es fällt auf, dass Ca, Mg und Zn prädominant in Form von freien Ionen vorliegen, während Blei als typischer Komplexbildner auftritt. Hauptkomplexpartner ist für Ca und Mg das Sulfat, für Zn und Pb hingegen Hydrogencarbonat.

Abb. 64 und Abb. 65 zeigen die übersättigten Al- und Fe-Mineralphasen. Wie bereits in Kap. 2.2.2.1.1 erwähnt, werden zunächst die amorphen Verbindungen ausfallen, im Beispiel lediglich $Fe(OH)_3(a)$; $Al(OH)_3(a)$ ist untersättigt. Weitere Fällungsreaktionen werden aufgrund der niedrigen Gesamtkonzentrationen von 0.056 mg/L Al und 0.067 mg/L Fe kaum mehr vollständig ablaufen können.

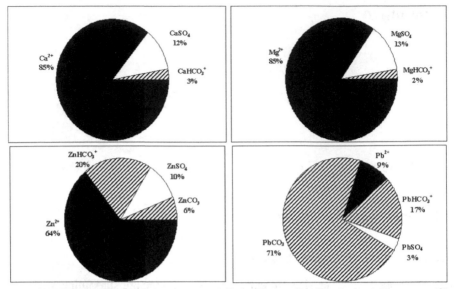

Abb. 63 EXCEL Tortendiagramme zur Darstellung der Speziesverteilung von Ca, Mg, Zn und Pb

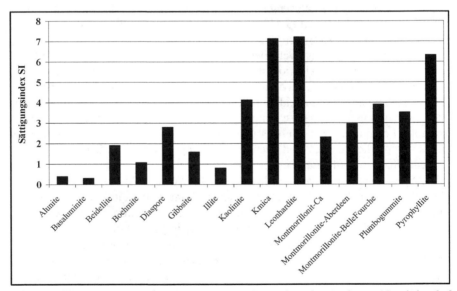

Abb. 64 EXCEL Säulendiagramm zur Darstellung der übersättigten Aluminiumhaltigen Mineralphasen

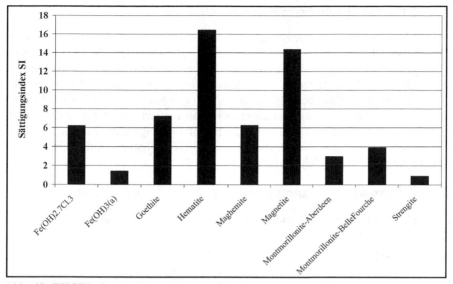

Abb. 65 EXCEL Säulendiagramm zur Darstellung der übersättigten Eisen-haltigen Mineralphasen

4.1.1.2 Gleichgewichtsreaktion Gipslösung

Aufgrund der generellen Grundwasser-Strömungsrichtung von Ost nach West passiert das Grundwasser vor dem Eintritt in den geplanten neuen Brunnen eine Gipslagerstätte. Durch den Kontakt mit dieser Lagerstätte (EQUILIBRIUM_PHASES gypsum 0) können sich im Grundwasser noch 1.432 e-02 mol/L Gips lösen (Delta gypsum aus Unterkapitel „phase assemblage", das Minuszeichen gibt an, dass sich Gips löst), die Gesamtmineralisation erhöht sich von 1.190e-02 mol/L im alten Brunnen (der als charakteristisch für den Aquifer angenommen wird) auf 4.795e-02 mol/L im geplanten neuen Brunnen, ein Anstieg etwa um das 4fache des Ausgangswertes. Die Ca-Konzentration erhöht sich dabei von 1.872e-03 mol /L (75 mg/L) im alten Brunnen auf 1.618e-02 mol/L (644 mg/L) und die Sulfat-Konzentration von 2.083e- 03 mol/L (200 mg/L) auf 1.639 e-02 mol/L (1573.44 mg/L).

Die Trinkwasser-Grenzwerte von 400 mg/L für Ca und 240 mg/L für SO_4^{2-} sind damit weit überschritten. Während der Trinkwasser-Grenzwert für Ca eher technischer Natur ist, da hohe Ca-Gehalte zur Kalkabscheidung im Rohrleitungssystem führen (siehe auch Aufgabe Kap. 3.1.5.2) hat der Grenzwert für Sulfat medizinische Hintergründe; erhöhte Konzentrationen können zu Durchfall führen.

Zur Angabe des Sulfats wird die Summe aller als S(6) vorliegenden Verbindungen herangezogen, nicht nur das explizit als SO_4^{2-}-Ion in der Speziesverteilung ausgewiesene Sulfat, da bei einer geeigneten analytischen Bestimmung alle S(6)-Verbindungen zusammen als „Sulfat" bestimmt werden und auch die Trinkwasserverordnung sich auf diesen Gesamtschwefelgehalt bezieht.

4.1.1.3 Ungleichgewichtsreaktion Gipslösung

Bei einer angenommenen unvollständigen Gipslösung (50 % $\rightarrow$ log 0.5 = 0.3 $\rightarrow$ EQUILIBRIUM_PHASES gypsum 0.3) gehen nur mehr 7.832e-03 mol/L Gips in Lösung, also ca. 55 % weniger als bei 100 %iger Sättigung. Die Gesamtmineralisation beträgt 3.259e-02 mol/L. Der Ca-Gehalt liegt nach der Reaktion bei 388 mg/L, der Sulfat-Gehalt bei 9.912e-03 mol/L (950.4 mg/L). Somit fällt der Ca-Gehalt nur knapp unter den Grenzwert, während der Grenzwert für Sulfat immer noch deutlich überschritten wird. Insgesamt ist die Lage des Brunnens absolut nicht empfehlenswert, da mit Sicherheit eine kostenintensive Aufbereitung aufgrund der hohen Sulfat-Gehalte nötig wäre.

4.1.1.4 Temperaturabhängigkeit der Gipslösung in Brunnenwasser

Folgende Gipslöslichkeiten wurden für die angegebenen Temperaturen modelliert: Δ gypsum -7.217e-03 mol/L bei 10°C

Δ gypsum -7.736e-03 mol/L bei 20°C

Δ gypsum -8.074e-03 mol/L bei 30°C

Δ gypsum -8.229e-03 mol/L bei 40°C

Δ gypsum -8.213e-03 mol/L bei 50°C

Δ gypsum -8.047e-03 mol/L bei 60°C

Δ gypsum -7.753e-03 mol/L bei 70°C

Das Maximum der Gipslöslichkeit liegt etwa bei 40°C (Abb. 66).

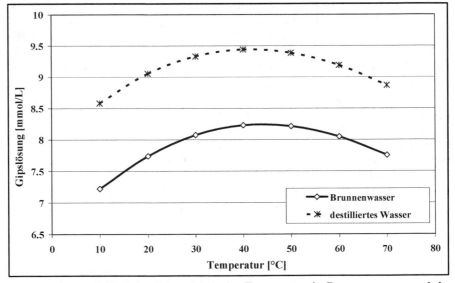

Abb. 66 Gipslöslichkeit in Abhängigkeit der Temperatur in Brunnenwasser und destilliertem Wasser

Für den ersten Anstieg der Gipslöslichkeit mit zunehmender Temperatur ist die endotherme Bildung des $CaSO_4^0$-Komplexes verantwortlich, dessen Bedeutung für die Gipslösung bereits in Einführungsbeispiel 2 (Kap. 2.2.2.1.2) gezeigt wurde ($\Delta H(CaSO_4^0)$ = +1.6 $\rightarrow$ $\Delta G > 0$, da ΔG = -R $\cdot$ T $\cdot$ ln K folgt, wenn T $\uparrow$ wird -lnK $\downarrow$, somit K $\uparrow$). Die Löslichkeit des Minerals $CaSO_4(s)$ nimmt dagegen mit zunehmender Temperatur ab (exotherme Reaktion, $\Delta H(CaSO_4(s))$ = -0.1 $\rightarrow$ $\Delta G < 0$, da -ΔG = -R $\cdot$ T $\cdot$ ln K folgt, wenn T $\uparrow$ wird lnK $\downarrow$, somit K $\downarrow$). Beide Effekte überlagern sich und führen dazu, dass das Optimum der Gipslösung bei einer mittleren Temperatur liegt, bei der die Bildung des $CaSO_4^0$-Komplexes schon erhöht, die Löslichkeit von $CaSO_4(s)$ aber gleichzeitig noch nicht zu stark rückläufig ist. Als Folge des Rückgangs der Minerallösung über 40°C geht die Menge des gelösten $CaSO_4^0$-Komplexes bei noch höheren Temperaturen ebenfalls zurück.

4.1.1.5 Temperaturabhängigkeit Gipslösung in destilliertem Wasser

In destilliertem Wasser kann sich im Vergleich zum Brunnenwasser mehr Gips lösen (Abb. 66) aufgrund der geringeren Ausgangskonzentration an Calcium und Sulfat.

4.1.1.6 Calcitlösung in Abhängigkeit von Temperatur und CO_2-Partialdruck

Das Optimum der Calcitlösung liegt bei 30°C (Abb. 67), nicht bei der maximalen Temperatur von 40°C (Tab. 42).

Tab. 42   Calcitlöslichkeit in Abhängigkeit von Temperatur und $p(CO_2)$

Temperatur [°C]	CO_2 [Vol%]	$P(CO_2)$	Calcit [mmol/L]
0	0.03	-3.5	1.07
5	0.5	-2.3	-0.08
8	0.9	-2.05	-0.40
15	2	-1.70	-0.83
25	4.5	-1.3	-1.32
30	7	-1.15	-1.46
40	10	-1	-1.34

Verschiedene Faktoren beeinflussen die Calcit-Löslichkeit. Wie bei Gips (4.1.1.4) handelt es sich bei der Bildung des $CaCO_3^0$-Komplexes um eine endotherme Reaktion ($\Delta H(CaCO_3^0)$ = +3.5), während die eigentliche Lösung des Minerals Calcit exotherm abläuft ($\Delta H(CaCO_3(s))$ = -2.3). Das heisst, die maximale Calcit-Löslichkeit liegt bei einer mittleren Temperatur, wo die zunehmende Temperatur die Bildung des $CaCO_3^0$-Komplex bereits erhöht und gleichzeitig die Lösung von $CaCO_3(s)$ noch nicht zu stark gehemmt ist.

Darüberhinaus ist die Calcitlösung nicht nur von der Temperatur, sondern auch vom $p(CO_2)$ abhängig.

Calcitlösung:	$CaCO_3$	$\leftrightarrow$	Ca^{2+}	$+ CO_3^{2-}$
Autoprotolyse des Wassers:	H_2O	$\leftrightarrow$	H^+	$+ OH^-$
Folgereaktion:	$CO_3^{2-} + H^+$	$\leftrightarrow$	HCO_3^-	

Wie aus obigen Formeln ersichtlich, bewirkt eine Erhöhung der H^+-Ionen-Konzentration einen Verbrauch von CO_3^{2-} unter Bildung von HCO_3^- und somit eine Zunahme der Calcit-Lösung. Eine Erhöhung der H^+-Ionen-Konzentration ist z.B. möglich durch Zugabe von Säuren (HCl, H_2SO_4, HNO_3), aber auch durch Erhöhung der CO_2-Konzentration, da bei der Lösung von CO_2 in Wasser H^+-Ionen entstehen:

$$CO_2 + H_2O \leftrightarrow H_2CO_3 \leftrightarrow H^+ + HCO_3^-$$

Die Dissoziation zu $H^+ + HCO_3^-$ beträgt zwar direkt nur ca.1 %, Folgereaktionen bewirken jedoch eine deutlich höhere CO_2-Lösung.

Das heißt, je höher der $p(CO_2)$, desto mehr $CaCO_3$ kann sich lösen. Die Löslichkeit von CO_2 als Gas in Wasser ist aber abhängig von der Temperatur. Je höher die Temperatur, desto geringer ist die Gaslöslichkeit. Deswegen steigt die Calcitlöslichkeit zwar zunächst mit steigender Temperatur, ist jedoch die Temperatur so hoch, dass sich nicht mehr genügend CO_2 lösen kann, sinkt die Löslichkeit wieder.

4.1.1.7 Calcitfällung und Dolomitlösung

Bei gleichzeitiger Anwesenheit von Calcit und Dolomit, löst sich Dolomit, während Calcit ausfällt (Tab. 43 und Abb. 67), da das Löslichkeitsprodukt für $CaCO_3$ überschritten ist. Diesen Prozess bezeichnet man als inkongruente Lösung (siehe Kap. 1.1.4.1.3). Das Maximum der Lösung / Fällung verschiebt sich zu niedrigeren Temperaturen (6- 7°C) hin.

Tab. 43 Calcit-Lösung und Dolomit-Fällung in Abhängigkeit der Temperatur

Temperatur [°C]	CO_2 [Vol%]	Calcit [mmol/L]	Dolomit [mmol/L]
0	0.03	2.68	-1.11
5	0.5	4.10	-2.90
8	0.9	4.19	-3.17
15	2	3.79	-3.12
25	4.5	3.02	-2.86
30	7	2.60	-2.65
40	10	1.79	-2.00

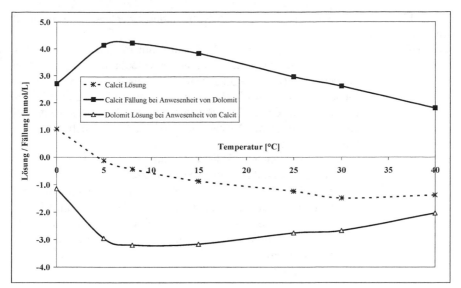

Abb. 67 Calcitlöslichkeit und inkongruente Lösung Calcit-Dolomit (Calcit-Fällung, bzw. Dolomit-Lösung)

4.1.1.8 Vergleich der Calcitlösung im offenen und geschlossenen System

Bei einem $p(CO_2)$ von 2 Vol% ist die Calcit-Lösung im offenen System geringer (und damit auch der pH-Wert höher) als im geschlossenen. Bei 20 Vol% $p(CO_2)$ ist es umgekehrt, die Calcitlösung ist im offenen System höher, der pH-Wert niedriger.

Tab. 44 Calcitlösung im offenen und geschlossenen System bei 2 bzw. 20Vol% pCO$_2$

	2 Vol% offen	2 Vol% geschlossen	20 Vol% offen	20 Vol% geschlossen
pH	7.144	7.028	6.485	6.594
Calcite [mmol/L]	-0.8290	-1.250	-4.385	-3.552

Modelliert man die Brunnenanalyse ohne Gleichgewichtsreaktionen, findet man die Erklärung: Die Brunnenprobe selbst hat schon einen CO_2-Partialdruck von 3.98 Vol% (unter „initial solution" - „saturation indices" SI $CO_2(g)$ = -1.40 → $p(CO_2)$ = 3.98 Vol%), d.h. es laufen folgende Prozesse ab:

im offenen System: ungehinderter Gasaustausch ist möglich
 2 Vol%:   vollständige Entgasung von 3.98 Vol% bis 2 Vol%
20 Vol%:   vollständige Lösung   von 3.98 Vol% bis 20 Vol%

im geschlossenen System: der Gasaustausch ist behindert (idealerweise überhaupt kein Gasaustausch)

bei 2 Vol%:   geringere Entgasung von 3.98 Vol% nur bis 3.02 Vol% (SI = -1.52 für CO_2(g) unter „batch reaction calculations" - „saturation indices" → p(CO_2) = 3.02 Vol%) da nur eine begrenzte Gas-Menge (1 Liter) für die Reaktion vorgegeben ist. Da also im offenen System der p(CO_2)-Partialdruck mit 2 Vol% geringer ist als im geschlossenen System mit 3.02 Vol%, ist auch die Calcit Lösung geringer.

bei 20 Vol%:   geringere Lösung von 3.89 Vol% nur bis 13.49 Vol% (SI = -0.87 für CO_2(g) unter „batch reaction calculations" - „saturation indices" → p(CO_2) = 13.49 Vol%), da nur eine begrenzte Gas-Menge (1 Liter) für die Reaktion vorgegeben ist. Damit ist im offenen System der p(CO_2)-Partialdruck mit 20 Vol% höher als im geschlossenen System mit 13.49 Vol% und auch die Calcit Lösung ist höher.

4.1.1.9 Pyritverwitterung

Wie aus Abb. 68 ersichtlich, hat die Pyritverwitterung mit zunehmendem Sauerstoffgehalt entscheidenden Einfluss auf die Konzentrationen von Fe^{2+} und SO_4^{2-}, die von 0.001 mol/L bis 1 mol/L O_2 um ca. drei Größenordnungen steigen. Der pH-Wert fällt von 6.3 auf 0.7 stark ab, das resultierende Wasser ist extrem sauer.

Bei Zugabe von Calcit steigt die Gesamtkonzentration an SO_4^{2-} ab O_2-Gehalten von 0.05 mol/L deutlich gegenüber der Pyritverwitterung bei Calcitabwesenheit, da H^+-Ionen für die Bildung des HCO_3^--Komplex, der sich aus der Calcit-Lösung ergibt, verbraucht werden, somit die Bildung des HSO_4^--Komplexes zurückgeht und verstärkt SO_4^{2-} gebildet wird. Die Fe^{2+}-Konzentration wird dagegen geringer, da Fe^{2+} vermehrt in Form des $FeHCO_3^+$-Komplexes gebunden wird, durch die höheren Konzentration von HCO_3^- bei Calcit-Anwesenheit. Entscheidend ist aber der Einfluß des Calcits auf den pH-Wert, der nur mehr von 6.9 auf 5.1 fällt. Somit bewirkt die Anwesenheit von Calcit eine entscheidende pH-Pufferung der bei der Pyritverwitterung entstehenden Wässer.

Bei Anwesenheit der Mineralphase U_3O_8 können sich je nach Sauerstoffgehalt $5.32 \cdot 10^{-8}$ (bei 0.001 mol/L O_2) bis $1.98 \cdot 10^{-1}$ mol/L Uran (bei 1 mol/L O_2) lösen (Abb. 69). Der pH-Wert sinkt von 6.3 auf 2.0 bei Calcit-Abwesenheit. Bei Anwesenheit von Calcit wird der pH-Wert wie im obigen Beispiel gepuffert (6.9 bis 5.1). Die Uran-Löslichkeit ist bis zu einem Sauerstoffgehalt von 0.005 mol/L höher als bei Calcit-Abwesenheit. Dies ist der Tatsache geschuldet, dass sich mehr Uran-Carbonat-Komplexe bilden können. Die Uran-Löslichkeit bleibt dann aber auch bei höheren Sauerstoffgehalten deutlich beschränkt und erreicht bei 1 mol/L O_2 $3.56 \cdot 10^{-6}$ mol/L, also nur ein hundert tausendstel dessen, was bei Calcit-Abwesenheit löslich wäre. Calcit trägt somit sehr effizient zur Reduktion der Uran-Konzentrationen der bei der Pyritverwitterung entstehenden Wässer bei.

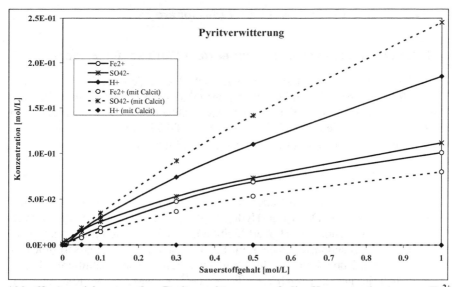

Abb. 68 Auswirkungen der Pyritverwitterung auf die Konzentrationen von Fe^{2+}, SO$_4$$^{2-}$ und H$^+$ bei Abwesenheit und Anwesenheit von Calcit

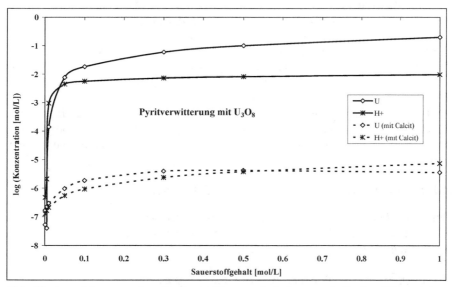

Abb. 69 Auswirkungen der Pyritverwitterung bei Anwesenheit der Mineralphase U$_3$O$_8$ auf die Konzentrationen von Uran und H$^+$ bei Abwesenheit und Anwesenheit von Calcit (y-Achse logarithmisch)

4.1.2 Atmosphäre - Grundwasser - Lithosphäre

4.1.2.1 Regenwasserinfiltration unter dem Einfluss des Boden-CO_2

Der erhöhte CO_2-Partialdruck im Boden von 1 Vol% im Vergleich zur Atmosphäre mit 0.03 Vol% bewirkt eine Erhöhung der H^+-Ionen-Konzentration, da bei der Lösung von CO_2 in Wasser H^+-Ionen entstehen (siehe Kap. 3.1.1.6). Der pH-Wert des Regenwassers erniedrigt sich damit von 5.1 auf 4.775, gleichzeitig erhöht sich die Konzentration an Kohlenstoff in Lösung von 13 µmol/L auf 390 µmol/L.

4.1.2.2 Puffersysteme im Boden

Der pH-Wert des versickerten Regenwassers unter erhöhten Boden-CO_2- Partialdrücken beträgt 4.775. Der Eisen-Hydroxid-Puffer zeigt in diesem pH-Bereich keinerlei Pufferwirkung, der pH-Wert bleibt auch nach Reaktion mit Goethit (Fe-OOH) bei 4.775. Eisenpuffer spielen nur bei sehr sauren Grubenwässern mit pH-Werten zwischen 2 und 4 eine Rolle durch Umwandlung von Goethit unter Protonenverbrauch in Fe(3): $FeOOH + 3H^+ = Fe^{3+} + 2H_2O$. Eine Reaktion mit Aluminiumhydroxid (Boehmit $AlOOH + H_2O + 3H^+ = Al^{3+} + 3H_2O$) zeigt geringe Pufferwirkung. Nach der Reaktion ist der pH-Wert bei 4.91. Ebenso puffert auch der Mangan-Hydroxid-Puffer ($MnOOH + 3H^+ + e^- = Mn^{2+} + 2H_2O$) nur gering von pH 4.775 auf pH 5.032. Im Austauscher-Puffersystem werden H^+-Ionen an einen Austauscher gebunden und setzen Erd-/Alkalien frei, der gepufferte pH-Wert liegt mit 6.718 fast schon im neutralen Bereich. Größte Wirksamkeit zeigt der Carbonat-Puffer, der für die Pufferung der meisten Systeme in pH-Bereichen von 5.5 bis 8.0 verantwortlich ist. Der pH-Wert des Regenwassers erhöht sich von 4.775 auf 7.294 nach Reaktion mit Calcit.

Die Modellierung eines Silikatpuffers im Boden ist aufgrund der langsamen Kinetik der Feldspatverwitterung im Rahmen einer Gleichgewichtsmodellierung nicht möglich, sondern muss kinetisch betrachtet werden. Darauf wurde hier verzichtet.

4.1.2.3 Abscheidung an heißen Schwefel-Quellen

Bei 45°C können sich max. ca. 6.5 mg O_2 pro Liter Wasser lösen. Dazu müssen zunächst die in der Tab. 45 angegebenen Gaslöslichkeiten auf die jeweiligen Temperaturen (T) umgerechnet werden, für 0°C z.B. wie folgt:

0.0473 cm^3 Gas / cm^3 Wasser = 0.0473 L Gas / L Wasser;
da in 22.4 L = 1 mol Gas: 0.0473 : 22.4 mol Gas / L Wasser = $2.11 \cdot 10^{-3}$ mol / L
da Molmasse O_2 = 32 g/mol: $2.1 \cdot 10^{-3}$ mol/L $\cdot$ 32 g/mol = 0.0676 g/L = 67.6 mg/L

Da die Angaben für 100 Vol% O_2 erfolgten, in der Atmosphäre aber nur 21 Vol% herrschen, muss nun 67.6 mg/L noch mit 0.21 multipliziert werden und man erhält 14.19 mg/L O_2-Löslichkeit bei 0°C.

Tab. 45 O_2-Löslichkeiten in Abhängigkeit der Temperatur bei $pO_2 = 21$ Vol%

T	Gas-Löslichkeit [cm³/cm³]	Gas-Löslichkeit [mg/L]	T	Gas-Löslichkeit [cm³/cm³]	Gas-Löslichkeit [mg/L]	T	Gas-Löslichkeit [cm³/cm³]	Gas-Löslichkeit [mg/L]
0	0.0473	14.19	20	0.0300	9.00	50	0.0204	6.12
5	0.0415	12.45	25	0.0275	8.25	60	0.0190	5.70
10	0.0368	11.04	30	0.0250	7.50	70	0.0181	5.43
15	0.0330	9.90	40	0.0225	6.75	90	0.0172	5.16

Unter REACTION setzt man also 1, 2, 3, 4, 5, 6 und 6.5 mg/L O_2 (umgerechnet in mol/L) zu. Für CO_2 kann unter EQUILIBRIUM_PHASES sofort ein Gleichgewicht mit dem Partialdruck der Atmosphäre eingestellt werden, da für die damit verbundenen Reaktionen allein die Diffusion des CO_2's und die Dissoziation in Wasser entscheidend sind. Beides sind im Gegensatz zur Redoxreaktion durch Zugabe von O_2 schnelle Reaktionen, die mit einer Gleichgewichtsreaktion annähernd beschrieben werden können.

Im schwefelhaltigen Thermalwasser sind, solange es sich im Untergrund befindet, bis auf die Si-Verbindungen alle Mineralphasen untersättigt. Bei Austritt als Quellwasser genügt schon der Kontakt mit geringen Sauerstoffmengen, um eine Übersättigung an elementarem Schwefel zu erhalten (SI = 0.04 bei 1 mg O_2/L bis SI = 0.47 bei 6.5 mg O_2/L). Gips bleibt auch bei höheren O_2-Gehalten untersättigt (SI = -6.6 bei 1 mg O_2/L bis -3.25 bei 6.5 mg O_2/L). Der übersättigte Schwefel wird zusammen mit SiO_2(a) spontan in der Nähe der Quelle ausfallen und die charakteristischen gelb-roten Schwefel-Sinterkrusten bilden. Je nach O_2-Gehalten variieren die Mengen an ausfallendem Schwefel von 0.419 mg Schwefel pro Liter bis 11.26 mg S /L bei maximaler O_2-Löslichkeit.

4.1.2.4 Stalagitbildung in Karsthöhlen

Das Regenwasser dringt in den Boden des Karstgebietes ein, wo es zunächst unter dem erhöhten CO_2-Partialdruck von 3 Vol% zur Lösung von 2.613 mmol/L Calcit (simulation1 / batch reactions / phase assemblage) kommt. Tritt dieses kalkgesättigte Wasser (nicht das gering mineralisierte Regenwasser!) danach in die Karsthöhle ein, in der mit 0.03 Vol% Atmosphärendruck ein deutlich geringerer CO_2-Partialdruck herrscht als im Boden, kommt es zwangsläufig zur Kalkausfällung (siehe auch Kap. 3.1.1.6). 2.116 mmol/L (simulation2 / batch reactions / phase assemblage) bzw. 211.6 mg/L $CaCO_3$ fallen dabei aus (2.116 mmol/L · Molmasse 100 mg/mmol = 211.6 mg/L). Bei einer täglichen Wassermenge von 100 Litern sind das 211.6 mg/L · 100 L/d = 21.16 g/d, bzw. auf ein Jahr (365 Tage) bezogen rund 7.7 kg/a.

Geht man von einer Calcit-Dichte von 2.71 g/cm³ aus, ergibt sich ein ausgefälltes Calcit-Volumen von 7.7 kg/a : 2.71 kg/dm³ = 2.84 dm³/a. Da nur 15 % der Höhlendecken-Fläche von Stalagtiten bedeckt ist, verteilt sich dieses Volumen auf

0.15 · 10 m Höhlen-Länge · 10 m Höhlen-Breite = 15 m². Damit wachsen die Stalagtiten um 2.84 dm³/a : 15:10² dm² = 0.0019 dm/a = 0.19 mm/a.

4.1.2.5 Evaporation

Die negative Wassermenge, mit der titriert werden muss, entspricht 53.9 moles. Von 250 mm Niederschlag muss zunächst der oberflächliche Abfluß (20 mm) abgezogen werden, übrig bleiben 230 mm, die für die Infiltration zur Verfügung stehen. 225 mm Verdunstung / 230 mm = 98 % Verdunstung; daraus ergibt sich, dass 98 % der Wassermenge (pures H_2O ohne Inhaltsstoffe) entfernt werden muss (98 % von 55 moles = 53.9 moles). Es verbleiben 2 % hochkonzentrierte Lösung, die 50 mal mit sich selbst multipliziert werden muss, um wieder 100 % hochkonzentrierte Lösung zu erhalten (50 · 2 % = 100 %). Zusätzlich muss noch ein Gleichgewicht eingestellt werden mit Calcit, Quarz und 0.01 bar CO_2 (CO2(g) - 2.0).

Daraus ergibt sich folgende Lösungszusammensetzung in mol/L mit und ohne Berücksichtigung der Verdunstung (Tab. 46).

Tab. 46   Grundwasserneubildung mit und ohne Berücksichtigung der Verdunstung

Grundwasserneubildung ohne Verdunstung		Grundwasserneubildung mit Verdunstungseinfluss	
C	3.85e-03 mol/L	C	3.11e-03 mol/L
Ca	1.84e-03 mol/L	Ca	4.61e-03 mol/L
Cl	2.30e-05 mol/L	Cl	7.95e-04 mol/L
K	7.00e-06 mol/L	K	2.42e-04 mol/L
Mg	2.90e-05 mol/L	Mg	1.00e-03 mol/L
N(5)	8.00e-05 mol/L	N(5)	2.77e-03 mol/L
Na	8.00e-06 mol/L	Na	2.77e-04 mol/L
S(6)	8.20e-05 mol/L	S(6)	2.83e-03 mol/L
Si	9.13e-05 mol/L	Si	9.10e-05 mol/L
pH = 7.294		pH = 7.161	
SI (gypsum) = -2.60		SI (gypsum) = -0.93	

Für die Elemente Cl, K, Mg, N(5), Na und S(6) ergibt sich eine etwa 35 mal höhere Konzentration unter Berücksichtigung der Verdunstung als ohne. Für Ca, Si und HCO_3^- ist der Unterschied geringer, da für diese über die Gleichgewichtseinstellung ein zusätzlicher Input im Untergrund angenommen wird, unabhängig von der Verdunstung. Besonders interessant ist der Anstieg im Sättigungsindex des Gips, der zeigt, dass bei höheren Verdunstungsraten sogar mit Gipsausfällung zu rechnen ist.

Unter Phase assemblage findet man die Menge an Calcit in mol/L, die gelöst wird, nämlich -2.169 mmol/L, bzw. 2.169 mmol/L · 100 mg/mmol = 216.9 mg/L. Die Grundwasserneubildungsrate errechnet sich aus 5 mm/a (250 mm Niederschlag - 20 mm Abfluss - 225 mm Verdunstung) bezogen auf die angegebene Fläche von 50 km · 30 km zu 5 mm/a · 1500 km² = 0.005 m/a · 1.5·10⁹ m² = 7.5·10⁶ m³/a oder 7.5·10⁹ L/a. Auf diese Grundwasserneubildung bezogen ergibt sich eine gelöste Calcit-Menge für das gesamte Gebiet von 216.9 mg/L $\cdot$ 7.5$\cdot$10^9 L/a = 1.627$\cdot$10^{12} mg/a = 1627 t/a.

Bei einer Dichte von Calcit von 2.71 g/dm^3 ergibt sich daraus ein Hohlraumvolumen von 1627 t/a : 2.71$\cdot$10^{-6} t/dm^3 = 6.0$\cdot$10^8 dm^3/a bzw. 6.0$\cdot$10^5 m^3/a. Einheitlich auf die Fläche von 50 km $\cdot$ 30 km übertragen, errechnet sich damit eine Setzung infolge Kalklösung von 6.0$\cdot$10^5 m^3/a : (50 km $\cdot$ 30 km) = 6.0$\cdot$10^5 m^3/a : 1.5$\cdot$10^9 m^2 = 4.0$\cdot$10^{-4} m/a = 0.4 mm/a.

4.1.3 Grundwasser

4.1.3.1 pE-pH-Diagramm für das System Eisen

Folgende Spezies müssen im SELECTED_OUTPUT definiert werden, um festzustellen, ob und ggf. unter welchen pH-pE-Bedingungen sie prädominieren: Fe^{2+}, Fe^{3+}, $FeCl^+$, $FeOH^+$, $Fe(OH)_2$, $Fe(OH)_3^-$, $Fe(OH)_2^+$, $Fe(OH)_3$, $FeOH^{2+}$, $Fe_2(OH)_2^{4+}$, $Fe(OH)_4^-$, $Fe_3(OH)_4^{5+}$, $FeCl^{2+}$, $FeCl_2^+$, $FeCl_3$.

Abb. 70 zeigt als Ergebnis der Modellierung das Eisen-Prädominanz-Diagramm. Das zweite Raster - aus der 4-fachen Datenmenge durch Verkleinerung der Schrittweite von 1 auf 0.5 erzeugt - zeigt zwar eine bessere Auflösung, jedoch keine anderen Spezies in kleinen Prädominanzbereichen, die im groben Raster untergegangen sein könnten. Die Lücken im Raster der Modellierung in 0.5er Schrittweiten bei den Wertepaaren pH 3.5 / pE 12.5, pH 3.5 / pE 13, pH 4 / pE 14.5, pH 4 / pE 15.5 und pH 3.5 / pE 16 ergeben sich aus numerischen Problemen, die während der Modellierung auftraten und keine Konvergenz eines Modelles zuliessen. Die entsprechenden SOLUTION wurden aus dem PHREEQC-Input-file entfernt.

Vergleicht man das erzeugte pE-pH-Diagramm mit dem für das System Fe-O$_2$-H$_2$O nach Langmuir (1997) (Abb. 16) zeigen sich klare Übereinstimmungen. Lediglich das $Fe(OH)_3^-$-Feld ist im Beispiel etwas kleiner und ein zusätzliches Feld für die Spezies $FeOH^+$ ist ausgewiesen, das im Diagramm nach Langmuir (1997) fehlt.

4.1.3.2 Änderungen im Fe-pE-pH-Diagramm bei Anwesenheit von Kohlenstoff bzw. Schwefel

Im SELECTED_OUTPUT müssen neben den unter Kap. 4.1.3.1 definierten Eisen- Spezies für das Eisen-Kohlenstoff-System zusätzlich $FeHCO_3^+$ und $FeCO_3$ und für das Eisen-Schwefel-System $FeSO_4^+$, $FeHSO_4^{2+}$, $Fe(SO_4)_2^-$, $FeHSO_4^+$ und $FeSO_4$ ausgegeben werden. Numerische Probleme treten sowohl im Fe-C-System als auch im Fe-S-System bei pH 4 und pE 14 auf.

Im Eisen-Kohlenstoff-System (Abb. 71) verschwindet das $FeOH^+$-Feld, statt dessen prädominiert unter gleichen pE-pH-Bedingungen die nullwertige Eisen-Carbonat-Spezies $FeCO_3^0$. Im Eisen-Schwefel-System (Abb. 72) verkleinert sich das Fe^{3+}-Prädominanzfeld zugunsten der Eisen-Sulfat-Spezies $FeSO_4^+$; $FeOH^{2+}$ verschwindet ganz.

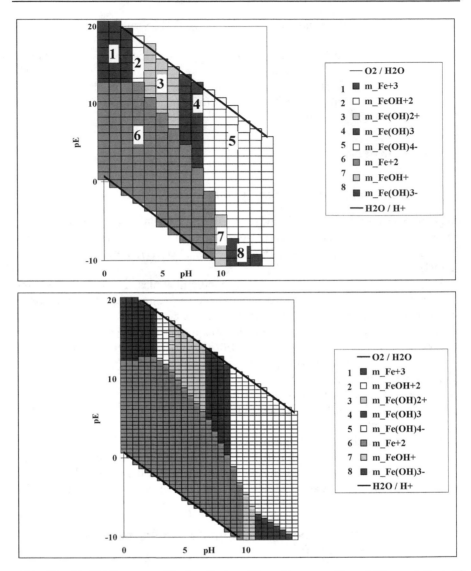

Abb. 70 pE-pH-Diagramm für das System Eisen [Ausgangslösung 10 mmol Fe + 10 mmol Cl]; Variierung pE, pH in 1er (oben) und 0.5er Schritten (unten, bessere Auflösung des Rasters, Nummerierung wie im oberen Bild)

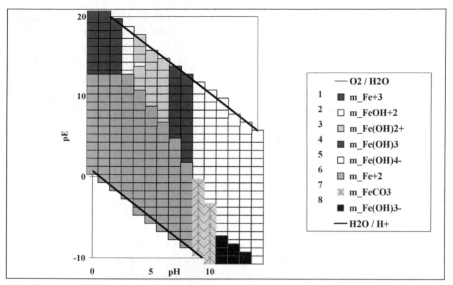

Abb. 71 pE-pH-Diagramm für das System Eisen-Kohlenstoff [Ausgangslösung 10 mmol Fe + 10 mmol Cl + 10 mmol C], Nummerierung wie in Abb. 70

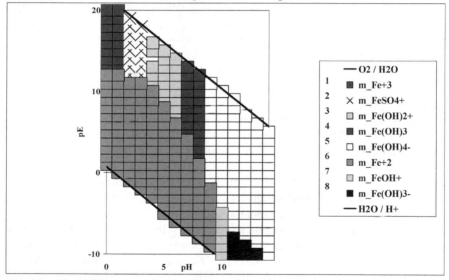

Abb. 72 pE-pH-Diagramm für das System Eisen-Schwefel [Ausgangslösung 10 mmol Fe + 10 mmol Cl + 10 mmol S], Nummerierung wie in Abb. 70

Solche pE-pH-Diagramme wie die in Abb. 70 bis Abb. 72 modellierten geben zwar einen guten Überblick über mögliche prädominante Spezies in Lösung, haben aber den entscheidenden Nachteil, dass zur Erstellung eines kompletten pE-pH-Diagramms über alle Bereiche (extrem oxidierend - extrem reduzierend, extrem sauer - extrem alkalisch) nur idealisierte Lösungen modellierbar sind, die wie im Beispiel ausser den gewünschten Spezies (Fe sowie Cl als korrespondierendes Anion) nur definierte andere Spezies enthalten (C oder S). Die Ionenbilanz weist hierbei meist deutlich größere Abweichungen als 2 % auf und auch die Anforderung einer konstanten Ionenstärke über alle pE- und pH-Bereiche lässt sich nur sehr bedingt einhalten. Spezies, die in nahezu gleicher Konzentration wie die prädominante Spezies auftreten und wichtig für Stofftransport-Fragestellungen sein könnten, werden zudem in einem Prädominanzdiagramm völlig vernachlässigt. Dieser Schwächen der pE-pH-Diagramme sollte man sich bei einer Modellierung und der Interpretation bewusst sein.

4.1.3.3 Änderung der Uranspezies in Abhängigkeit vom pH-Wert

In den PHREEQC-Job werden zunächst beide Lösungen (saures Grubenwasser (AMD) und Grundwasser) eingegeben und über das Keyword MIX gemischt, diese Lösung wird als Lösung 3 abgespeichert (SAVE_SOLUTION) und der Job mit END abgeschlossen. Daran schließt sich ein zweiter Job an, der SOLUTION 2 (Grundwasser) und SOLUTION 3 (1:1 verdünntes Wasser) über USE wieder aufruft, erneut 1:1 mischt, diese Lösung als SOLUTION 4 abspeichert, usw. SELECTED_OUTPUT mit Ausgabe von pH und „-molalities" aller Uran-Spezies erleichtert die Weiterverarbeitung der Daten in EXCEL. Der Befehl als solches muss für jeden Job wiederholt werden, ebenso wie die Angabe der auszugebenden Parameter pH und molalities. Der File Name (z.B. 3_uranium_species_pHdependent.csv) sollte allerdings nur unter dem ersten SELECTED_OUTPUT-Befehl erscheinen und nicht wiederholt werden, so schreibt PHREEQC die Parameter aller Modellierungen in ein einziges SELECTED_OUTPUT file. Die Kopfzeile wird allerdings für jede Modellierung wiederholt. Der Befehl „- reset false" ebenfalls nur einmal unter dem ersten SELECTED_OUTPUT-Befehl verhindert die Ausgabe der Standard-Parameter des SELECTED_OUTPUT auch für alle anderen Modellierungen, die in dasselbe File geschrieben werden.

Mit sieben Mischungen sowie der Anfangslösung saures Grubenwasser und der resultierenden Lösung Grundwasser ergibt sich für die Veränderung der Uran-Spezies folgendes EXCEL-Diagramm (Abb. 73).

Bei niedrigen pH-Werten dominiert der nullwertige $UO_2SO_4^0$-Komplex. Der positiv geladene UO_2^{2+}-Komplex erreicht allerdings fast ähnlich hohe Konzentrationen. Ab pH = 5 dominieren die Carbonat-Komplexe, zunächst der nullwertige $UO_2CO_3^0$-Komplex, über pH = 6 der negativ geladene $UO_2(CO_3)_2^{2-}$-Komplex. Beide Carbonat-Komplexe sind im sauren Milieu (pH-Werte < 3.5) ohne Bedeutung. Für Transport- und Sorptionsprozesse sind besonders die nullwertigen Komplexe zu beachten, da diese nur geringe Wechselwirkungen zeigen und damit kaum retardiert werden.

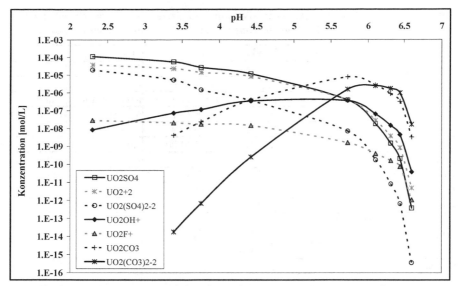

Abb. 73 Entwicklung der Uran-Spezies bei Mischung eines sauren Grubenwassers (pH = 2.3) mit einem Grundwasser (pH = 6.6)

4.1.4 Herkunft des Grundwassers

4.1.4.1 Förderung fossilen Grundwassers in ariden Gebieten

Definiert man als Mineralphasen Calcit, Dolomit, Halit und Gips sowie für den Sandstein Quarz, Albit, Anorthit und Kalium-Glimmer und zudem CO_2 als Gasphase mit der zusätzlichen Maßgabe, dass sich Dolomit, Gips und Halit nur lösen, Calcit und CO_2 dagegen nur ausfallen bzw. entgasen können, erhält man bei einer Unsicherheit von 4 % 2 Modelle (Tab. 47).

Beide Modelle unterscheiden sich nur geringfügig voneinander. Modell 2 benutzt Quarz nicht als Mineralphase. Die Anteile fossiles : rezentes Grundwasser sind in beiden Modellen übereinstimmend 62 % : 38 %, d.h. fast 2/3 des gepumpten Wassers wird nicht mehr neugebildet. Bei einer Pumprate von 50 L/s oder 50 · 60 · 60 · 24 L/d = 4,320,000 L/d werden 0.6211 · 4,320,000 L/d = 2,683,152 L/d fossiles Wasser gefördert. Bei einer Reservoir-Größe von 5 m · 1000 m · 10,000 m = 50,000,000 m³ oder 50,000,000,000 L dauert es 50,000,000,000 L : 2,683,152 L/d = 18635 d oder 18635 d : 365 = rund 51 Jahre, bis das Reservoir vollständig leer gepumpt ist und nur noch rezentes Grundwasser zur Verfügung steht. Bei gleichbleibendem Angebot sind dies also nur mehr 38 % der ursprünglichen Fördermenge, d.h. statt 50 L/s nur mehr 19 L/s, sicherlich mit größeren Schwankungen in Abhängigkeit der Niederschläge behaftet.

Tab. 47 Zwei Modelle zum Anteil fossilen am geförderten Grundwasser (+ = ausfallende Mineralphasen, - = sich lösende Mineralphasen, Konzentrationen mol/L)

Isotopenzusammensetzung	Modell 1		Modell 2	
13C Calcite	2 + -2 = 0		2 + -2 = 0	
13C $CO_2(g)$	-25 + -5 = -30		-25 + -5 = -30	
Lösungsanteile	Konzentration	Anteil %	Konzentration	Anteil %
Solution 1 (fossils Wasser)	6.21E-01	62.11	6.21E-01	62.11
Solution 2 (rezentes Grundwasser)	3.79E-01	37.89	3.79E-01	37.89
Solution 3	1.00E+00	100.00	1.00E+00	
Phasen Mol-Transfer				
Calcite $CaCO_3$	-2.59E-04	pre	-2.59E-04	pre
$CO_2(g)$	-2.48E-04	pre	-2.48E-04	pre
Quartz SiO_2	7.69E-06	dis		
Kmica $KAl3Si3O10(OH)_2$	-1.88E-05	pre	-1.88E-05	pre
Albite $NaAlSi_3O_8$	-1.75E-04	pre	-1.71E-04	pre
Anorthite $CaAl_2Si_2O_8$	1.16E-04	dis	1.14E-04	dis
Gypsum $CaSO_4$	2.80E-04	dis	2.82E-04	dis

4.1.4.2 Salzwasser-/Süßwasser-Interface

Wie bei allen Aufgaben zur inversen Modellierung gibt es nicht eine „richtige" Lösung, sondern eine Reihe möglicher Wege. Zunächst einmal muss über den Befehl "charge" für die Grundwasseranalyse ein Ladungsausgleich erzwungen werden, da der Analysenfehler mit -4.65 % zu hoch ist. Am besten reguliert man den Ladungsausgleich über das Element Calcium.

Bei einer sehr kleinen Unsicherheit von 0.006 und der Verwendung der Gasphase CO_2 sowie der Mineralphasen Gips und Halit (aus dem marinen Bereich), Quarz, K-Glimmer, Albit und Anorthit (aus dem quartären Grundwasserleiter) sowie Calcit und Dolomit (aus dem Kreidekalk) und den zusätzlichen Bedingungen, dass sich Gips, Halit, K-Glimmer, Albit und Anorthit nur lösen können, erhält man folgende drei Modelle (Tab. 48).

Tab. 48 Drei Modelle zur Bestimmung des Salz- und Süßwasseranteils an gefördertem Grundwasser (+ = ausfallende Mineralphasen, - = sich lösende Mineralphasen, Konzentrationen in mol/L)

Modell 1		Modell 2		Modell 3	
$CO_2(g)$	4.91E-04	$CO_2(g)$	4.93E-04	$CO_2(g)$	4.93E-04
Gypsum	1.25E-04	Gypsum	1.28E-04	Gypsum	1.28E-04
Quartz	9.79E-06	Calcite	-2.00E-04	Quartz	-9.71E-08
K-Mica	1.65E-06	Dolomite	-1.16E-04	Calcite	-2.00E-04
Albite	-4.94E-06			Dolomite	-1.16E-04
Calcite	-1.97E-04				
Dolomite	-1.17E-04				

Da Quarz, Feldspat und Glimmer als wichtige Mineralphasen im quartären Aquifer betrachtet werden und diese gemeinsam nur im ersten Modell vertreten sind, wird dieses gewählt. Unabhängig davon beträgt der Anteil Meerwasser zu Grundwasser 22.55 % zu 77.45 % in allen drei Modellen.

4.1.5 Anthropogene Nutzung von Grundwasser

4.1.5.1 Probenahme: Ca-Titration mit EDTA

Um die Probe zunächst alkalisch zu machen, wird über den Befehl REACTION NaOH zugesetzt, im Beispiel 0.1 mol NaOH. Der pH steigt von 6.7 auf 13.343. Diese alkalische Lösung wird abgespeichert, in einem zweiten Job aufgerufen und über REACTION EDTA in unterschiedlichen Mengen (im Beispiel 1e-5, 5e-5, 1e- 4, 5e-4, 1e-3, 5e-3, 1e-2, 5e-2, 1e-1, 5e-1, 1, 5 und 10 mol/L) zugesetzt. Abb. 74 zeigt die prädominanten Ca-Komplexe unter den genannten Bedingungen.

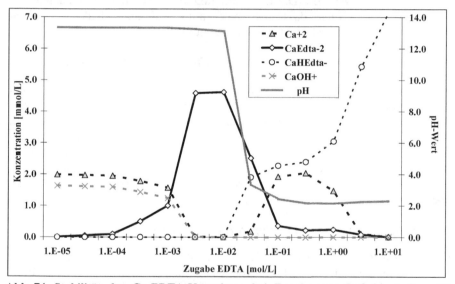

Abb. 74 Stabilität des Ca-EDTA-Komplexes bei Zugabe von 5e-3 bis 1e-2 mol/L EDTA zu einer mit 0.1 mol NaOH auf pH 13.34 gebrachten Analyse; größere Mengen EDTA in Lösung führen zur Deprotonierung und damit zur Erniedrigung des pH-Wertes, EDTA wird bevorzugt an H⁺-Ionen gebunden, der CaEdta²⁻-Komplex verliert an Bedeutung

Bei Zugabe geringer Mengen EDTA zur alkalischen Lösung herrschen freie Ca^{2+}-Ionen und der Ca-Hydroxo-Komplex $CaOH^+$ vor. Ab ca. 0.5-1 mmol/L gewinnt der Ca-Edta²⁻-Komplex an Bedeutung, zwischen 5-10 mmol/L EDTA-Zugabe ist schliesslich alles Ca in Form des Ca-Edta²⁻-Komplexes gebunden und wird somit per Farbindikator bestimmt. Setzt man mehr als 10 mmol/L EDTA ein, sinkt der pH schlagartig von ca. 13 auf ca. 3 ab, da die Deprotonierung der Säure EDTA (Ethylen-Diamine-Tetra-Acetate $C_2H_4N_2(CH_2COOH)_4$) die alkalische Pufferung mit NaOH übertrifft. Es werden bevorzugt H^+-EDTA-Komplexe ($EdtaH_2^{-2}$, $EdtaH_3^-$, usw.) gebildet. Für Ca steht nur mehr eine begrenzte Menge an EDTA zur Verfügung. Bevorzugt werden der $CaHEdta^-$-Komplex und wieder freie Ca^{2+}-Ionen gebildet.

Verwendet man zu Beginn der Titration statt 0.1 mol NaOH, 1 mol NaOH wird der Stabilitäts-Bereich des $Ca-Edta^{2-}$-Komplexes grösser, bei 0.01 mol NaOH Vorlage ist $Ca-Edta^{2-}$ in keinem Bereich mehr dominierend.

4.1.5.2 Kohlensäure-Aggressivität

Bei Einstellung des Calcit-Gleichgewichtes ergibt sich ein pHc von 7.076, der 0.376 pH-Einheiten über dem gemessenen pH von 6.7 liegt. Damit ist die zulässige Abweichung von 0.2 pH-Einheiten überschritten. Da pH-pHc negativ ist, ist das Wasser kalkaggressiv, kann also noch Kalk lösen, die Gefahr der Rohrleitungskorrosion ist gegeben. Die Untersättigung kann auch ohne Berechnung des pHc festgestellt werden, da Calcit unter „initial solution calculations" einen Sättigungsindex von -0.63 (= 23% Sättigung) aufweist.

4.1.5.3 Wasseraufbereitung durch Belüftung - Brunnenwasser

Nach der Belüftung durch Einstellung eines Gleichgewichts mit atmosphärischem CO_2 von 0.03 Vol% ($CO_2(g)$ -3.52) steigt der pH-Wert auf 8.783, der pHc auf 7.57. ΔpH ist damit +1.213, das heißt, das Wasser ist kalkübersättigt, es besteht die Gefahr der Kalkausfällung in den Rohrleitungen. Der SI Calcit (unter „Simulation 1" „batch reaction calculations") ist +1.35. Eine Belüftung ergibt somit bezüglich des Kalk-Kohlensäure-Gleichgewichtes eine Verschlechterung der ursprünglichen Verhältnisse. Die Grenzwerte der Trinkwasserverordnung sind weit überschritten.

4.1.5.4 Wasseraufbereitung durch Belüftung - Schwefelquelle

Die Speziesverteilung von Al, Fe(2) und Fe(3) ist in Abb. 75 dargestellt. Al(3) und Fe(3) prädominieren in Form von OH-Komplexen, freie Al^{3+} bzw. Fe^{3+}-Kationen liegen kaum vor, während Fe(2) vorwiegend als freies Kation (71 %), bzw. $FeHCO_3^+$-Komplex (21 %) auftritt. Bezogen auf Gesamteisen ist die Konzentration von Fe(2) mit $4.44 \cdot 10^{-6}$ mol/L deutlich höher als von Fe(3) mit $5.69 \cdot 10^{-15}$ mol/L.

Nach Belüftung mit Luft-Sauerstoff ergeben sich für die Speziesverteilungen (Abb. 76) keine signifikanten Änderungen, außer dass der $Fe^{II}(HS)_2$-Komplex unter oxidierten Bedingungen nicht mehr gebildet wird. Eisen wird außerdem fast vollständig zu Fe(3) oxidiert ($4.44 \cdot 10^{-6}$ mol/L gegenüber $1.41 \cdot 10^{-14}$ mol/L Fe(2)). Ausfallende Mineralphasen sind auf jeden Fall $Al(OH)_3(a)$ und $Fe(OH)_3(a)$, möglicherweise auch noch weitere.

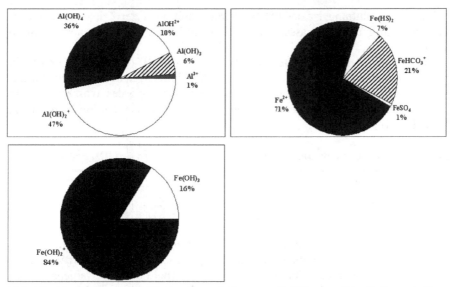

Abb. 75 Al-, Fe(2)- und Fe(3)-Speziesverteilung vor Belüftung mit Luft-Sauerstoff

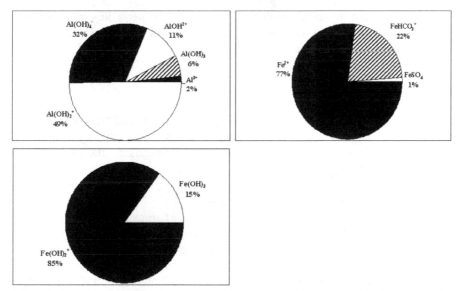

Abb. 76 Al-, Fe(2)- und Fe(3)-Speziesverteilung nach Belüftung mit Luft-Sauerstoff

Variationen des Sauerstoff-Partialdruckes bewirken kaum Änderungen, da im offenen System beliebig viel Sauerstoff nachgeführt wird und nahezu unabhängig vom Partialdruck alle Spezies oxidiert werden. So ändert sich die Konzentration an Fe(3) überhaupt nicht, für Fe(2) ergeben sich bei $p(O_2) = 1$ Vol% $3.019 \cdot 10^{-14}$ mol/L und bei $p(O_2) = 100$ Vol% $= 9.547 \cdot 10^{-15}$ mol/L.

Nach der Belüftung ist der pH-Wert mit 6.462 nach der Trinkwasserverordnung zu niedrig, um das Wasser ohne weitere Aufbereitungsschritte als Trinkwasser zu nutzen.

Die Mengen der ausfallenden Mineralphasen $Al(OH)_3(a)$ und $Fe(OH)_3(a)$ in mol/L findet man unter „phase assemblage". Multipliziert man diese Konzentrationen in mol/L mit der Molmasse g/mol und der Förderung des Wasserwerkes in L/s bekommt man eine Konzentrationsangabe in g/s, die man auf kg/d umrechnen kann (Tab. 49).

Tab. 49   Anfallende Schlammmengen bei der Ausfällung von $Al(OH)_3$ und $Fe(OH)_3$

	mol/L	mole mass	yield	kg/day
$Al(OH)_3(a)$	$6.139 \cdot 10^{-6}$	78	30 L/s	1.24
$Fe(OH)_3(a)$	$4.425 \cdot 10^{-6}$	106.8		1.22

In Summe sind das also 2.46 kg/Tag, die bei der angegebenen Förderung als Mineralphasen (trocken) ausfallen. Berücksichtigt man zudem den hohen Wassergehalt des Schlamms, ergibt sich ein Faktor von 2.5 (bei 60 % Wassergehalt) bzw. 10 (bei 90 % Wassergehalt) und somit eine Schlammmenge von 6.15 kg/d bzw. 24.6 kg/d, das sind ca.185 - 740 kg/Monat.

N und S werden in der Modellierung vollständig oxidiert; dies muss in einer Aufbereitungsanlage nicht so sein, da Redoxreaktionen eine erhebliche Kinetik aufweisen (langsame Reaktionen).

4.1.5.5 Verschneiden von Wässern

Im stillgelegten Brunnen überschreiten SO_4^{2-} mit 260 mg/L und NO_3^- mit 70 mg/L die in der Trinkwasserverordnung festgesetzten Werte von 240 mg/L, bzw. 50 mg/L. Im derzeit betriebenen Trinkwasserbrunnen dagegen gibt es Probleme bezüglich der Kalkaggressivität, wie in Kap. 3.1.5.2 modelliert wurde. Diese Parameter müssen also beim Verschneiden („Mischen") der Wässer berücksichtigt werden und ergeben folgende Werte (Tab. 50).

Ist der Anteil des Wassers aus dem stillgelegten Brunnen zu hoch, weist das Mischwasser zu hohe Sulfat- und Nitrat-Konzentrationen auf (fett markierte Werte), ist er zu niedrig, ist das einzuspeisende Wasser kalkaggressiv (fett markierte Werte) und kann damit zu Rohrleitungskorrosion führen. Optimale Verhältnisse sind bei Mischungsverhältnissen von 40:60 bis 60:40 zu finden, unter denen kann das Wasser direkt als Trinkwasser eingespeist werden, im Vergleich zu einer Einspeisung allein vom derzeitigen Trinkwasserbrunnen sogar ohne die Gefahr der Rohrleitungskorrosion.

Tab. 50   pH, pHc, SO_4^{2-}- und NO_3^--Konzentrationen bei verschiedenen Mischverhältnissen der Wässer aus dem alten und dem neuen Trinkwasserbrunnen

neu : alt	pH	pHc	ΔpH	SO_4^{2-} [mmol/L]	SO_4^{2-} [mg/L]	NO_3^- [mmol/L]	NO_3^- [mg/L]
0:100	6.99	6.84	0.15	2.707	**260.00**	1.129	**70.01**
10:90	6.95	6.86	0.09	2.644	**253.95**	1.019	**63.18**
20:80	6.91	6.87	0.04	2.582	**248.00**	0.908	**56.33**
30:70	6.87	6.89	-0.02	2.520	**242.04**	0.798	49.50
40:60	6.84	6.91	-0.07	2.457	235.99	0.688	42.67
50:50	6.81	6.93	-0.12	2.395	230.03	0.577	35.78
60:40	6.79	6.95	-0.16	2.333	224.08	0.467	28.95
70:30	6.76	6.98	**-0.22**	2.270	218.03	0.356	22.05
80:20	6.74	7.01	**-0.27**	2.208	212.07	0.246	15.28
90:10	6.72	7.04	**-0.32**	2.146	206.12	0.136	8.45
100:0	6.70	7.08	**-0.38**	2.083	200.07	0.024	1.50

4.1.6 Sanierung von Grundwasser

4.1.6.1 Nitratreduktion mit Methanol

Um die Menge an Methanol, die nötig ist, Nitrat zu reduzieren, zu bestimmen, muss man iterativ vorgehen, d.h. es werden bestimmte Mengen Methanol über das Keyword REACTION schrittweise zugesetzt (z.B. 0.1 1 5 10 50 100 mmol/L) und je nach Ergebnis die Schrittweite verfeinert (im Beispiel Detailauflösung zwischen 1.30 und 1.35 mmol/L). Lässt man sich unter SELECTED_OUTPUT den pE-Wert sowie die Molaritäten der N-Spezies ausgeben, erhält man folgendes Ergebnis als Graphik (Abb. 77).

Schon bei Zugabe geringer Mengen Methanol (<1 mmol/L) erfolgt ein deutlicher Abbau von NO_3 zu N_2, der pE-Wert liegt dabei mit 12 bis 14 im oxidierenden Bereich. Bei 1.345 mmol/L Methanol ist die Nitrat-Konzentration von 1.614 mmol/L auf 0.155 umol/L N(5) um mehr als 4 Größenordnungen zurückgegangen. Erhöht man die Methanol-Zugabe darüber hinaus, fällt der pE-Wert stark ab (pE ca. -2) und N_2 wird weiter zu NH_4^+ reduziert - ein unerwünschter Effekt für die Grundwasser-Sanierung.

Daher ist die Konzentration von 1.345 mmol/L CH_3OH pro Liter Grundwasser die optimale Menge Methanol zur effektiven Reduktion von Nitrat. Da Methanol eine Dichte von 0.7 g/cm^3 = 700 g/dm^3 = 700 g/L und eine Molmasse von 32 g/mol hat, enthält eine 100%ige Methanol-Lösung 700g/L : 32 g/mol = 21.875 mol CH_3OH pro Liter Methanollösung. Damit sind 1.345 mmol CH_3OH pro Liter Grundwasser : 21875 mmol CH_3OH pro Liter Methanollösung = 6.15 · 10^{-5} L Methanol-Lösung pro Liter Grundwasser notwendig, bzw. bezogen auf 1 m^3 Grundwasser 0.06 L 100%ige Methanol-Lösung.

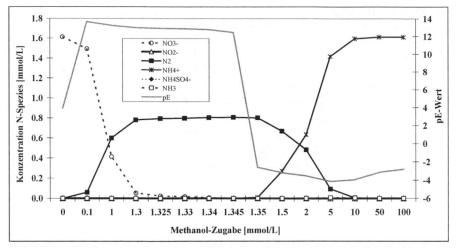

Abb. 77 Reduktion von 5-wertigem NO₃⁻ im Grundwasserleiter durch Methanol-Zugabe sukzessive zu 0-wertigem N_2 und -3-wertigem NH_4^+ (die Spezies NO_2^-, $NH_4SO_4^-$, NH_3 sind nur in Spuren vorhanden)

4.1.6.2 Fe⁰-Wände

Das Problem muss zunächst wie in der vorhergehenden Aufgabe (3.1.1.6) iterativ gelöst werden. Dazu wird elementares Fe über den Befehl REACTION in mol/L schrittweise zugegeben und der Sättigungsindex für Uraninit aufgezeichnet. Gibt man z.B. 1, 2, 3, 4 und 5 mmol/L Fe zu, erhält man die folgenden Sättigungsindizes -14.3401, - 13.6202, -12.8359, -11.3031, +9.5288, d.h. erst zwischen 4 bis 5 mmol/L Fe-Zugabe ist Uraninit übersättigt. Verfeinert man den Bereich weiter, so findet man Übersättigung ab ca. 4.40 mmol/L. Gibt man nun als zusätzliche Bedingung an, dass übersättigtes Uraninit wirklich ausgefällt werden soll und betrachtet die Uran-Menge, die nach der Reduktion von U(6) zu U(4) durch Fe und der anschließenden Fällung als UO_2 noch in Lösung verbleibt, so erhält man die Ergebnisse in Tab. 51.

Tab. 51 Reduktion der Uran-Konzentrationen mit Hilfe von Fe⁰-Wänden unterschiedlicher Eisen-Konzentrationen

Fe [mmol/L] in reaktiver Wand	4.40	4.42	4.43	4.44	4.46	4.48
U [mol/L] nach Reaktion noch in Lösung	8.74e-05	6.77e-05	5.79e-05	4.81e-05	2.88e-05	1.06e-05
U [mg/L] nach Reaktion noch in Lösung	20.79	16.10	13.77	11.45	6.86	2.52

Da Uran auf mindestens ein Drittel der ursprünglichen Menge von 40 mg/L reduziert werden soll, ist die gewünschte Konzentration ca. 13 mg/L. Es müssten also mindestens 4.43 mmol/L = 247.4 mg/L Fe eingesetzt werden. Bei einer Durchströmung von 500 L/d·m^2 sind das 247.4 mg/L · 500 L/d·m^2 = 123.7 g/d·m^2. Soll die Wand zusätzlich ca.15 Jahre (5475 Tage) effektiv sein, müssen 123.7 g/d·m^2 · 5475 d = 677.3 kg Fe pro m^2 eingesetzt werden. Dabei fallen 0.1115 mmol/L Uraninit aus, das sind 30.1 mg/L, bzw. 82.4 kg/m^2 bei einer Durchströmung von 500 L/d·m^2 auf 15 Jahre.

4.1.6.3 pH-Anhebung mit Kalk

Durch Errichten einer reaktiven Calcit-Wand im Grundwasserleiter wird der pH-Wert bei 50 % Calcit-Sättigung von 2.3 auf 6.25 angehoben, damit ist das Grubenwasser (AMD) nur noch schwach sauer. Dabei gehen 17.3 mmol/L, bzw. 1.73 g/L Calcit in Lösung, d.h. bei 500 L/d·m^2 Durchströmung sind das 1.73 g/L · 500 L/d·m^2 = 865 g/d·m^2. Die eingebrachten 2500 kg/m^2 Calcit würden also 2500 kg/m^2 : 865 g/d·m^2 = 2890 Tage oder 7.9 Jahre reichen. Danach wäre die Kalkwand vollständig aufgelöst.

Nach der Reaktion mit Calcit ist allerdings Gips deutlich übersättigt (SI Gips = 0.38) und muss ausgefällt werden. Nach der Gips-Ausfällung ist der pH mit 6.356 noch etwas höher als bei reiner Calcit-Lösung und es lösen sich 20.8 mmol/L, bzw. 2.08 g/L Calcit. Bei 500 L/d·m^2 sind das 1040 g/d, d.h. es würde nur mehr 2402 Tage oder 6.6 Jahre dauern, bis die Kalkwand vollständig aufgelöst ist. Weit problematischer ist allerdings, dass gleichzeitig 17.5 mmol/L, bzw. 2.38 g/L Gips ausfallen. Bei der angenommenen Durchströmung von 500 L/d·m^2 sind das 1190 g Gips, die pro Tag ausfallen, auf der Kalkwand einen Überzug bilden, damit die Permeabilität herabsetzen, die weitere Kalkauflösung behindern und die Reaktivität der Wand innerhalb kurzer Zeit herabsetzen bzw. völlig unterbinden.

Als alternative Materialien für eine reaktive Wand kämen Dolomit (als Mischmineral aus Ca- und Mg-Carbonat) oder reines Mg-Carbonat (Magnesit) in Frage. Dolomit bewirkt eine pH-Anhebung auf 6.439, dabei lösen sich 11.45 mmol/L, bzw. 2.11 g/L Dolomit. Bei 500 L/d·m^2 sind das 1050 g/d, die gelöst werden und bei einem Vorrat von 2500 kg Calcit dauert es 2500 kg : 1050 g/d = 2373 Tage oder 6.5 Jahre, bis die Dolomit-Wand vollständig aufgelöst ist. Da Gips wie bei der Calcit-Wand übersättigt ist (SI Gips = 0.26) muss er ausgefällt werden, danach ergibt sich ein pH von 6.470, eine Dolomitlösung von 12.15 mmol/L = 2.24 g/L (vollständige Auflösung der Dolomit-Wand nach 2237 Tagen oder 6.1 Jahren). 9.475 mmol/L bzw. 1.29 g/L Gips fallen aus, das sind bei 500 L/d·m^2 644.3 g/d, weniger als bei einer reinen Kalk-Wand, aber immer noch zu viel für einen effektiven Langzeit-Betrieb der reaktiven Wand.

Bei einer reinen Magnesit-Wand (MgCO$_3$) erfolgt ein pH-Wert Anstieg auf 6.533, Gips ist leicht untersättigt (SI = -0.08), wird also nicht ausfallen und keine störenden Verkrustungen bilden. 26.4 mmol/L bzw. 2.22 g/L Magnesit werden gelöst, damit hat die Wand eine mittlere Lebensdauer von 2252 Tagen oder 6.2 Jahren. Durch die höhere Langzeiteffektivität rechtfertigen sich auch die höheren Materialkosten für reinen Magnesit im Vergleich zum Calcit oder Dolomit.

4.2 Reaktionskinetik

4.2.1 Pyritverwitterung

Frage 1: Wie ist die Zusammensetzung des Sickerwassers, das am Haldenfuß auf der Basisabdichtung abfließt ?

Die Halde hat eine Fläche von $100 \cdot 100 = 10.000 \, m^2$. Somit versickern bei einer täglichen Sickerrate von 0.1 mm 1000 Liter Regenwasser pro Tag. Das Volumen von $0.1 \, m^3 \, O_2$ sind 100 Liter O_2, die täglich in die Halde diffundieren. Da 1 mol Gas einem Volumen von 22.4 L Gas bei Normaldruck entspricht, sind dies bei 100 Litern (100/22.4) 4.463 mol O_2. Auf 1000 Liter Wasser verteilt sind dies 4.463 mmol O_2 pro Liter Wasser. Der PHREEQC-Job zur Lösung von Frage 1 sieht deshalb wie folgt aus: Destilliertes Wasser (Regenwasser) wird mit dem CO_2- und O_2-Partialdruck der Atmosphäre ins Gleichgewicht gesetzt, per REACTION der zusätzliche Sauerstoff aus der Diffusion in die Halde zugefügt und dieses Wasser mit Pyrit ins Gleichgewicht gesetzt.

Damit lösen sich 1.347 mmol Pyrit pro Tag und Liter und somit 1.347 mol in 1000 Litern. Der pH-Wert beträgt 2.65 und der pE-Wert 2.79. Im Wasser sind, da von destilliertem Wasser ausgegangen wurde, nur Kohlenstoff (0.01704 mmol/L als CO_2), Eisen (1.347 mmol/L als Fe(2)) und Schwefel (2.695 mmol/L als S(6)) vorhanden. Das Element S(6) kommt in folgenden Spezies vor (Abb. 78):

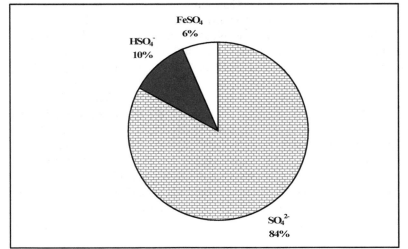

Abb. 78 Schwefel-Speziesverteilung im Sickerwasser an der Haldenbasis

*Frage 2: Was passiert, wenn das Wasser am Haldenfuß mit Luftsauerstoff in Be-
rührung kommt?*

Um diese Frage zu beantworten, wird das Ergebnis der Frage 1 mit
SAVE_SOLUTION 3 gespeichert und diese Lösung in einem neuen Job mittels
USE_SOLUTION 3 aufgerufen und dort die Gleichgewichtseinstellung mit dem
Partialdruck der Atmosphäre vorgenommen.

Das zweiwertige Eisen wird durch den Luftsauerstoff zu dreiwertigem Eisen
oxidiert, liegt aber nur zu 13 % als freies Fe^{3+} vor. Der Rest ist in Form von Sulfa-
to- und Hydroxokomplexen gebunden (Abb. 79).

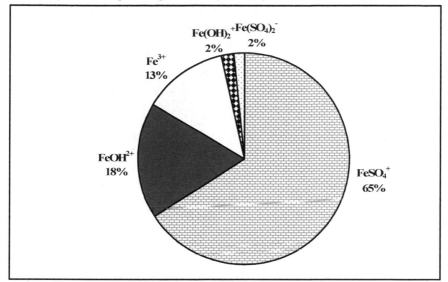

**Abb. 79 Speziesverteilung für das dreiwertige Eisen im Haldensickerwasser nach
Austritt am Haldenfuss**

Folgende Minerale sind nach der Reaktion nahe der Sättigung bzw. übersättigt
(Tab. 52).

**Tab. 52 Sättigungsindex einiger Mineralphasen nach Austritt des Haldenwassers am
Haldenfuß und Kontakt mit Luftsauerstoff**

Mineral	SI	Mineral	SI	Mineral	SI
$Fe(OH)_3(a)$	-0.41	JarositeH	-0.27	Goethite	5.48
Magnetite	-0.4	Maghemite	2.57	Hematite	11.93

Amorphes Eisenhydroxid, das relativ spontan ausfällt, ist allerdings noch untersättigt. Die Minerale Maghemit, Goethit und Hematit fallen normalerweise nicht
spontan aus, d.h. das dreiwertige Eisen bleibt durch die Komplexbildung überwiegend in Lösung.

Frage 3: Wie viele Jahre dauert es, bis das Pyritinventar der Halde aufgebraucht ist?

Zur Beantwortung dieser Frage muss PHREEQC nicht bemüht werden. Die Halde hat ein Volumen von 100.000 m^3 (100 · 100 · 10 m). Davon sind 2 % 2.000 m^3 Pyrit, das entspricht bei einer Dichte von 5.1 t/m^3 10,200 t, bzw. 10,200,000,000 g / 119.8 g/mol = 85,141,903 mol. Bei einer Pyrit-Lösung von 1.347 mol/d dauert es 85,141,903 mol / 1.347 mol/d = 63,208,539 d bzw. 173,174 Jahre, bis der Pyritvorrat aufgebraucht ist. Während dieser Zeit hat das Wasser einen pH Wert von 2.65, Sulfatgehalte von 215 mg/L und Eisengehalte von 75 mg/L (als Fe(2)). Dies gilt zumindest für die Annahme, dass es zu keiner Oberflächenpassivierung des Pyrits kommt bzw. der Pyrit nicht in einer Gesteinsmatrix eingeschlossen ist, die langsamer verwittert.

Frage 4: Wieviel Carbonat muss beim Schütten der Halde zugefügt werden, um den pH-Wert zu neutralisieren und kann dadurch der Sulfatgehalt reduziert werden?

Der bestehende Job wird ergänzt, indem das Wasser nicht nur mit Pyrit sondern auch Calcit ins Gleichgewicht gesetzt wird. Es werden in diesem Fall 2.621 mmol Calcit gelöst, die Pyritlösung ist mit 1.347 mmol genauso groß wie ohne Calcit. Der pH-Wert liegt mit 7.58 im neutralen Bereich. Zur Neutralisierung des pH-Wertes müssen also je Mol Pyrit in der Halde ca. 2 Mol Calcit zugegeben werden. Ein Blick in die Mineraltabelle zeigt, dass der SI für Gips mit -1.09 immer noch deutlich untersättigt ist, Gips also nicht als begrenzende Phase auftritt und somit die Sulfatgehalte quasi unverändert sind.

Frage 5: Wie ändert sich die notwendige Carbonatmenge, wenn davon ausgegangen wird, dass sich durch Abbau organischer Substanz in der Abdeckung und im Haldenkörper ein CO$_2$-Partialdruck von 10 Vol% einstellt?

Der erhöhte CO$_2$-Partialdruck wird mittels des Logarithmus des CO$_2$-Partiadrucks in bar unter EQUILIBRIUM_PHASES eingestellt. Bei einem CO$_2$-Partialdruck von 10 Vol% muss wesentlich mehr Kalk in der Halde vorhanden sein, da ein erheblicher Teil des CO$_2$ letztlich zur Lösung des Calcits verwendet wird. Zur Gleichgewichtseinstellung werden nun 6.288 mmol Calcit verbraucht. Je Mol Pyrit müssen unter diesen Bedingungen 4.7 Mol Calcit, also mehr als das Doppelte eingesetzt werden. Der pH-Wert ist mit 6.65 um nahezu eine Einheit niedriger, der Sättigunsgindex für Gips ist wiederum nicht erreicht.

4.2.2 Quarz-Feldspat-Lösung

Der Skript zur Lösung dieser Aufgabe besteht aus den Keywords SOLUTION, EQUILIBRIUM_PHASES, KINETICS, RATES und SELECTED_OUTPUT. Im KINETICS Block muss mittels der -step Anweisung die Gesamtzeit in Sekunden und die Zahl der Schritte definiert werden. Bei welchem Mineral dies erfolgt, ist gleichgültig. Durch geeignete Wahl der Parameter -tol und -step_devide müssen auftretende numerische Probleme gelöst werden.

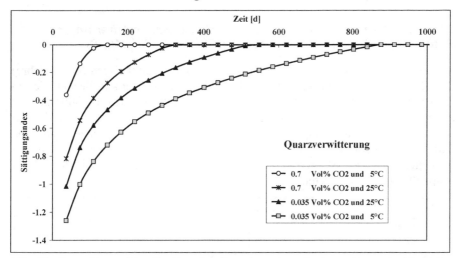

Abb. 80 Quarzlösungskinetik für vier Berechnungsvarianten mit unterschiedlichen Temperaturen und Partialdrücken

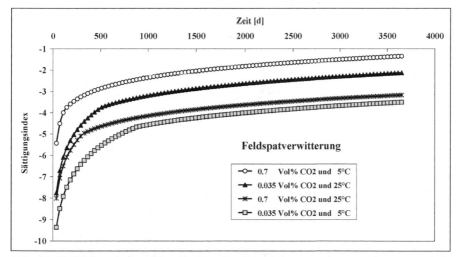

Abb. 81 K-Feldspatlösungskinetik für vier Berechnungsvarianten mit unterschiedlichen Temperaturen und Partialdrücken

Abb. 80 und Abb. 81 zeigen, dass sowohl Quarz als auch K-Feldspat sich unterschiedlich schnell lösen in Abhängigkeit von der Temperatur und dem CO_2-Partialdruck. Deutlich ist auch der Unterschied zwischen Quarz und K-Feldspat generell: Während der Quarz nach 150 bis 550 Tagen das Lösungsgleichgewicht erreicht hat, ist dies beim K-Feldspat selbst nach 10 Jahren für keine der vier Varianten der Fall. Um den Sättigungspunkt für K-Feldspat für alle Varianten zu ermitteln, müsste die Simulationsdauer ca. 1000 Jahre betragen.

4.2.3 Abbau organischer Substanz im Grundwasserleiter unter Reduktion redoxsensitiver Elemente (Fe, As, U, Cu, Mn, S)

Bei der Modellierung über den Gesamtzeitraum von 10.000 Tagen (ca. 27 Jahre) fällt für den pE-Wert zunächst ein steiler Abfall am Anfang auf, der letztlich in zwei Stufen erfolgt (Abb. 82). Während dieses Abfalls nehmen die Sulfatgehalte durch Pyritlösung zu. Ab einem pE-Wert von ca. +2.7 ist Pyrit übersättigt. Es kommt zur Pyrit-Ausfällung und dadurch zur kontinuierlichen Verringerung von Sulfat. Der nullwertige $CaSO_4$-Komplex bildet in abgeschwächter Form dieses Verhalten nach. Der pH-Wert nimmt am Anfang ab, um sich dann auf einem Wert knapp über 6 zu stabilisieren.

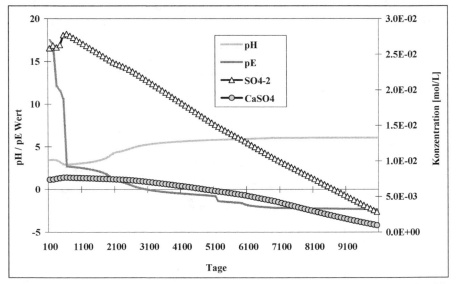

Abb. 82   Entwicklung von pH und pE sowie der Sulfatkonzentrationen über den Modellierungszeitraum von 10.000 Tagen durch den Abbau organischer Substanz

Abb. 83 zeigt die Untersättigung einiger Mineralphasen an. Erreicht der Sättigungsindex den Wert 0, so wird das jeweilige Mineral vom Modell ausgefällt (wobei keine Kinetik berücksichtigt wird) und wirkt als limitierende Phase. Auffallend ist hier die mögliche Begrenzung durch Coffinit, Uraninit und Pyrit ab 500 Tagen (in der Grafik nicht zu unterscheiden, Coffinit ist ab 2000 Tagen nicht mehr begrenzend), Kaolinit ist nach 2000 Tagen, Calcit nach 7000 Tagen und $Al(OH)_3$ nach 10.000 Tagen übersättigt. Jurbanit ist ab Beginn der Modellierung übersättigt. Eine wesentliche Aussage ist, dass zumindest unter diesen Randbedingungen die Pyritbildung mit dem Ausfällen von Uranmineralen zum gleichen

Zeitpunkt ab einem pE-Wert von ca. 2.7 erfolgen kann und vorher das Vorhandensein von Pyrit keine wesentliche Auswirkung auf die Urankonzentrationen hat. Wichtig ist auch zu erwähnen, dass über den gesamten Zeitraum organische Substanz verhanden ist, im Gegensatz zu Calcit, das schon im ersten Reaktionsschritt aufgebraucht ist. Die kontinuierliche Erhöhung des anorganischen Kohlenstoffgehaltes ist auf die Bildung von CO_2 durch den Abbau der organischen Substanz zurückzuführen. Bezüglich CO_2 geht das Modell von einem geschlossenen System aus: CO_2 kann das System nicht verlassen. Insgesamt ist der Einfluss des Calcits gering: Erhöhung des pH-Wertes zu Beginn der Modellierung von 2.3 auf 3.39 und Einfluss auf den Zeitpunkt, ab dem Calcit ausgeschieden wird. Da nur wenig Calcit am Anfang gelöst wird, bleibt der Sättigungsindex von Gips mit 0.23 im Bereich des Gleichgewichts und es wurde deshalb auch keine Gipsausfällung berücksichtigt.

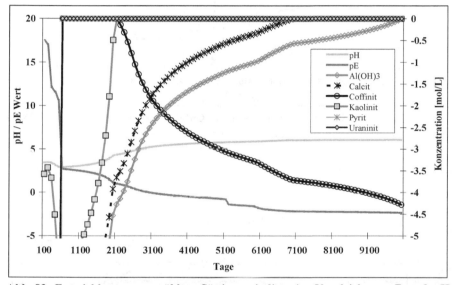

Abb. 83 Entwicklung ausgewählter Sättigungsindizes im Vergleich zu pE und pH-Wert über einen Zeitraum von 10.000 Tagen durch den Abbau organischer Substanz

Mangan bleibt im gesamten Verlauf unverändert und liegt als Mn^{2+} vor. Anders dagegen verhält sich Kupfer. Dies ist letztlich für die weiteren sprunghaften Veränderungen im pE-Verlauf verantwortlich. Interessant ist das Auftreten von Cu(1) zusammen mit As(3) (Abb. 84) und dann der erneute Wechsel zu Cu(2) bei pE-Werten kleiner als -1.87.

Um den vorderen Bereich der Grafik näher zu untersuchen, wurde die Modellierung mit unveränderten Randbedingungen wiederum mit hundert Zeitschritten für einen Zeitraum von 600 Tagen durchgeführt. Abb. 85 zeigt besser als Abb. 82 und Abb. 83 die stufenweise Absenkung des pE-Wertes. Der erste Sprung ist mit dem Auftreten von Fe(2) verbunden, der zweite mit dem Verschwinden von Fe(3) und der Umwandlung von As(5) in As(3). Kurz darauf erfolgt die Umwandlung von U(6) zu U(4), wobei es im Modell spontan zur Ausfällung von Uraninit und Coffinit und somit zur drastischen Reduzierung der Urankonzentrationen kommt.

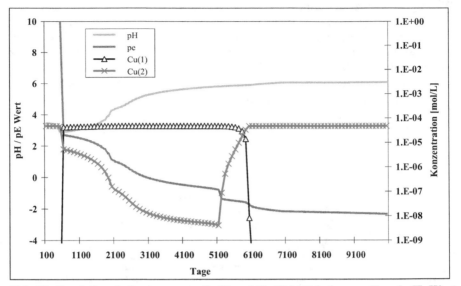

Abb. 84   Speziationsänderungen von Cu(1) und Cu(2) in Relation zu pE und pH- Wert über einen Zeitraum von 10.000 Tagen durch den Abbau organischer Substanz

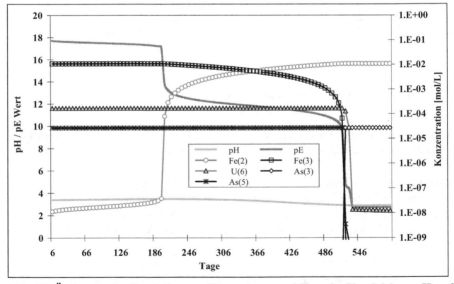

Abb. 85   Änderung der Speziation von Eisen, Arsen und Uran im Vergleich zu pH und pE-Wert über einen Zeitraum von 600 Tagen durch den Abbau organischer Substanz

4.2.4 Tritium-Abbau in der ungesättigten Zone

Anstelle der fiktiven Anfangslösung aus dem Beispiel einer impulsförmigen Eingabe mit einer Tritiumkonzentration von 2000 TU, wird eine Lösung der gemittelten Konzentration über die ersten fünf gemessenen Jahre der Klimastation verwendet (06/1962 - 06/1967 mit 1022 TU). Die „punch frequency" unter dem Keyword TRANSPORT muss von 10 im Beispiel auf 5 verändert werden, da jeder 5. Zeitschritt (5 Jahre) ausgegeben werden soll. Die sechs weiteren Aufgabelösungen von 1967 bis 1997 mit abnehmenden Tritiumkonzentrationen werden als SOLUTION 0 statt der Modellierung „30 Jahre kein Tritium" verwendet und im Job hintereinander durch END getrennt eingegeben. Die Definition der Transport-Parameter (Anzahl und Länge der Zellen, Zeitschritte, usw.) muss nur erfolgen, wenn das Keyword TRANSPORT zum ersten Mal angegeben wird (unter der Modellierung der ersten fünf Jahre). Für die Modellierung der weiteren 6 x 5 Jahre genügt allein die Angabe des Keywords TRANSPORT, alle darunter definierten Parameter werden von oben übernommen.

Abb. 86 zeigt das modellierte Tiefenprofil für Tritium nach 5, 10, 15, 20, 25, 30 und 35 Jahren. Im Gegensatz zur Modellierung eines impulsförmigen Tritiuminputs (Abb. 59) gehen die Konzentrationen in den obersten Bodenmetern nicht sofort auf Null zurück, da weiter, wenn auch in geringeren Konzentrationen, Tritium nachgeliefert wird. Die Tritium-Peaks verziehen sich daher von einer symmetrischen Verteilung bei Annahme eines impulsförmigen Inputs zu einer leicht linksschiefen Verteilung bei der Modellierung gemessener Tritiumkonzentrationen.

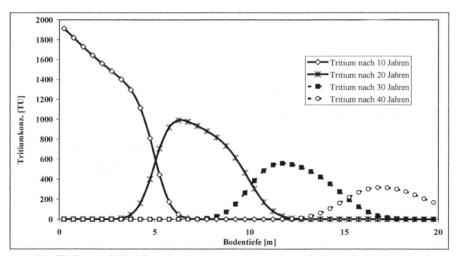

Abb. 86 Tiefenprofil Tritium in der ungesättigten Zone (0-20 m Tiefe) für die Klimastation Hof-Hohensaas nach 5, 10, 15, 20, 25, 30 und 35 Jahren

4.3 Reaktiver Stofftransport

4.3.1 Lysimeter

Abb. 87 zeigt die Konzentrationsverteilung für Ca, Mg, K, Cl, Fe und Cd in der Lysimeter Säule. Chlorid verhält sich wie ein idealer Tracer und läuft durch die Lysimeter-Säule, nur beeinträchtigt durch die Dispersion. Eisen läuft ebenfalls scheinbar ohne Austausch durch die Säule durch, dies liegt jedoch daran, dass für Fe^{3+} (mit 1.001e-03 mol/L die vorherrschende Spezies bei pE 16) keine Selektivitätskonstante definiert ist, nur für Fe^{2+}, das aber nur in verschwindend geringen Mengen auftritt (1.459e-07 mol/L). Calcium und Magnesium werden bevorzugt ausgetauscht gegen Cadmium, dadurch ergeben sich nach einmaligem Austausch der gesamten Säule Peaks, die sich aus der Summe der Konzentration des Ausgangswasser plus saurem Grubenwasser (AMD) zusammensetzen. Sind Calcium und Magnesium komplett gegen Cadmium ausgetauscht, fallen die Konzentrationen wieder ab auf die des saurem Grubenwassers, das weiterhin auf die Säule aufgegeben wird. Cadmium erscheint erst am Ausgang der Säule, wenn alle Austauscherplätze besetzt sind, d.h. nachdem das gesamte Säulenvolumen ca. 1.5 Mal ausgetauscht ist. Cd^{2+}-Ionen besetzen dabei die Austauscher-Plätze sowohl von Mg^{2+} als auch Ca^{2+}, deshalb erscheint Cd auch schon nach 1.5, nicht nach 2 Säulenvolumen. Kalium wird nur in geringem Maße ausgetauscht, Sorption und Desorption halten sich die Waage.

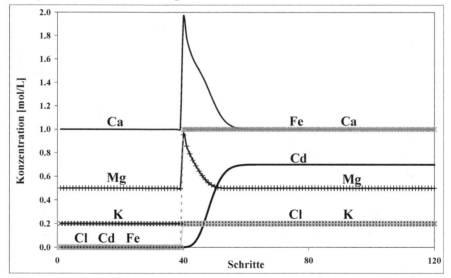

Abb. 87 Konzentrationsverteilung für Ca, Mg, K, Cl, Fe und Cd in der Lysimeter Säule

4.3.2 Quellaustritt Karstquelle

PHREEQC erwartet bei der Verwendung des Keywords TRANSPORT grundsätzlich eine Vorbesetzung der Zellen mit einer SOLUTION 1-n (hier 1-40). In diesem Fall kann man am einfachsten die Analyse des Bachwassers dafür verwenden. Die gleiche Analyse wird als SOLUTION 0 (Aufgabelösung) verwendet, der einzige Unterschied besteht darin, dass für die kinetische Transport-Modellierung mittels EQUILIBRIUM_PHASES 1-40 die Partialdrucke für CO_2 und O_2 auf die der Atmosphäre eingestellt werden. Wichtig ist, dass auch die Keywords KINETICS, RATES und TRANSPORT alle 40 Zellen berücksichtigen. 50 „shifts" sind ausreichend, um das nicht mit der Atmosphäre ins Gleichgewicht gesetzte Wasser, für das auch keine Kalkausfällung modelliert wurde, einmal vollständig auszutauschen. Nach 50 shifts herrschen somit quasi stationäre Zustände. Die Ausgaben von PHREEQC beziehen sich immer auf einen Liter Wasser. Somit müssen entsprechende Umrechnungen vorgenommen werden, von den angegebenen mol Calcit/L · 0.5 L/s (Schüttungsmenge) · 86400 · 365 s/a = mol Calcit / a und dann von mol Calcit / a · 100 g/mol = g Calcit / a.

Das Ergebnis ist in Abb. 88 als ausgefällte Calcitmenge in kg/a für die modellierten 400 m im Karst-Gerinne („Steinerne Rinne") nach Quellaustritt dargestellt. Die Übersättigung nimmt von 1.58 auf 0.16 nach 400 Metern bzw. 27 Minuten ab. In Summe werden trotz der geringen Schüttung von 0.5 L/s 3354.85 kg Calcit pro Jahr in den ersten 400 Metern nach Quellaustritt abgeschieden und 1727.5 kg CO_2 an die Atmosphäre abgegeben.

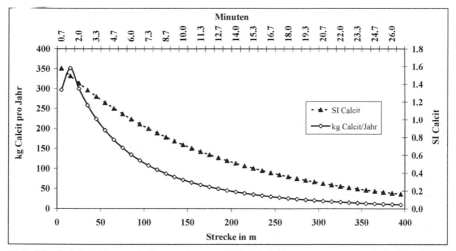

Abb. 88 Calcitsättigungsindex und ausgefällte Calcitmenge pro Jahr bei einer Schüttung von 0.5 L/s in einem 400 m langen Karst-Gerinne mit einer Fließgeschwindigkeit von 0.25 m/s, bei Annahme turbulenter Durchmischung (p(CO_2) = 0.03 Vol%)

Die CO_2-Menge lässt sich berechnen aus der Differenz der Konzentration an anorganischem Kohlenstoff im Wasser (6.64 mmol/L) zu Beginn minus der Konzentration am Ende des Karst-Gerinnes (2.02 mmol/L). Das sind 4.62 mmol/L oder 873.72 kg C/a. Zusätzlich weiss man, dass 3354.85 kg Calcit pro Jahr ausfallen, was 402.58 kg C pro Jahr macht (3354.85 kg/a / 100 mol/L (Molmasse Ca-CO$_3$) · 12 mol/L (Molmasse Kohlenstoff). Die Differenz aus der Kohlenstoff-Menge, die am Ende des Karst-Gerinnes nicht mehr da ist, aber auch nicht ausgefallen ist, muss folglich die Menge an C sein, die sich verflüchtigt hat: 873.72 kg C/a - 402.58 kg C/a = 471.14 kg C/a oder 1727.5 kg CO$_2$/a. Alternativ könnte man auch die Differenz an Ca in mmol/L zu Beginn und am Ende des Karst-Gerinnes berechnen (2.55 mmol/L -0.45 mmol/L = 2.10 mmol/L), dieses von der Differenz anorganisch Kohlenstoff zu Beginn und am Ende (4.62 mmol/L) abziehen (= 4.62 mmol/L - 2.10 mmol/L = 2.52 mmol/L) und diesen Wert, wie im vorherigen Absatz erklärt, umrechnen auf kg CO$_2$/a (1748.4 kg CO$_2$ /a). Die Abweichungen, die sich nach den beiden Berechnungen ergeben (1727.5 kg CO$_2$/a bzw. 1748.4 kg CO$_2$/a), liegen im Rahmen von Rundungsfehlern.

4.3.3 Verkarstung (Korrosion einer Kluft)

Um die Kluft abzubilden, wird der Befehl TRANSPORT verwendet und mittels „cells" werden 30 Elemente definiert. Da die Kluft 300 m lang ist, beträgt die Länge der Zellen („length") 10 m. Um das Wasser einmal vollständig auszutauschen, werden somit 30 „shifts" benötigt. Gemäß der Vorgabe für die Fließgeschwindigkeit wird die Variable „time_step" auf 360 Sekunden (= 0.1 Stunde) gesetzt. Mit „punch" 1-30 werden alle 30 Zellen ausgegeben, mit „punch_frequency" 30 nur das Ergebnis nach 30 shifts. Die Gleichgewichtseinstellung während des Transportes erfolgt über EQUILIBRIUM_PHASES, dabei ist es wichtig, explizit die Zellen 1-30 hinter den Befehl zu schreiben, ebenso wie bei SOLUTION und KINETICS. Das Skript zur Erzeugung der Grafik innerhalb von PHREEQC für Windows sieht wie folgt aus.

```
USER_GRAPH
-headings x Ca C SI(Calcite)
-chart_title Karstkinetik
-axis_titles "Abstand [m]" "Konzentration [Mol] und SI-Calcit"
-axis_scale y_axis 0 0.005
-axis_scale secondary_y_axis -3 0.0 1.0
-initial_solutions false
-plot_concentration_vs x
10 GRAPH_X DIST
20 GRAPH_Y tot("Ca"), tot("C")
30 GRAPH_SY SI("Calcite")
```

Das Ergebnis der Modellierung ist in Abb. 89 zu sehen und zeigt die Annäherung an das Calcit-Gleichgewicht. Die Zahlenwerte des Sättigungsindex zeigen aber, dass selbst in der letzten Zelle noch kein Gleichgewicht erreicht ist und somit, wenn auch nur in kleinen Mengen, noch Carbonat gelöst wird. Anzumerken ist

noch, dass durch den Befehl USER_GRAPH direkt in das Spreadsheeet GRID
von PHREEQC für Windows geschrieben und die Graphik unter CHART automatisch erzeugt wird. Um die sekundäre y-Achse für den SI-Index Calcit neben
der primären y-Achse mit den Konzentrationsangaben für Ca und C darzustellen,
muss man in der Graphik über die rechte Maustaste „Chart options" wählen und
dort „Show secondary y- axis" aktivieren.

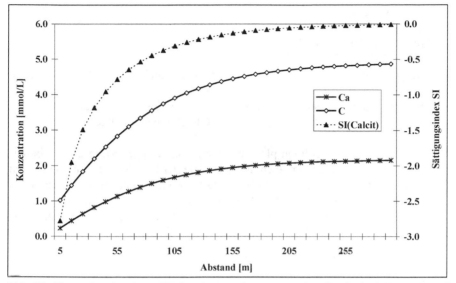

**Abb. 89 Korrosion in einer Kluft mit Annäherung an das Calcit-Gleichgewicht mit
zunehmender Wegstrecke**

4.3.4 pH-Anhebung eines sauren Grubenwassers

Das saure Grubenwasser (AMD) wird als SOLUTION 0 definiert und das Wasser
im Gerinne als SOLUTION 1-10. Unter dem Befehl KINETICS 1-10 für Calcit
kann die Toleranz für die Berechnung sowie die Molmasse an Calcit am Anfang
und insgesamt vorgegeben werden. Zwingend anzugeben sind nur die Parameter
50 und 0.6. Diese werden vom BASIC-Programm verwendet, das unter RATES
stehen muss. In diesem Fall wird das BASIC-Programm, das am Ende des Datensatzes von PHREEQC.dat steht, verwendet. Verwendet man den Datensatz
PHREEQC.dat (was aber nicht ohne weiteres geht, da dort z.B. keine Daten für
Uran stehen) oder kopiert man den Absatz mit den RATES BASIC-Programmen
in einen anderen Datensatz, benötigt man keinen RATES-Block in dem Job-File,
weil PHREEQC dann automatisch den RATES-Block aus dem Datensatz verwendet. Will man allerdings eine andere Kinetik verwenden, so muss man das
BASIC-Programm unter RATES in das Job-File schreiben. Der KINETICS-Block
wird in jedem Fall benötigt.

Mittels TRANSPORT wird das Modell mit 10 Zellen und 15 „shifts" aufgebaut, mit „-length" und „-time_step" wird die Fließgeschwindigkeit auf 1 m/s definiert, in dem beide auf 50 gesetzt werden. Damit ist die Gesamtlänge des Gerinnes 500 m und die Kontaktzeit insgesamt 500 Sekunden. Um die nötigen Informationen im „selected_output" zu haben, muss dieser z.B. folgendermaßen aussehen:

```
SELECTED_OUTPUT
-file   amd_kin.csv
-totals  Ca C Fe
-molalities SO4-2 CaSO4
-saturation_indices  Gypsum Calcite
-kinetic_reactants calcite               # wieviel Calcit über KINETICS gelöst
?
-equilibrium_phases gypsum   Fe(OH)3(a)  # wieviel Gips und Fe(OH)3 über
                                         # Gleichgewicht gelöst?
```

Abb. 90 zeigt, dass die größten pH-Wert Änderungen in der Mitte des Carbonatgerinnes erfolgen. Hier erfolgt auch die Abnahme der Eisenkonzentrationen durch
Eisenhydroxidausfällung. Etwas moderater fallen dem gegenüber die Zunahme an
Ca durch Calcitlösung und die Abnahme an Sulfat durch Gipsausfällung aus. Die
deutliche Abnahme des anorganischen Kohlenstoffs am Beginn des Gerinnes ist
durch die Entgasung von CO_2 in die Atmosphäre bedingt.

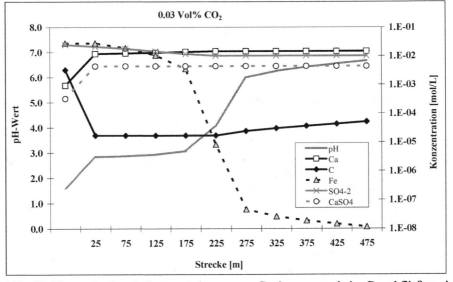

**Abb. 90 Konzentrationsänderungen im sauren Grubenwasser beim Durchfließen ei-
nes 500 m langen Carbonatgerinnes**

Abb. 91 zeigt den Sättigungsindex für Calcit, der von nahezu -12 im sauren Grubenwasser auf ca. -2.27 zurückgeht, also keineswegs eine Sättigung erreicht. Ferner zeigt die Abbildung die gelösten Calcitmengen in mol sowie die Mengen von
Gips und Eisenhydroxid, die in den einzelnen Abschnitten über den Simulations-
zeitraum ausgefällt wurden. Die Abbildung macht auch deutlich, dass das Gerinne, wenn es nur eine Länge von ca. 300 m hätte, eine sehr ähnliche Reinigungs-
leistung haben würde. Allerdings muss hier einschränkend gesagt werden, dass
die Modellierung der Ausfällung von Gips und Eisenhydroxid ohne Kinetik erfolgte, also ein spontanes Ausfällen angenommen wurde. Die Modellierung mit
einem CO_2-Partialdruck von 1 Vol% zeigt im Prinzip das gleiche Verhalten bei
niedrigeren pH-Werten (ca. 0.5 pH-Einheiten) und höheren Kohlenstoffgehalten.

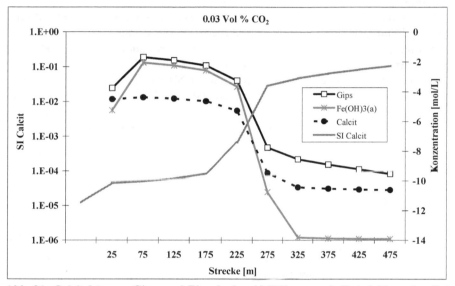

**Abb. 91 Calcit-Lösung, Gips- und Eisenhydroxid-Fällung sowie Entwicklung des Cal-
cit-Sättigungsindexes in einem 500 m langen Carbonatgerinnne für das AMD-Wasser
aus Abb. 90**

4.3.5 In-situ leaching

Das Kluftsystem wird als 1D-Grundwasserleiter mit hoher Durchlässigkeit angenommen (20 mobile Zellen, mit den Nummern 1-20), an die jeweils immobile
Zellen (Nummer 22-41; Zelle 21 ist für den „Auslauf" der Säule reserviert) angeschlossen sind, deren Inhalt nur per Diffusion an die mobilen abgegeben wird.
Der Wert für α wird aus Gl. 102 unter Annahme von $D_e = 2 \cdot 10^{-10}$ m^2/s (Spannweite
ist $3 \cdot 10^{-10}$ bis $2 \cdot 10^{-9}$ für Ionen in Wasser, ca. eine Größenordnung kleiner für Wasser in Tonen), $\theta_{im} = 0.15$, a=1 m (Dicke der die Kluft begleitenden stagnierenden
Zone), $f_{s \to 1} = 0.533$ (Tab. 16) berechnet.

$$\alpha = \frac{D_e \theta_{im}}{(af_{s\rightarrow 1})^2} = \frac{2 \cdot 10^{-10} \cdot 0.15}{(1 \cdot 0.533)^2} = 1.056 \cdot 10^{-10}$$

Für das Kluftvolumen θ_m wurden 0.05, für den Porenraum θ_{im} 0.15 angesetzt.

Bereits nach ca. 30 Tagen ist die Konzentration für die dargestellten Elemente U, S, Fe und Al auf ein deutlich niedrigeres Niveau abgesunken und nimmt in der weiteren Simulationszeit nur noch geringfügig ab (Abb. 92). Ans Ende der Datenreihe wurden mit einer fiktiven Zeit die Konzentrationen des Grundwassers eingefügt, um zu zeigen, auf welchen Wert die Konzentration letztlich noch abfallen wird, allerdings nach einer sehr langen Zeit, die eine Fortsetzung der Simulation über viele Jahre erfordern würde. Dies liegt daran, dass der diffusive Austrag aus den immobilen Zellen sehr langsam erfolgt.

Die Summation der Zeitscheiben 1-20 für Uran im Ausgabefile (selected output) ergibt mit 3.1 mmol/L die in den Klüften enthaltene Masse an Uran. Im Vergleich dazu ist gemäß der Aufgabenstellung im Matrixraum dreimal soviel Uran gespeichert (9.3 mmol/L). Die Summationen der Zeitscheiben 21 bis 200 ist die in 180 Tagen ausgetragene Menge an Uran aus der Matrix: 0.23 mmol/L. Diese einfache Rechnung zeigt, dass nach 180 Tagen erst ca. 2.5 % des Urans aus der Matrix diffundiert sind. Da der weitere Verlauf nahezu linear ist, kann daraus die Gesamtzeit zum Austrag des Urans mit ca.20 Jahren abgeschätzt werden.

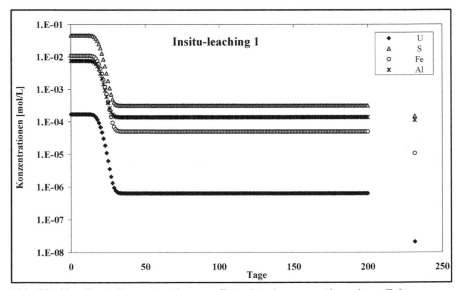

Abb. 92 Simulierte Konzentration am Entnahmebrunnen über einen Zeitraum von 200 Tagen (Kluftvolumen 0.05, Porenvolumen 0.15 und 10 cm Porenmatrix an Kluft angeschlossen). Punkte am rechten Rand markieren die Endkonzentrationen, die erreicht werden sollen.

Mit den veränderten Parametern ergibt sich ein Austauschparameter von:

$$\alpha = \frac{D_e \theta_{im}}{(af_{s\to 1})^2} = \frac{2 \cdot 10^{-10} \cdot 0.05}{(0.01 \cdot 0.533)^2} = 3.52 \cdot 10^{-7}$$

Wird dieser Wert in der PHREEQC Modellierung zusammen mit dem kleineren Wert für die Größe des angeschlossenen Matrixraumes von 0.01 m eingesetzt, so sieht das Austragsverhalten völlig anders aus (Abb. 93). Die Uran-Konzentration ist z.B. nach ca. 100 Tagen auf den Wert des Grundwassers gefallen und somit alles Uran bereits ausgetragen.

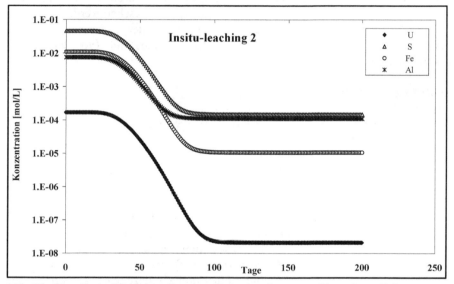

Abb. 93 Simulierte Konzentration am Entnahmebrunnen über einen Zeitraum von 200 Tagen (Kluftvolumen 0.05, Porenvolumen 0.05 und 1 cm Porenmatrix an Kluft angeschlossen)

4.3.6 3D Stofftransport – Uran und Arsen Kontaminationsfahne

Die erste Aufgabe ist sehr einfach: öffnen Sie in WPHAST GUI *INITIAL_CONDITONS* und *CHEMISTRY_IC*. Löschen Sie dann nach Doppelklick auf *Default* die 1 unter *Surface*. Genauso gut können Sie den Surface Befehl im *.chem.dat File entfernen. Aber auch wenn Sie den Befehl im PHREEQC File nicht entfernen, bleibt die Oberflächenkomplexierung im Modell unberücksichtigt nach der Änderung im PHAST input file. Die Input-Files und die dazugehörigen Ergebnisse können auf der beiliegenden CD im Ordner 3_Reactivetransport/6a_3D-transport eingesehen werden.

Die Lösung der zweiten Aufgabe ist wie folgt: Zusätzlich zur Definition einer neuen Eigenschaft (Zone 5 unter EQUILIBRIUM_PHASES 2) in WPHAST, muß die zugehörige Änderung im *.chem.dat file durchgeführt werden:

USE Solution 1
Phases; Iron; Fe +2.0000 H+ +0.5000 O2 = + 1.0000 Fe+2 + 1.0000 H2O
log_k 59.0325; -delta_H -372.029 kJ/mol

EQUILIBRIUM_PHASES 2; Iron; Uraninite(c) 0 0; Calcite 0 0; pyrite 0 0
END
Die Input-Files und die dazugehörigen Ergebnisse können auf der beiliegenden CD im Ordner 3_Reactive-transport/6b_3D-transport eingesehen werden.

Um die dritte Aufabe zu lösen, muss lediglich der folgende Block im PHREEQC Kontroll-File unter dem ersten Eingabe-Abschnitt (vor dem ersten END) eingefügt werden:

SURFACE_SPECIES
UO2(CO3)-2
        Hfo_wOH + UO2(CO3)2-2 + H+ = Hfo_wUO2(CO3)2- + H2O
        log_k   12.0

        Hfo_wOH + UO2(CO3)2-2 = Hfo_wOHUO2(CO3)2-2
        log_k   5.0

Es müssen keine Änderungen im WPHAST Input-File vorgenommen werden. Lassen Sie das PHAST Modell nochmals durchlaufen und Sie sehen, dass viel mehr Uran sorbiert ist als im Einführungsbeispiel (log_k für $UO_2(CO_3)^{2-}$ sind nur vorläufige Daten) und dass die Arsen-Sorption aufgrund konkurrierender Oberflächenreaktionen reduziert ist. Die Input-Files und die dazugehörigen Ergebnisse sind auf der beiliegenden CD im Ordner 3_Reactive-transport/6c_3D-transport zu finden.

Literatur

Abbott MB (1966) An introduction to the method of characteristics.-American Elsevier; New York

Allison JD, Brown DS, Novo-Gradac KJ (1991) MINTEQA2, A geochemical assessment database and test cases for environmental systems: Vers.3.0 user's manual.-Report EPA/600/3-91/-21. Athens, GA: U S EPA

Alloway, Ayres (1996) Schadstoffe in der Umwelt.-Spektrum Akademischer Verlag; Heidelberg

Appelo CAJ, Postma D (1994) Geochemistry, groundwater and pollution.- Balkema; Rotterdam

Appelo CAJ, Postma D (2005) Geochemistry, groundwater and pollution, 2nd edition.- Balkema; Rotterdam

Appelo CAJ, Beekman HE and Oosterbaan AWA (1984) Hydrochemistry of springs from dolomite reefs in the southern Alps of Northern Italy: International Association of Hydrology.- Scientific Publication 150: pp 125-138

Ball JW, Nordstrom DK (1991) User's Manual for WATEQ4F -US Geological Survey Open-File Report pp 91-183

Bernhardt H, Berth P, Blomeyer KF, Eberle SH, Ernst W, Förstner U, Hamm A, Janicke W, Kandler J, Kanowski S, Kleiser HH, Koppe P, Pogenorth HJ, Reichert JK, Stehfest II (1984) NTA - Studie über die aquatische Verträglichkeit von Nitrilotriacetat (NTA).-Verlag Hans Richarz, Sankt Augustin

Besmann TM (1977) SOLGASMIX-PV, A computer program to calculate equilibrium relationships in complex chemical systems. ORNL/TM-5775

Bohn HL, McNeak BL, O'Connor GA (1979) Soil Chemistry.-Wiley-Interscience; New York

Bunzl K, Schmidt W, Sansoni B (1976) Kinetics of ion exchange in soil organic matter. IV Adsorption and desorption of Pb^{2+}, Cu^{2+}, Cd^{2+}, Zn^{2+} and Ca^{2+} by peat.-J Soil Sci., 17: 32-41; Oxford

Cash JR, Karp AH (1990) A Variable Order Runge-Kutta Method for Initial Value Problems with Rapidly Varying Right-Hand Sides: Transactions on Mathematical Software 16, 3: pp 201-222

Chang TL, Li W (1990) A calibrated measurement of the atomic weight of carbon.- Chin. Sci. Bull. 35, 290-296.

Chukhlantsev VG (1956) Solubility-products of arsenates.- Journal of Inorganic Chemistry (USSR) 1: pp 1975-1982

Clark ID, Fritz P (1997) Environmental isotopes in hydrogeology.- New York, Lewis Publishers

Cook PG, Herczeg AL (eds.) (2000) Environmental Tracers in Subsurface Hydrology.- KluwerAcademic Press, Boston

Davies CW (1938) The extent of dissociation of salts in water. VIII. An equation for the mean ionic activity coefficient of an electrolyte in water, and a revision of the dissociation constant of some sulfates.- Jour.Chem.Soc.: pp 2093-2098

Davies CW (1962) Ion Association.- Butterwoths, London: pp 190

Davis JA, Fuller CC, Cook AD (1987) A model for trace metal sorption processes at the calcite surface: adsorption of Cd^{2+} and subsequent solid solution formation.- Geochimica et Cosmochimica Acta, 51 (6): pp 1477-1490

Davis J, Kent DB (1990) Surface complexation modeling in aqueous geochemistry. In: Hochella M F, White A F (eds) Mineral-Water Interface Geochemistry.-Mineralogical Society of America, Reviews in Mineralogy 23, 5.; Washington D C

Debye P, Hückel E (1923) Zur Theorie der Elektrolyte.- Phys.Z.; 24: pp 185-206

Drever JI (1997) The Geochemistry of natural waters. Surface and groundwater environments, 3rd edition.-Prentice Hall; New Jersey

DVWK (1990) Methodensammlung zur Auswertung und Darstellung von Grundwasserbeschaffenheitsdaten.- Verlag Paul Parey; 89

Dzombak DA, Morel FMM (1990) Surface complexation modeling - Hydrous ferric oxide.-John Wiley & Sons; New York

Emsley J (1992) The Elements, 2nd edition.-Oxford University Press; New York

Faure G (1991) Inorganic chemistry - a comprehensive textbook for geology students.- Macmillan Publishing Company New York . Collier Macmillan Canada Toronto - Maxwell Macmillan International New York - Oxford - Singapore - Sydney

Fehlberg E (1969) Klassische Runge-Kutta-Formeln fünfter und siebenter Ordnung mit Schrittweiten-Kontrolle: Computing 4: pp 93-106

Fuger J, Khodakhovskyi II, Sergeyeva EJ, Medvedey VA, Navratil JD (1992) The Chemical Thermodynamics of Actinide Ions and Compounds.-Part 12, IAEA; Vienna

Gaines GL, Thomas HC (1953) Adsorption studies on clay minerals. II A formulation of the thermodynamics of exchange adsorption: Journal of Chemical Physics, 21, pp 714-718

Gapon EN (1933) Theory of exchange adsorption [russisch].-J.Gen.Chem. (USSR), 3: pp 667-669

Garrels RM, Christ CL (1965) Solutions, Minerals and Equilibria.-Jones and Barlett Publishers; Boston [Neuauflage: 1990]

Gildseth W, Habenschuss A, Spedding FH (1972) **Precision measurements of densities and thermal dilation of water between 5.deg. and 80.deg.** J. Chem. Eng. Data, 17 (4): pp 402-409

Grenthe I, Fuger J, Konings RJM, Lemire RI, Muller AB, Nguyen-Trung C, Wanner H (1992) The Chemical Thermodynamics of Uranium.-NEA/OECD; Paris

Gueddari M, Mannin C, Perret D, Fritz B, Tardy Y (1983) Geochemistry of brines of the Chottel Jerid in southern Tunisia. Application of Pitzer's equations.- Chemical Geology, 39: pp 165-178

Güntelberg E (1926) Untersuchungen über Ioneninteraktion.-Z. Phys. Chem. 123: pp 199-247

Harvie CE, Weare JH (1980) The prediction of mineral solubilities in natural waters. The $Na-K-Mg-Ca-Cl-SO_4-H_2O$ system from zero to high concentrations at 25°C - Geochimica et Cosmochimica Acta, 44: pp 981-997

Hem JD (1985) Study and interpretation of the chemical characteristics of natural waters.- U S Geol. Surv. Water-Supply Paper 2254, 3rd ed.

Herbelin A, Westall JC (1999) FITEQL: A computer program for determination of chemical equilibrium constants from experimental data [computer program], v. 4.0. Dep. of Chemistry, Oregon State University, Corvallis, OR.

Hiemstra T, Van Riemsdijk WH (1996) A surface structural approach to ion adsorption: The Charge Distribution (CD) Model.- Journal of Colloid and Interface Science, 179: pp 488-508.

Hiemstra T, Van Riemsdijk WH (1999) Surface structural ion adsorption modeling of competitive binding of oxyanions by metal (hydr)oxides.- Journal of Colloid and Interface Science, 210: pp 182-193.

Hölting B (1996) Hydrogeologie.-5.Aufl., Enke

Hückel E (1925) Zur Theorie konzentrierterer wässeriger Lösungen starker Elektrolyte.- Physikalische Zeitschrift 26: pp 93-149

Johnson JW , Oelkers EH & Helgeson HC (1992) SUPCRT92: A software package for calculating the standard molal thermodynamic properties of minerals, gases, aqueous species, and reactions from 1 to 5000 bar and 0 to 1000 C - Computers and Geosciences 18: pp 899-947

Käss W (1984) Redoxmessungen im Grundwasser (II).-Dt. gewässerkdl. Mitt. 28: pp 25-27

Kharaka YK, Gunter WD, Aggarwal PK, Perkins EH, Debraal JD (1988) SOLMINEQ.88 - A Computer Program for Geochemical Modeling of Water-Rock Interactions.-Water-Resources Investigation Reports 88-4227, 420 S.

Kinzelbach W (1983) Analytische Lösungen der Schadstofftransportgleichung und ihre Anwendung auf Schadensfälle mit flüchtigen Chlorkohlenwasserstoffen.-Mitt. Inst. f. Wasserbau, Uni Stuttgart 54: pp 115-200

Kinzelbach W (1987) Numerische Methoden zur Modellierung des Transportes von Schadstoffen im Grundwasser.-Oldenbourg Verlag; München-Wien

Kipp KL (1997) Guide to the Revised Heat and Solute Transport Simulator: HST3D, version 2.- U S Geol. Survey, Water-Resources Investigations Report 97-4157: pp 149

Konikow LF, Bredehoeft JD (1978) Computer model of two-dimensional solute transport and dispersion in groundwater.-Techniques of Water-Resource Investigations, TWI 7-C2, U S Geol. Survey; Washington D C

Kovarik K (2000) Numerical models in groundwater pollution.-Springer; Berlin Heidelberg

Lau LK, Kaufman WJ, Todd DK (1959) Dispersion of a water tracer in radial laminar flow through homogenous porous media.-Hydraulic lab., University of California; Berkeley

Langmuir D (1997) Aqueous environmental geochemistry.-Prentice Hall; New Jersey

Meinrath G (1997) Neuere Erkenntnisse über geochemisch relevante Reaktionen des Urans. Wissenschaftliche Mitteilungen des Institutes für Geologie der TU Bergakademie Freiberg Bd.4:, pp 150

Merkel B (1992) Modellierung der Verwitterung carbonatischer Gesteine.-Berichte-Reports Geol.-Paläont. Inst. Univ. Kiel, Nr. 55

Merkel B, Sperling B (1996) Hydrogeochemische Stoffsysteme, Teil I - DVWK-Schriften, Bd. 110.; Kommissionsvertrieb Wirtschafts- und Verlagsgesellschaft Gas und Wasser mbH, Bonn

Merkel B, Sperling B (1998) Hydrogeochemische Stoffsysteme, Teil II - DVWK-Schriften, Bd. 117.; Kommissionsvertrieb Wirtschafts- und Verlagsgesellschaft Gas und Wasser mbH, Bonn

Nordstrom DK, Plummer LN, Wigley TML, Wolery TJ, Ball JW, Jenne EA, Bassett RL, Crerar DA, Florence TM, Fritz B, Hoffman M, Jr G R Holdren, Lafon GM, Mattigod SV, McDuff RE, Morel F, Reddy MM, Sposito G, Thrailkill J. (1979) Chemical Modeling of Aqueous Systems: A Comparison of Computerized Chemical Models for Equilibrium Calculations in Aqueous Systems. Am. Chem. Soc.: pp 857-892.

Nordstrom DK, Plummer LN, Langmuir D, Busenberg E, May HM, Jones BF, Parkhurst DL (1990) Revised chemical equilibrium data for major water-mineral reactions and their limitations.- In: Melchior DC, Bassett RL (eds) Chemical modeling of aqueous systems II. Columbus, OH, Am Chem Soc: pp 398-413.

Nordstrom DK, Munoz JL (1994) Geochemical Thermodynamics.- 2nd edition, Blackwell Scientific Publications

Nordstrom DK (1996) Trace metal speciation in natural waters: computational vs. analytical. Water, Air, Soil Poll 90: pp 257-267.

Nordstrom (2004) Modeling Low-temperature Geochemical Processes. Treatise on Geochemistry; Vol 5; pp 37-72, Elsevier.

Odegaard-Jensen A, Ekberg C, Meinrath G (2004) LJUNGSKILE: a program for assessing uncertainties in speciation calculations. Talanta 63 (4): pp 907-916

Parkhurst DL, Kipp KL, Engesgaard P, Charlton SR (2004) PHAST-A program for simulating ground-water flow, solute transport, and multicomponent geochemical reactions.- U S Geol. Survey Techniques and Methods 6-A8: pp 154

Parkhurst DL, Appelo CAJ (1999) User's guide to PHREEQC (Version 2) -- a computer program for speciation, batch-reaction, one-dimensional transport, and inverse geochemical calculations.- U S Geological Survey Water-Resources Investigations Report 99-4259: pp 312

Parkhurst DL (1995) User's guide to PHREEQC - A computer program for speciation, reaction-path, advective-transport, and inverse geochemical calculations.- U S Geol.Survey Water Resources Inv. Rept. 95 - 4227

Parkhurst DL, Plummer LN, Thorstenson DC (1980) PHREEQE - A computer program for geochemical calculations.-Rev.U S Geol.Survey Water Resources Inv. Rept. 80 - 96

Pinder GF, Gray WG (1977) Finite element simulation in surface and subsurface hydrology.-Academic Press; New York

Pitzer KS (1973) Thermodynamics of electrolytes. I Theoretical basis and general equations.-Jour.of Physical Chemistry, 77: pp 268-277

Pitzer KS (1981) Chemistry and Geochemistry of Solutions at high T and P -In: RICKARD & WICKMANN, 295, V 13-14

Pitzer KS (ed) (1991) Activity coefficients in electrolyte solutions. 2nd edition, CRC Press, Boca Raton, pp 542.

Planer-Friedrich B, Armienta MA, Merkel BJ (2001) Origin of arsenic in the groundwater of the Rioverde basin, Mexico; Env Geol, 40, 10: pp 1290-1298

Plummer LN, Busenberg E (1982) The solubility of Calcite, Aragonite and Vaterite in CO_2-H_2O solutions between 0 and 90°C and an evaluation of the aqueous model for the system $CaCO_3$-CO_2-H_2O. Geochimica Cosmochimica Acta 46: pp 1011-1040

Plummer LN, Wigley TML & Parkhurst DL (1978) The kinetics of calcite dissolution in CO_2 -water systems at 5 to 60 C and 0.0 to 1.0 atm CO_2: American Journal of Science 278: pp 179-216

Plummer LN, Parkhurst DL, Fleming GW, Dunkle SA (1988) A computer program incorporating Pitzer's equation for calculation of geochemical reactions in brines. U S Geol.Surv.Water Resour.Inv.Rep.88-4153

Pricket TA, Naymik TG, Lonnquist CG (1981) A „random walk" solute transport model for selected groundwater quality evaluations. Illinois State Water Survey Bulletin 65

Robins RG (1985) The solubility of barium arsenates: Sherritt´s barium arsenate process.-
    Metall.Trans.B 16 B: pp 404-406
Rösler HJ, Lange H (1972) Geochemische Tabellen.- VEB Deutscher Verlag f. Grundstoff-
    industrie: 674 [Neuauflagen 1975, 1981]
Sauty JP (1980) An analysis of hydrodispersive transfer in aquifers. Water Resources. Res.
    16, 1: pp 145-158
Scheffer F, Schachtschabel P (1982) Lehrbuch der Bodenkunde, 11.Aufl.-Enke Verlag;
    Stuttgart
Schnitzer M (1986) Binding of humic substances by soil mineral colloids. In: Interactions
    of soil Minerals With Natural Organics and Microbes. In: HUANG P M, SCHNITZER
    M (Eds).-Soil. Sci. Soc. Am. Publ. No. 17, Madison, WI
Sigg L, Stumm W (1994) Aquatische Chemie.-B G Teubner Verlag; Stuttgart
Silvester KS, Pitzer KS (1978) Thermodynamics of electrolytes. X. Enthalpy and the effect
    of temperature on the activity coefficients.-Jour. of Solution Chemistry, 7: pp 327-337
Sparks DL (1986) Soil Physical Chemistry.- CRC Press Inc., Boca Raton; FL
Stumm W, Morgan JJ (1996) Aquatic Chemistry, 3rd edition.-John Wiley & Sons; New
    York
Thorstenson DC, Parkhurst DL (2002) Calculation of individual isotope equilibrium con-
    stants for implementation in geochemical models.- US Geol. Survey Water-Resources
    Investigations Report 02-4172
Truesdell AH, Jones BF (1974) WATEQ, a computer program for calculating chemical
    equilibria of natural waters.-US Geol. Survey J Research 2: pp 233-48
Turner BF, Fein JB (2006) Protofit: A program for determining surface protonation con-
    stants from titration data. Computers & Geosciences 32: pp 1344–1356
Umweltbundesamt (1988/89) Daten zur Umwelt.-Erich Schmidt Verlag; Berlin
Van Cappellen P, Wang Y (1996) Cycling of iron and manganese in surface sediments:
    American Journal of Science 296: pp 197-243
Van Gaans PFM (1989) A reconstructured, generalized and extended FORTRAN 77 Com-
    puter code and database format for the WATEQ aqueous chemical model for element
    speciation and mineral saturation, for the use on personal computers or mainframes.-
    Computers & Geosciences, 15, No.6.
Van Genuchten MTh (1985) A general approach for modeling solute transport in structured
    soils: IAH Memoirs.- 17: pp 513-526
Vanselow AP (1932) Equilibria of the base-exchange reactions of bentonies, permutites,
    soil colloids and zeolites.- Soil Sci. 33
Wedepohl KH (Hrsg.) (1978) Handbook of Geochemistry.- Vol.II/2; Springer, Berlin-
    Heidelberg-New York
Whitfield M (1975) An improved specific interaction model for seawater at 25°C and 1
    atmosphere pressure.-Mar. Chemical, 3: pp 197-205
Whitfield M (1979) The Extension of Chemical Models for Seawater to include Trace
    Components at 24 Degrees C and 1 atm Pressure.-Geochmimica et Cosmochimica
    Acta, 39: pp 1545-1557
Wolery TJ (1992a) EQ 3/6, A software package for geochemical modeling of aqueous sys-
    tems: Package overview and installation guide (Ver.7.0).-UCRL - MA - 110662 Pt I
    Lawrence; Livermore Natl. Lab
Wolery TJ (1992b) EQBNR, A computer program for geochemical aqueous speciation-
    solubility calculations: Theoretical manual, user´s guide, and related documentation
    (Ver.7.0).-UCRL - MA - 110662 Pt I Lawrence; Livermore Natl. Lab

Index